计算机网络技术与应用

主　编　李　焕　韩多成
副主编　王　巍　李　艳　魏　迎　李福顺
参　编　张　超　李一鑫　赵小华
主　审　张卫婷

北京理工大学出版社
BEIJING INSTITUTE OF TECHNOLOGY PRESS

内容简介

全书共分为8个项目，21个任务，内容包括计算机网络概述、标准化组织介绍及网络体系结构、常见网络传输设备与传输介质、模拟器eNSP介绍、MAC地址与IP地址、ICMP协议、ARP协议、以太网基础、虚拟局域网技术、端口聚合技术、VLAN间路由技术、生成树协议、路由基础、静态路由、动态路由（RIP、OSPF），网络安全概述、计算机病毒与防范、无线网络基础与WLAN产品介绍、WLAN网络部署方式、网络操作系统、计算机网络技术未来发展等，每个知识点依托项目任务展开，强调对计算机网络基础知识的理解和实践应用。

本书是面向计算机类、电子类及相关专业学生学习计算机网络基础知识和实用技术的项目化教材。

版权专有　侵权必究

图书在版编目（CIP）数据

计算机网络技术与应用 / 李焕，韩多成主编. --北京：北京理工大学出版社，2021.10
ISBN 978-7-5763-0575-3

Ⅰ. ①计…　Ⅱ. ①李…　②韩…　Ⅲ. ①计算机网络-高等职业教育-教材　Ⅳ. ①TP393

中国版本图书馆CIP数据核字（2021）第216239号

出版发行 / 北京理工大学出版社有限责任公司
社　　址 / 北京市海淀区中关村南大街5号
邮　　编 / 100081
电　　话 / （010）68914775（总编室）
（010）82562903（教材售后服务热线）
（010）68944723（其他图书服务热线）
网　　址 / http://www.bitpress.com.cn
经　　销 / 全国各地新华书店
印　　刷 / 三河市天利华印刷装订有限公司
开　　本 / 787毫米×1092毫米　1/16
印　　张 / 13.5
字　　数 / 300千字
版　　次 / 2021年10月第1版　2021年10月第1次印刷
定　　价 / 65.80元

责任编辑 / 王玲玲
文案编辑 / 王玲玲
责任校对 / 刘亚男
责任印制 / 施胜娟

图书出现印装质量问题，请拨打售后服务热线，本社负责调换

前言

计算机网络技术作为计算机技术与通信技术结合的产物，在推动信息社会发展中起着不可取代的基础性作用，计算机网络技术已成为传统计算机类专业及云计算、大数据、信息安全、物联网等专业学生必须掌握的一门专业基础课程，也已成为广大IT从业人员应该了解和掌握的基础性知识。

全书以项目为引导，以任务为核心，以知识为基础，共设计8个项目21个实践任务。内容包括计算机网络基础、标准化组织及网络体系结构、常见网络传输设备与传输介质、华为eNSP介绍、MAC地址与IP地址、ICMP协议、ARP协议、以太网基础、虚拟局域网技术、端口聚合技术、VLAN间路由技术、生成树协议、路由基础、静态路由、动态路由（RIP、OSPF）、网络安全概述、计算机病毒与防范、无线网络基础与WLAN产品介绍、WLAN网络部署方式、网络操作系统、计算机网络技术未来发展等，每个知识点依托项目任务展开，强调对计算机网络基础知识的理解和实践应用。

本书融合计算机网络必知必会的知识点和实用性较强的岗位技能，每个项目包含项目概述、相关知识、项目实施、思政链接、对接认证五个环节。引入全国职业院校技能大赛“计算机网络应用”赛项、“网络系统管理”赛项部分考点和华为1+X《网络系统建设与运维》职业技能等级认证标准，充分挖掘计算机网络技术课程中的思政元素，以培养学生的劳动意识和工匠精神。每个项目后还附有1+X认证的相关练习题，便于学生的学习和备考。

本书由咸阳职业技术学院李焕、宁夏工商职业技术学院韩多成担任主编，咸阳职业技术学院张卫婷担任主审，杨凌职业技术学院王巍、陕西交通职业技术学院李艳、咸阳职业技术学院魏迎、陕西财经职业技术学院李福顺担任副主编，咸阳职业技术学院张超、李一鑫、赵小华担任参编。其中，项目1由咸阳职业技术学院李一鑫、赵小华编写，项目2由咸阳职业技术学院张超编写，项目3、项目4由李焕编写，项目5由韩多成编写，项目6由李艳编写，项目7由咸阳职业技术学院魏迎编写，项目8由王巍、李福顺编写。西部运维（西安）科技集团有限公司技术总监栾冲、周佳参与项目任务的设计编写，绿盟科技集团有限公司高级工程师张宁对编写体系提出了宝贵意见，在此表示感谢！

本书在编写过程中得到了咸阳职业技术学院电子信息学院多位专业教师的大力支持和

帮助，同时，在编写过程中参考了许多相关文献资料和互联网资料，由于网络资料众多，引用复杂，无法一一注明出处，在此向原作者表示感谢！

由于作者水平有限，书中难免存在疏漏和不妥之处，恳请读者提出宝贵意见和建议，作者不胜感激，联系方式 59109721@qq.com。

在线开放课程资源

目录

项目 1 认识计算机网络

1.1 项目介绍

1.1.1 项目概述

计算机网络是计算机技术与通信技术结合的产物，它的诞生改变了人类对信息获取、存储、传送的方式，使人们的生活发生了巨大变化，人们借助计算机网络实现信息交流、共享。目前计算机网络的应用已经遍布社会生活的各个领域。那么什么是计算机网络？计算机网络是如何实现信息的交流和共享的呢？

1.1.2 项目背景

大学生小志应聘到某大学的网络管理中心实习，企业指导老师要求小志首先学习计算机网络的基础知识，了解机构的网络部署并绘制出该大学的网络拓扑。

1.1.3 学习目标

【知识目标】

掌握计算机网络的定义。

了解计算机网络的功能和发展史。

了解计算机网络的分类。

理解计算机网络体系结构。

熟悉 TCP/IP 体系结构工作原理。

了解常见网络设备及网络传输介质。

【能力目标】

学会区别局域网、城域网、广域网。

学会分析网络的拓扑结构。

能说出 TCP/IP 体系结构中数据的封装过程。

会制作双绞线。

会组建简单的对等网络。

【素养目标】

具有团结协作、互帮互助意识；具备安全意识和精益求精的工匠态度。

激发出爱国情怀，提升网络强国思想和网络安全意识。

理解工匠精神、劳模精神。

1.1.4 核心技术

网络体系结构。

1.2 相关知识

1.2.1 计算机网络概述

计算机网络是计算机技术与通信技术相结合的产物，它的诞生使计算机的体系结构发生了巨大变化，在当今社会发展中，计算机网络起着非常重要的作用，并对人类社会的进步做出了巨大贡献。

目前计算机网络的应用遍布全世界各个领域，并已成为人们社会生活中不可缺少的重要组成部分，从某种意义上讲，计算机网络的发展水平不仅反映了一个国家的计算机科学和通信技术的水平，也是衡量其国力及现代文化程度的重要标志之一。

网络的定义及功能

1. 什么是计算机网络

计算机网络是指将地理位置分散的具有独立功能的多台计算机及其外部设备，通过通信线路和传输介质连接起来，在网络操作系统、网络管理软件及网络通信协议的管理和协调下，实现资源共享和信息传递的计算机系统。

一般来说，将分散在不同地点的多台计算机终端和外部设备用通信线路相互连起来，再安装上相应的软件（这些软件就是实现网络协议的一些程序），彼此间能够互相通信，并且实现资源共享（包括软件、硬件、数据等）的整个系统叫作计算机网络系统。

计算机网络技术是计算机技术和通信技术结合的产物。20 世纪 50 年代后期，美国半自动地面防空系统开始了计算机技术与通信技术相结合的尝试。在 SAGE 系统中，把远程雷达和其他测控设备由线路汇集至一台 IBM 大型计算机上进行集中的信息处理。该系统最终于 1963 年建成，被认为是计算机和通信技术结合的先驱。

2. 计算机网络功能

（1）实现资源共享

计算机网络的主要功能是实现资源共享。主要共享的资源有以下几个方面：

◆ 硬件资源：包括各种类型的计算机、大容量存储设备、计算机外部设备，如彩色打印机、静电绘图仪等。

◆ 软件资源：包括各种应用软件、工具软件、系统开发所用的支撑软件、语言处理程序、数据库管理系统等。

◆ 数据资源：包括数据库文件、数据库、办公文档资料、企业生产报表等。

（2）实现网络通信

通过计算机网络实现通信是计算机网络的另一项重要功能。计算机网络通信技术改变了人类信息时代的沟通方式。利用计算机网络可以传输各种类型的信息，包括数据信息、图形、图像、声音、视频流等各种多媒体信息。

（3）分布式计算和集中数据信息处理

分布式计算和集中数据信息处理也是计算机网络承担的重要职责，分布式计算主要利用计算机网络把要处理的任务分散到各个计算机上执行，而不是集中在一台大型计算机上。这样不仅可以降低软件设计的复杂性，而且可以大大提高工作效率降低成本。

集中数据信息处理主要针对地理位置分散的组织和部门，利用计算机网络进行集中的信息管理。如数据库情报检索系统、交通运输部门的订票系统、军事指挥系统等。当网络中某台计算机的任务负荷太重时，通过网络和应用程序的控制和管理将作业分散到网络中的其他计算机中由多台计算机共同完成，从而实现计算机网络的均衡负荷功能。

3. 计算机网络的应用领域

目前，计算机网络技术广泛应用于生活的各个领域。其应用的领域和范围主要有：

（1）数字通信

数字通信是现代社会通信的主流。包括网络电话、可视图文系统、视频会议系统和电子邮件服务等。

（2）分布式计算

分布式计算包括两个方面：一方面是将若干台计算机通过网络连接起来，将一个程序分散到各个计算机上同时运行，然后把一每台计算机计算的结果搜集汇总，整体得出结果；另一方面是通过计算机网络将需要大量计算的题目传送到网络上的大型计算机中进行计算，并返回结果。

（3）信息查询

信息查询是计算机网络提供资源共享的最好工具，通过搜索引擎使用少量的“关键词”来概括，归纳出这些信息内容，快速地把你感兴趣的内容所在的网络地址一一罗列出来。

（4）远程教育

远程教育是利用互联网技术开发的现代在线服务系统。它充分发挥网络可以跨越空间和时间的特点，在网络平台上向学生提供各种与教育相关的信息，做到“任何人在任何时间、任何地点可以学习任何课程”。

（5）虚拟现实

虚拟现实是计算机软硬件技术、传感技术、机器人技术、人工智能及心理学等高速发展的结晶，虚拟现实与传统的仿真技术都是对现实世界的模拟，即两者都是基于模型的活动，并且都力图通过计算机及各类装置实现现实世界尽可能精确在线的目标。随着计算机科学技术的飞速发展，虚拟现实技术与仿真技术必将更加异彩纷呈、绚丽夺目。

（6）电子商务

广义的电子商务，包括各行各业的电子业务，如电子政务、电子衣物、电子军务、电子教务、电子公务和电子家务等。狭义的电子商务是指人们利用电子化、网络化手段进行商务活动。

（7）办公自动化

办公自动化能实现办公活动的科学化自动化，最大限度地提高工作质量、工作效率和改善工作环境。

（8）企业管理与决策

随着计算机网络的广泛应用，各类企业采用管理科学与信息技术相结合的方式开发企业管理和决策信息系统，为企业管理和决策提供支持服务。目前企业的决策支持系统也正在朝着智能化发展。

网络发展史

4. 计算机网络发展史

（1）第一代计算机网络——远程终端网络

20 世纪 50 年代，为了使用计算机系统，将一台具有计算能力的计算机主机挂接多台终端设备，如图 1-1 所示。终端设备没有数据处理能力，只提供键盘和显示器，用于将程序和数据输入给计算机主机和从主机获得计算结果。计算机主机分时、轮流地为各个终端执行计算任务。这就是第一代计算机网络。

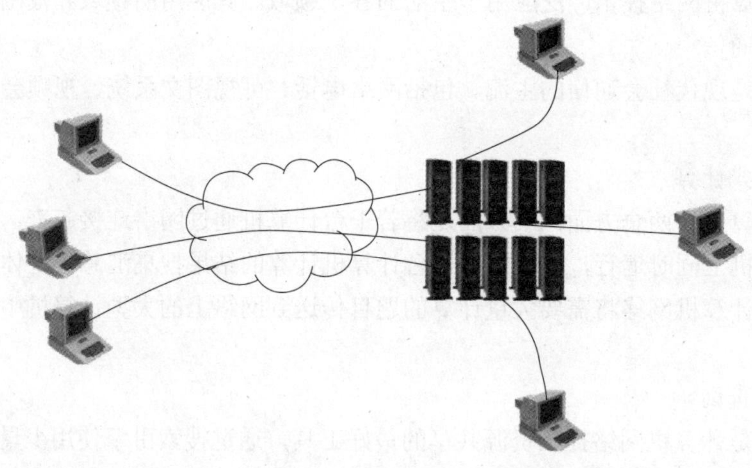

图 1-1　计算机主机与终端之间的数据传输

这种计算机主机与终端之间的数据传输，就是最早的计算机通信。

尽管有的应用中计算机主机与终端之间采用电话线路连接，距离可以达到数百千米，但是这种体系架构下的计算机终端与主机的通信网络，仅仅是为了实现人与计算机之间的对话，并不是真实意义上的计算机与计算机之间的网络通信。

（2）第二代计算机网络——远程大规模互连

第二代计算机网络将多台主机通过通信线路实现互连，为网络中的用户提供服务。20 世纪 60 年代出现了大型主机商业应用，因而也有了对大型主机资源远程共享的要求。同时，以程控交换为特征的电信技术的发展，为这种远程通信需求提供了实现手段。这个时期的网络主要特征为“以能够相互共享资源为目的，互连起来的具有独立功能的计算机集合体”。

1969 年，美国国防部高级研究计划局建成 ARPAnet 实验网，该网络就是 Internet 的前身。当时该网络只有四个节点，以电话线路为主干网络。此后该网络建设的规模不断扩大，到 20 世纪 70 年代后期，网络节点已超过 60 个，网络联通了美国东部和西部许多大学和研究机构。

20 世纪 70 年代是通信网络大力发展时期，这时的网络都以实现计算机之间远程数据传输和信息共享为主要目的，通信线路大多租用电话线路，少数铺设专用线路。这一时期的网络以远程大规模互连为主要特点，称为第二代网络。

（3）第三代计算机网络——网络标准化时代

随着计算机网络技术的成熟，网络应用领域越来越广泛，网络规模也不断增大，网络通信技术也变得更加复杂，这使得网络技术标准的制定迫在眉睫。

1974 年，IBM 推出了系统网络结构 SNA 标准；1975 年，DEC（美国数字设备公司）宣布了 DNA（Digital Network Architecture，数字网络体系结构）标准；1976 年，UNIVAC 宣布了分布式通信体系结构 DCA 标准，但这些网络标准都只能用于同一个公司建设的网络范围，只有同一公司生产的网络设备才能实现互连。企业这种各自为政的网络市场状况，使得用户无所适从，也不利于厂商之间公平竞争。

1977 年，ISO 国际标准化组织出面制定了开放系统互连参考模型（OSI/RM）。开放系统互连参考模型的出现，标志着第三代计算机网络——计算机网络标准化阶段的诞生。所有厂商都共同遵循 OSI 标准，形成一个具有统一网络体系结构局面，建设遵循国际标准的开放式和标准化的网络。

（4）第四代计算机网络——高速网络技术时代

20 世纪 90 年代，随着局域网技术、网络传输技术的发展成熟，以光纤等高速传输介质为代表的高速网络技术时代来临。与此同时，多媒体网络、智能网络开始逐渐发展。1990 年，NSFnet（美国国家科学基金会）取代 ARPAnet，形成最初的 Internet 网。Internet 网的形成，标志着第四代计算机网络的兴起。各种网络相互连接，形成更大规模的互连网络，呈现出互连、高速、智能等特点。

计算机网络分类

5. 计算机网络分类

计算机网络的分类方法有很多种，通常可以按照传输介质、地理范围和拓扑结构来划分。

① 按照介质，可分为有线网络和无线网络。

◆ 有线网络：采用同轴电缆和双绞线来连接的计算机网络。

◆ 无线网络：采用电磁波信号进行信息交换，将计算机及网络设备相互连接的计算机网络。无线网络是近几年发展最快、应用最广的一种通信技术。

② 按照地理范围，可以分为局域网、城域网、广域网三类。

◆ 局域网（LAN）：局域网是一种将小范围内的若干台计算机相互连接组成的网络，如办公楼群、校园、工厂等，其覆盖范围通常局限在 10 km 范围之内。局域网通常属某单位所有，单位拥有自主管理权，以共享网络资源为主要目的。

◆ 城域网（MAN）：城域网是作用范围在广域网与局域网之间的网络，其网络覆盖范围通常可以延伸到整个城市，借助通信光纤将多个局域网联通公用城市网络形成大型网络，使得不仅局域网内的资源可以共享，而且局域网之间的资源也可以共享。

◆ 广域网（WAN）：广域网是一种远程网，涉及长距离的通信，覆盖范围可以是一个国家或多个国家，甚至整个世界。由于广域网地理上的距离可以超过几千千米，所以信息衰减非常严重，这种网络一般要租用专线，通过接口信息处理协议和线路连接起来，构成网状结构，解决寻径问题。

③ 按照网络拓扑结构，可以分为总线型网络、环形网络、星形网络、树形网络、网状网络和混合型网络。

网络的拓扑结构是指将计算机网络中的各个节点及通信设备看成点，将通信线路看成线，由这些线把点连接起来构成的图形。

◆ 总线型网络：网络中所有的站点共享一条数据通道，如图 1-2 所示。总线型网络安装简单方便，需要铺设的电缆最短，成本低，某个站点的故障一般不会影响整个网络，但介质的故障会导致网络瘫痪。总线型网络的安全性低，监控比较困难，增加新站点也不容易。

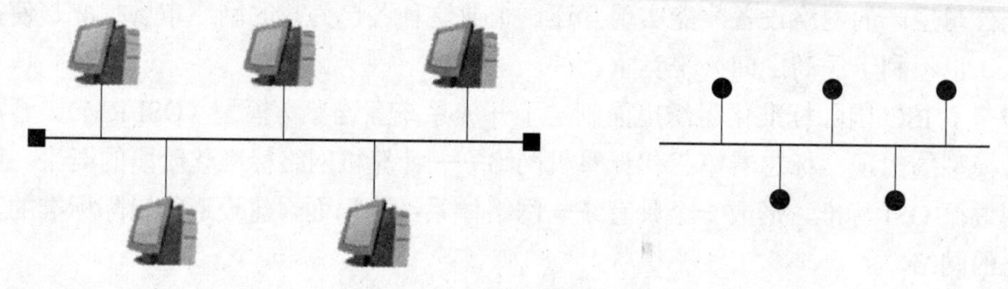

图 1-2 总线型网络结构图

◆ 环形网络：各站点通过通信介质连成一个封闭的环形，如图 1-3 所示。环形网络容易安装和监控，但容量有限，网络建成后，难以增加新的站点。

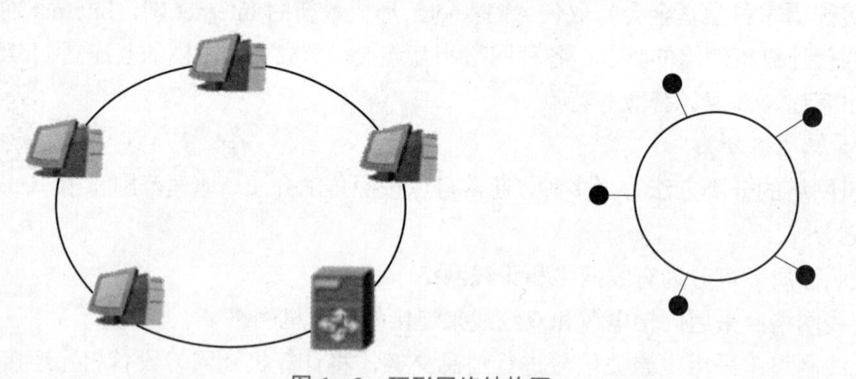

图 1-3 环形网络结构图

◆ 星形网络：各站点通过点到点的链路与中心站相连，如图 1-4 所示。特点是很容易在网络中增加新的站点，数据的安全性和优先级容易控制，易实现网络监控，但中心节点的故障会引起整个网络瘫痪。

◆ 树形网络：树形拓扑从总线型拓扑演变而来，形状像一棵倒置的树，顶端是树根，树根以下带分支，每个分支还可再带子分支，如图 1-5 所示。它是总线型结构的扩展，是在总线网上加上分支形成的，其传输介质可有多条分支，但不形成闭合回路。

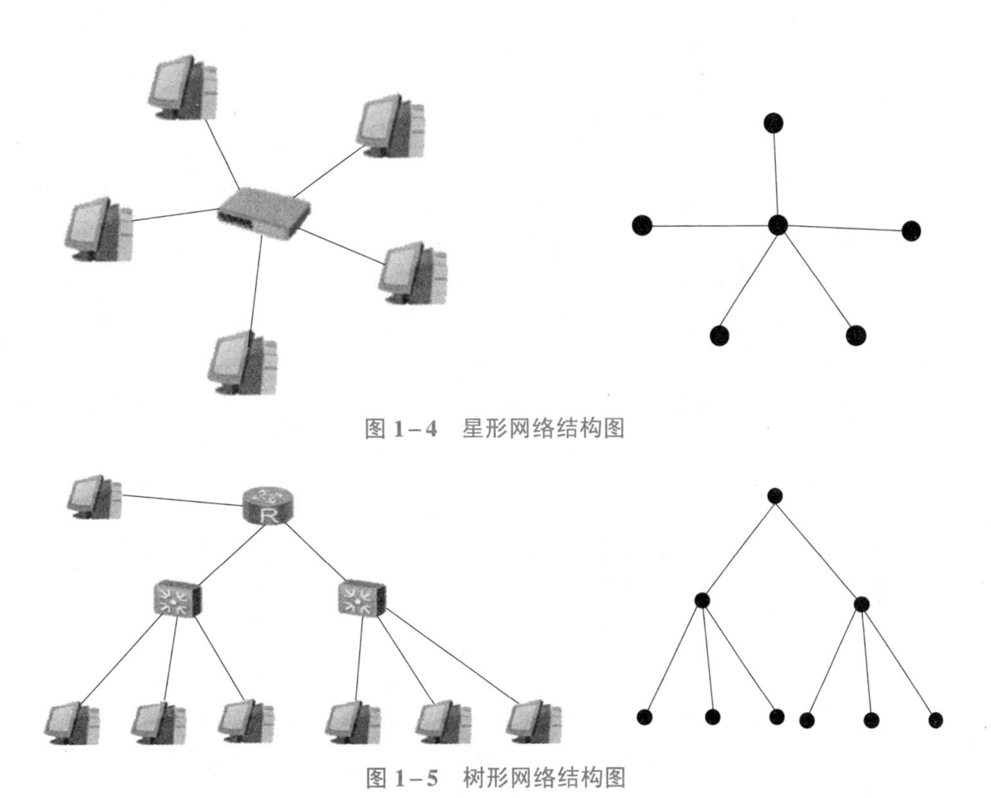

图 1-4　星形网络结构图

图 1-5　树形网络结构图

◆ 网状网络：网状网络又称作无规则结构网络，其结点之间的连接是任意的，没有规律的，如图 1-6 所示。网状网络可靠性较高，但结构复杂，线路成本高，不易管理和维护，一般适用于大型的广域网连接。

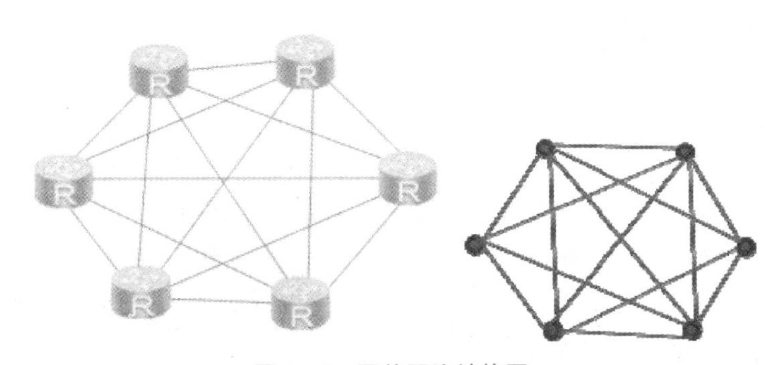

图 1-6　网状网络结构图

混合型网络：混合型拓扑是将两种单一拓扑结构混合起来，取两者的优点构成的拓扑，如图 1-7 所示。混合型网络故障诊断和隔离方便，易于扩展，安装方便，但需要智能网络设备实现故障自动诊断和故障节点隔离，网络建设成本相对较高。

不同的网络拓扑结构都有其优缺点，在组网的过程中，拓扑结构的选择与传输媒体的选择、媒体访问控制方法的确定紧密相关，通常需要考虑可靠性、费用、灵活性、响应时间和吞吐量等因素。

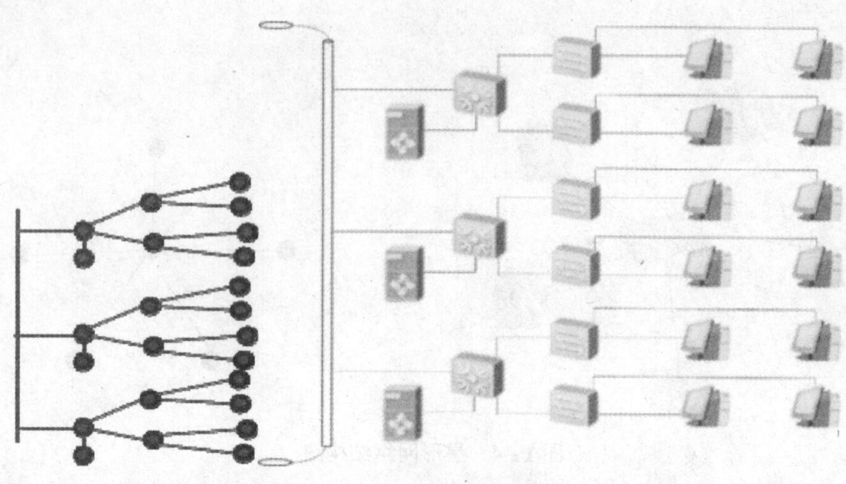

图 1-7 混合型网络结构

1.2.2 标准化组织介绍及网络体系结构

1. 标准化组织介绍

（1）国际标准化组织（ISO）

国际标准化组织（International Organization for Standardization，ISO）成立于 1947 年，是标准化领域中的一个国际性非政府组织，也是目前世界上最大、最有权威的国际标准化专门机构。ISO 负责当今世界上绝大部分领域的标准化活动，其代表性的标准有具有七层协议结构的开放系统互连参考模型（OSI）、ISO 9000 系列质量管理和品质保证标准等。

ISO 的宗旨是“在世界上促进标准化及其相关活动的发展，以便于商品和服务的国际交换，在智力、科学、技术和经济领域开展合作”。中国于 1978 年加入 ISO，在 2008 年 10 月的第 31 届国际化标准组织大会上，中国正式成为 ISO 的常任理事国。

（2）电气和电子工程师协会（IEEE）

电气与电子工程师协会（Institute of Electrical and Electronics Engineers，IEEE）是一个国际性的电子技术与信息科学工程师协会，也是目前全球最大的非营利性专业技术学会。IEEE 致力于电气、电子、计算机工程和与科学有关的领域的开发和研究，在太空、计算机、电信、生物医学、电力及消费性电子产品等领域已制定了 1 300 多个行业标准。IEEE 大部分成员是电子工程师、计算机工程师和计算机科学家，现在已发展成为具有较大影响力的国际学术组织。

（3）美国国家标准协会（ANSI）

美国国家标准协会（American National Standards Institute，ANSI）是成立于 1918 年的非营利性质的民间组织，同时也是一些国际标准化组织的主要成员。ANSI 标准典型应用有美国标准信息交换码（ASCII）和光纤分布式数据接口（FDDI）等。

（4）电子工业协会（EIA/TIA）

EIA 是美国的一个电子工业制造商组织，成立于 1924 年。EIA 颁布了许多与电信和计算机通信有关的标准。例如 RS-232 标准，定义了数据终端设备和数据通信设备之间的串行连接。这个标准在今天的数据通信设备中被广泛采用。在结构化网络布线领域，EIA 与美国电信行业协会（TIA）联合制定了商用建筑电信布线标准（如 EIA/TIA 568 标准），提供了统一的布线标准并支持多厂商产品和环境。

（5）国际电信联盟（ITU）

国际电信联盟（International Telecommunication Union，ITU）最初是 1865 年 5 月由法、德、俄等 20 个国家为顺利实现国际电报通信而成立的一个国际组织，最初命名为国际电报联盟；1932 年，国际电报联盟改名为国际电信联盟；1947 年，国际电信联盟成为联合国的一个专门机构，简称国际电联或 ITU。联合国的任何一个主权国家都可以成为 ITU 的成员。ITU 是世界各国政府的电信主管部门之间协调电信事务的一个国际组织，它研究制定有关电信业务的规章制度，通过决议提出推荐标准，收集相关信息和情报，其目的和任务是实现国际电信的标准化。

（6）国际互联网工程任务组（IETF）

国际互联网工程任务组成立于 1985 年年底，是全球互联网最具权威的技术标准化组织，主要任务是负责互联网相关技术规范的研发和制定，当前绝大多数国际互联网技术标准出自 IETF。

IETF 是一个由为互联网技术工程及发展做出贡献的专家自发参与和管理的国际民间机构。它汇集了与互联网架构演化和互联网稳定运作等业务相关的网络设计者、运营者和研究人员，并向所有对该行业感兴趣的人士开放。任何人都可以注册参加 IETF 的会议。

（7）互联网数字分配机构（IANA）

IANA（The Internet Assigned Numbers Authority，互联网数字分配机构）是一个协调机构，主要负责 Internet 正常运作。IANA 负责分配和维护互联网技术标准（或者称为协议）中的唯一编码和数值系统。IANA 的任务可以大致分为三个类型：① 域名。IANA 管理 DNS 根域名，..int、.arpa 域名及 IDN（国际化域名）资源。② 数字资源。IANA 协调全球 IP 和 AS（自治系统）号并将它们提供给各区域 Internet 注册机构。③ 协议分配。IANA 与各标准化组织一同管理协议编号系统。

2. 计算机网络体系结构

（1）开放系统互连参考模型（OSI）

OSI 参考模型

OSI（Open System Interconnect），即开放式系统互连，是 ISO（国际标准化组织）组织在 1985 年研究的网络互连模型。该参考模型标准定义了网络互连的七层框架（物理层、数据链路层、网络层、传输层、会话层、表示层和应用层），即 OSI 开放系统互连参考模型，如图 1-8 所示。在这一框架下进一步详细规定了每一层的功能，以实现开放系统环境中的互连性、互操作性和应用的可移植性。

OSI 参考模型采用分层设计的思想，分层是利用层次结构把开放系统的信息交换问题分解到一系列容易控制的软硬件模块“层”中，而各层可以根据需要独立进行修改或扩充功能，同时，分层也有利于各不同制造厂家的设备互连，也有利于大家学习、理解数据通信网络。

OSI 参考模型中不同的层完成不同的功能，其中上三层主要与网络应用相关，负责对用户数据进行编码等操作；下四层主要是负责网络通信，负责将用户的数据传递到目的地。各层相互配合通过标准的接口进行通信。

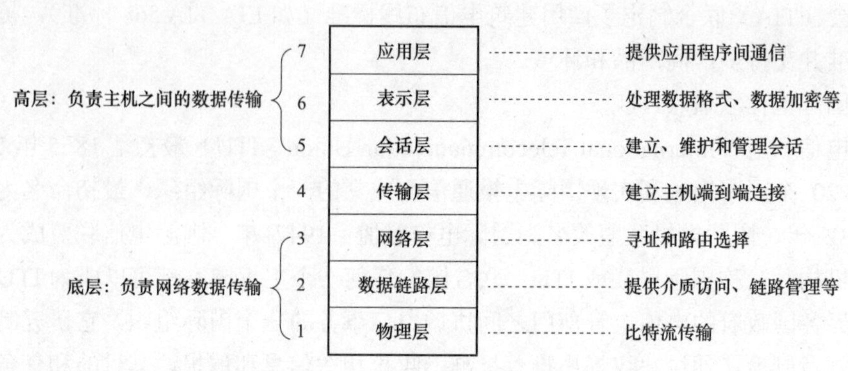

图 1-8　OSI 参考模型及各层功能

◆ 物理层（Physical Layer）

物理层是 OSI 参考模型的最低层，它利用传输介质为数据链路层提供物理连接。它主要关心的是通过物理链路从一个节点向另一个节点传送比特流，物理链路可能是铜线、卫星、微波或其他的通信媒介。它关心的问题有：多少伏电压代表 1？多少伏电压代表 0？时钟速率是多少？采用全双工还是半双工传输？总的来说，物理层关心的是链路的机械、电气、功能和规程特性。常用设备有（各种物理设备）网卡、集线器、中继器、调制解调器、网线、双绞线、同轴电缆等。

◆ 数据链路层（Data Link Layer）

数据链路层是为网络层提供服务的，它将物理层传来的 0、1 信号组成数据帧的格式，在相邻网络实体之间建立、维持和释放数据链路连接，并传输数据链路服务数据单元，解决两个相邻节点之间的通信问题。数据帧中包含物理地址（又称 MAC 地址）、控制码、数据及校验码等信息。该层的主要作用是通过校验、确认和反馈重发等手段，将不可靠的物理链路转换成对网络层来说无差错的数据链路。

此外，数据链路层还要协调收发双方的数据传输速率，即进行流量控制，以防止接收方因来不及处理发送方传来的高速数据而导致缓冲器溢出及线路阻塞。数据链路层典型设备有网桥和二层交换机等。

◆ 网络层（Network Layer）

网络层为传输层提供服务，传送的协议数据单元称为数据包或分组。该层的主要作用是解决如何使数据包通过各结点传送的问题，即通过路径选择算法（路由）将数据包送到目的地。另外，为避免通信子网中出现过多的数据包而造成网络阻塞，需要对流入的数据包数量进行控制（拥塞控制）。当数据包要跨越多个通信子网才能到达目的地时，还要解决网际互连的问题。

◆ 传输层（Transport Layer）

传输层传送的协议数据单元称为段或报文，作用是为上层协议提供端到端的可靠、透明和优化的数据传输服务，包括处理差错控制和流量控制等问题。传输层处于七层结构的中间，向下是通信服务的最高层，向上是用户功能的最底层。它一方面接收上一层发来的数据，并进行分段，建立端到端的连接，保证数据从一端正确传送到另一端；另一方面向高层屏蔽下层数据通信的细节，使高层用户看到的只是在两个传输实体间的一条主机到主机的、可由用户控制和设定的、可靠的数据通路。

◆ 会话层（Session Layer）

会话层的主要功能是管理和协调不同主机上各种进程之间的通信（对话），即负责建立、管理和终止应用程序之间的会话。会话层因很类似于两个实体间的会话概念而得名。例如，一个交互的用户会话以登录到计算机开始，以注销结束。

◆ 表示层（Presentation Layer）

表示层主要处理两个通信系统中交换信息的表示方式，以保证一个系统应用层发出的信息可被另一系统的应用层读出。如果必要，该层可提供一种标准表示形式，用于将计算机内部的多种数据表示格式转换成网络通信中采用的标准表示形式。数据压缩和加密也是表示层可提供的转换功能之一。

◆ 应用层（Application Layer）

应用层是 OSI 参考模型的最高层，提供了各种各样的应用层协议，这些协议嵌入各种应用程序中，通过应用程序来完成网络用户的应用需求，为特定类型的网络应用提供了访问 OSI 环境的手段，如文件传输、收发电子邮件等。

数据发送时，从第七层传到第一层，接收数据则相反。

（2）TCP/IP 参考模型

TCP/IP 是一组用于实现网络互连的通信协议。Internet 网络体系结构以 TCP/IP 为核心。与 OSI 参考模型一样，TCP/IP 对等模型也分为不同的层次，每一层负责不同的通信功能。基于 TCP/IP 的标准参考模型将协议分成四个层次，分别是网络接口层、网络互连层、传输层（主机到主机）和应用层。另外，大家经常还会见到 TCP/IP 五层模型，它是 OSI 和 TCP/IP 模型的综合，五层模型主要用于学术学习。如图 1-9 所示。

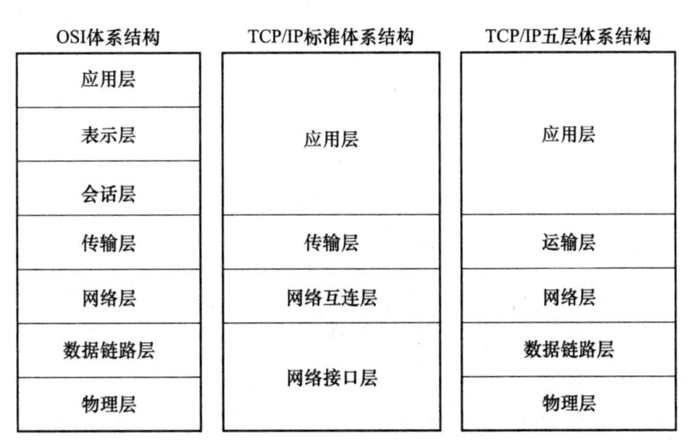

TCP 模型

图 1-9　TCP/IP 参考模型

◆ 应用层：应用层对应于 OSI 参考模型的高层（包括应用层、表示层、会话层），为用户提供所需要的各种服务，例如 FTP、Telnet、DNS、SMTP 等。

◆ 传输层：传输层对应于 OSI 参考模型的传输层，为应用层实体提供端到端的通信功能，保证了数据包的顺序传送及数据的完整性。该层定义了两个主要的协议：传输控制协议（TCP）和用户数据报协议（UDP）。

TCP 协议提供的是一种可靠的、通过“三次握手”来连接的数据传输服务；而 UDP 协议提供的则是不保证可靠的（并不是不可靠）、无连接的数据传输服务。

◆ 网络互连层：网络互连层对应于 OSI 参考模型的网络层，主要解决主机到主机的通信问题。它所包含的协议涉及数据包在整个网络上的逻辑传输。注重重新赋予主机一个 IP 地址来完成对主机的寻址，它还负责数据包在多种网络中的路由。该层协议主要有网际协议（IP）、互联网组管理协议（IGMP）、互联网控制报文协议（ICMP）及地址解析协议（ARP）等。

◆ 网络接口层：网络接口层与 OSI 参考模型中的物理层和数据链路层相对应。它负责监视数据在主机和网络之间的交换。事实上，TCP/IP 本身并未定义该层的协议，而由参与互连的各网络使用自己的物理层和数据链路层协议，然后与 TCP/IP 的网络接入层进行连接。图 1－10 所示为 TCP/IP 参考模型各层协议及功能。

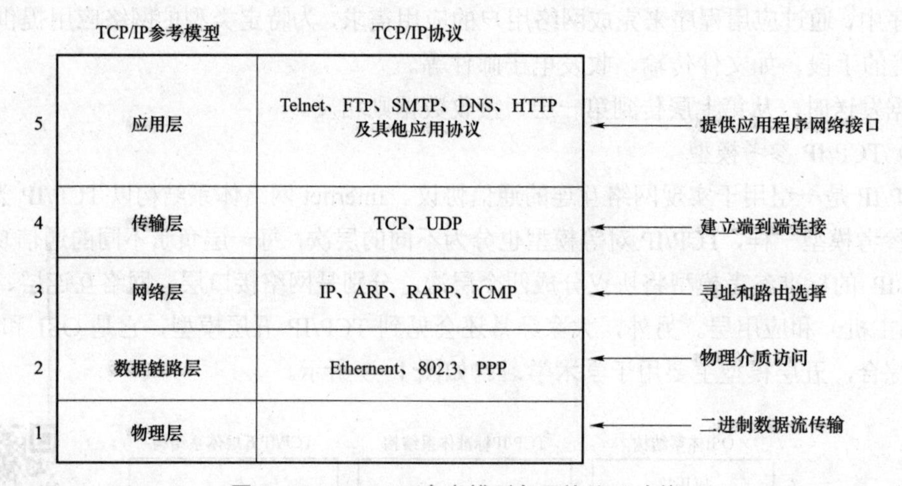

图 1－10　TCP/IP 参考模型各层协议及功能

（3）OSI 参考模型与 TCP/IP 参考模型比较

两种协议都负责为用户提供真正的端到端的通信服务，也对高层屏蔽了底层网络的实现细节，但在结构、性质、服务协议上有所区别：

◆ 结构不同。如上所述，两个参考模型的结构不同，OSI 划分为七层结构：物理层、数据链路层、网络层、传输层、会话层、表示层和应用层；TCP/IP 划分为四层结构：应用层、传输层、网络互连层和网络接口层。

◆ 性质不同。OSI 制定的初衷是建立适用于全世界计算机网络的统一标准，是一种理想状态，它结构复杂，实现周期长，运行效率低。TCP/IP 是独立于特定的计算机硬件和操作系统，可移植性好，可以提供多种拥有大量用户的网络服务，并促进 Internet 的发展，成为广泛应用的网络模型。

◆ 服务和协议不同。OSI 对服务和协议做了明确的区别；TCP/IP 没有充分明确区分服

务和协议。

总之，OSI 参考模型的特点是将性质相似的工作划分在同一层，性质相异的工作则划分到不同层。每一层所负责的工作范围，都区分得很清楚，彼此不会重叠。万一出了问题，很容易判断是哪一层没做好，从而先改善该层的工作，不至于无从着手。

TCP/IP 模型的特点是能够提供面向连接和无连接两种通信服务机制。传输层是建立在网络互连层基础之上的，而网络互连层只提供无连接的网络服务。

（4）数据转发过程概述

数据可以在同一网络内或者不同网络间传输，数据转发过程也分为本地转发和远程转发，但两者的数据转发原理是基本一样的，都是遵循 TCP/IP 协议簇。其封装过程如图 1－11 所示。

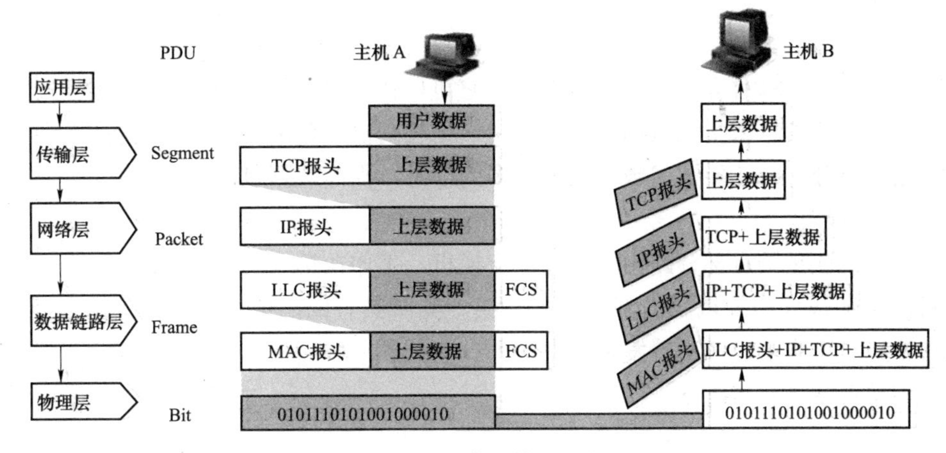

图 1－11　数据转发过程

1.2.3　常见网络传输设备与传输介质

1. 常见网络互连设备

网络互联设备

数据在网络中是以“包”的形式传递的，但不同网络的“包”格式也是不一样的。如果在不同的网络间传送数据，由于包格式不同，导致数据无法传送，于是网络间连接设备就充当“翻译”的角色，将一种网络中的“信息包”转换成另一种网络的“信息包”。信息包在网络间的转换，如果两个网络间的差别小，则需转换的层数也少，所需网间连接设备的功能也相对简单；若两个网络间的差别大，所需连接设备也相对复杂。

（1）物理层互连设备

◆ 中继器

中继器是物理层互连设备，是局域网互连的最简单设备，它接收并识别网络信号，然后再生信号并将其发送到网络的其他分支上，起到扩展传输距离的作用，但其使用个数有限。

◆ 集线器

集线器是一个多端口的中继器，简称 HUB，是一种以星形拓扑结构将通信线路集中在一起的设备，相当于总线。

（2）数据链路层设备

◆ 网桥

网桥是数据链路层设备，是一个局域网与另一个局域网之间建立连接的桥梁。它的作用是扩展网络和通信手段，在各种传输介质中转发数据信号，扩展网络的距离，同时又有选择地将有地址的信号从一个传输介质发送到另一个传输介质，并能有效地限制两个介质系统中无关紧要的通信。

◆ 二层交换机

二层交换机也是数据链路层设备，它可以识别数据帧中的 MAC 地址信息，根据 MAC 地址进行转发，并将这些 MAC 地址与对应的端口记录在自己内部的一个地址表中。

（3）网络层设备

◆ 路由器

路由器工作在 OSI 体系结构中的网络层，它可以在多个网络上交换和路由数据包。路由器通过网络协议的信息来实现数据转发和路由。比起网桥，路由器不但能过滤和分隔网络信息流、连接网络分支，还能访问数据包中更多的信息，提高数据包的传输效率。

◆ 三层交换机

三层交换机就是具有部分路由器功能的交换机，工作在第三层：网络层。三层交换机的最重要目的是加快大型局域网内部的数据交换。其所具有的路由功能也是为这个目的服务的，能够做到一次路由，多次转发。

（4）高层设备（4～7 层）

◆ 网关

网关又称网间连接器、协议转换器，是在网络层以上实现网络互连的复杂网络互连设备，仅用于两个高层协议不同的网络互连。网关既可以用于广域网互连，也可以用于局域网互连。

网络传输介质简介

2. 网络传输介质

通信网络除了包含通信设备本身之外，还包含连接这些设备的传输介质。网络传输介质是指在网络中传输信息的载体，是网络中发送方与接收方之间的物理通路，它对网络的数据通信具有一定的影响。常用的传输介质分为有线传输介质和无线传输介质两大类。

（1）有线传输介质

有线传输介质是指在两个通信设备之间实现的物理连接部分，它能将信号从一方传输到另一方。有线传输介质主要有双绞线、同轴电缆和光纤。双绞线和同轴电缆传输电信号，光纤传输光信号。

◆ 双绞线

双绞线简称 TP（twisted pair），是综合布线工程中最常用的传输介质，它通常是将一对以上的双绞线封装在一个绝缘外套中，如图 1－12 所示，为了降低信号的干扰程度，每一对双绞线一般是由两根具有绝缘保护层的铜导线相互扭绕而成，因此称之为双绞线。

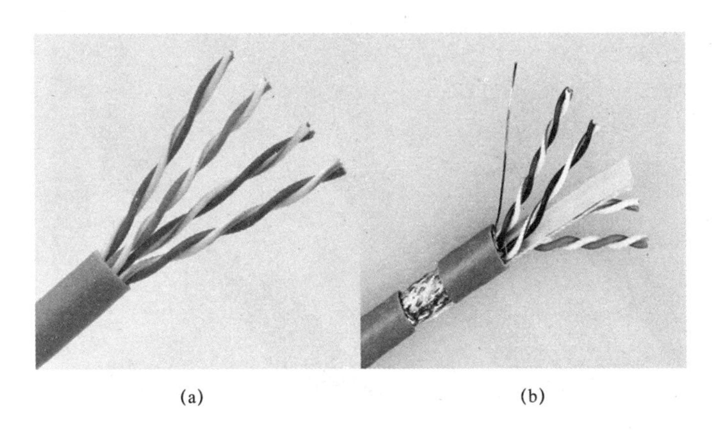

(a) (b)

图 1-12 双绞线

(a) 非屏蔽双绞线 (UTP); (b) 屏蔽双绞线 (STP)

根据有无屏蔽层，双绞线可分为非屏蔽双绞线 UTP 和屏蔽双绞线 STP。屏蔽双绞线在双绞线与外层绝缘封套之间有一个金属屏蔽层，使用时，两端都正确接地时才起作用。但是在实际施工时，很难全部完美接地，从而使屏蔽层本身成为最大的干扰源，导致性能甚至远不如非屏蔽双绞线。所以，除非有特殊需要，通常在综合布线系统中只采用非屏蔽双绞线。

非屏蔽双绞线由四对不同颜色的传输线所组成，广泛用于以太网络和电话线中。非屏蔽双绞线无屏蔽外套，成本低且质量小，易弯曲，易安装，适用于结构化综合布线。因此，非屏蔽双绞线得到广泛应用。

按照频率和信噪比，双绞线分为一类线、二类线、三类线、四类线、五类线、超五类线、六类线、超六类线、七类线等，类型数字越大、版本越新，则技术越先进，带宽越宽，价格也越高。日常网络部署中，常用的有三类线、五类线、超五类线及六类线。

双绞线一般用于星形网络的布线连接，两端安装有 RJ-45 头（水晶头）、连接网卡与网络设备，双绞线最长传输距离为 100 m，依照 ANSI/EIA/TIA 标准，双绞线在安装 RJ-45 头时有两种线序：

EIA/TIA568A：绿白、绿、橙白、蓝、蓝白、橙、棕白、棕。

EIA/TIA568B：橙白、橙、绿白、蓝、蓝白、绿、棕白、棕。

◆ 同轴电缆

同轴电缆由一根空心的外圆柱导体和一根位于中心轴线的内导线组成，内导线和圆柱导体及外界之间用绝缘材料隔开，如图 1-13 所示。其可用于模拟信号和数字信号的传输，其中最重要的有电视传播、长途电话传输、计算机系统之间的短距离连接及局域网等。按直径的不同，可分为粗缆和细缆两种。

◆ 光纤

光纤又称为光缆或光导纤维，由光导纤维纤芯、玻璃网层和能吸收光线的外壳组成，是由一组光导纤维组成的用来传播光束的、细小而柔韧的传输介质。应用光学原理，由光发送机产生光束，将电信号变为光信号，再把光信号导入光纤，在另一端由光接收机接收光纤上传来的光信号，并把它变为电信号，经解码后再处理。与其他传输介质比较，光纤的电磁绝缘性能好、信号衰小、频带宽、传输速度快、传输距离大。主要用于要求传输距离较长、布

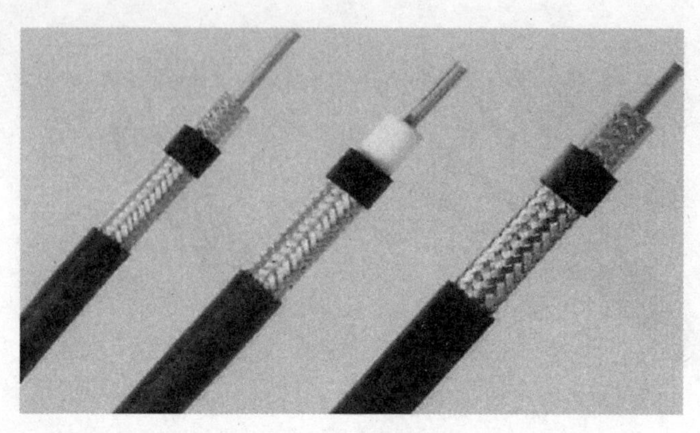

图 1-13　同轴电缆

线条件特殊的主干网连接。具有不受外界电磁场的影响、无限制的带宽等特点，可以实现每秒万兆位的数据传送，尺寸小、质量小，数据可传送几百千米，但价格高昂。

光纤分为单模光纤和多模光纤：

单模光纤：由激光作光源，仅有一条光通路，传输距离长，20～120 km。

多模光纤：由二极管发光，低速短距离，2 km 以内。

光纤需用 ST 型头连接器连接。

（2）无线传输介质

无线传输介质指我们周围的自由空间。利用无线电波在自由空间的传播可以实现多种无线通信。在自由空间传输的电磁波根据频谱可将其分为无线电波、微波、红外线等，信息被加载在电磁波上进行传输。

◆ 无线电波

无线电波是指在自由空间（包括空气和真空）传播的射频频段的电磁波，频率大约为 30 000 000 kHz（300 GHz）以下或波长大于 1 mm，由于它是由振荡电路的交变电流而产生的，可以通过天线发射和吸收，故称之为无线电波。无线电波在空间中的传播方式有直射、反射、折射、穿透、绕射（衍射）和散射等。

◆ 微波

微波是指频率为 300 MHz～300 GHz 的电磁波，是无线电波中一个有限频带的简称，即波长在 1 m（不含 1 m）到 1 mm 之间的电磁波，是分米波、厘米波、毫米波和亚毫米波的统称。微波频率比一般的无线电波频率高，通常也称为“超高频电磁波”。微波作为一种电磁波，也具有波粒二象性。微波通常呈现为穿透、反射、吸收三个特性。对于玻璃、塑料和瓷器，微波几乎是穿越而不被吸收；对于水和食物等，就会吸收微波而使自身发热；对于金属类介质，则会反射微波。当前，红外线在通信、探测、医疗、军事等方面有广泛的用途。

◆ 红外线

红外线是太阳光线中众多不可见光线中的一种，由德国科学家霍胥尔于 1800 年发现，又称为红外热辐射。在太阳光谱中，红光的外侧必定存在看不见的光线，这就是红外线。也可以将其当作传输媒介。太阳光谱上红外线的波长大于可见光线，波长为 0.75～1 000 μm。红外线可分为三部分，即近红外线，波长为 0.75～1.50 μm；中红外线，波长为 1.50～6.0 μm；

远红外线，波长为 6.0～1 000 μm。

1.2.4　模拟器 eNSP 介绍

eNSP 是一款由华为提供的免费的图形化网络仿真工具平台，它将完美呈现真实设备实景（包括华为最新的 ARG3 路由器和 X7 系列的交换机），支持大型网络模拟，让初学者在没有真实设备的情况下也能够进行实验测试，学习网络技术。

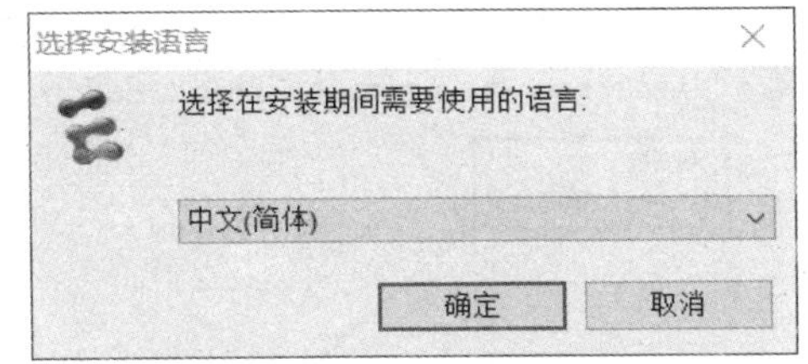

图 1-14　选择安装语言界面

1. eNSP 安装

① eNSP 安装文件下载完成后，双击 eNSP 安装软件应用程序运行安装文件，在弹出的“选择安装语言”界面中选择“中文（简体）”，如图 1-14 所示，如果习惯使用英语，也可以选择“English”选项，然后单击“确定”按钮。

② 弹出安装向导界面，单击“下一步”按钮。在“许可协议”界面中选择“我愿意接受此协议”，单击“下一步”按钮。进入“选择目标位置”界面，选择安装路径，单击“下一步”按钮。在“选择开始菜单文件夹”对话框中，设置程序的快捷方式在“开始”菜单的位置，单击“下一步”按钮，如图 1-15 所示。

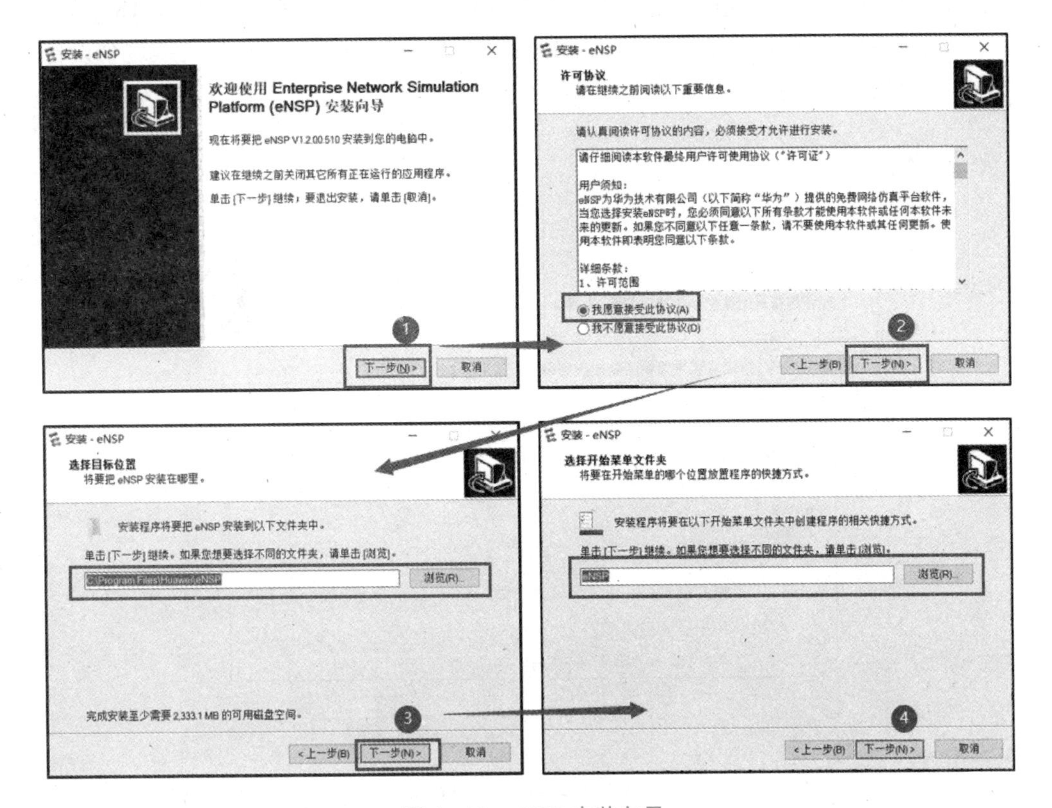

图 1-15　eNSP 安装向导

③ 在“选择附加任务”界面中，根据需要选择“创建桌面快捷图标”，单击“下一步”按钮，选择安装其他程序，如图 1－16 所示。注意，这里的 WinPcap、Wireshank、VirtualBox 要全部选择。

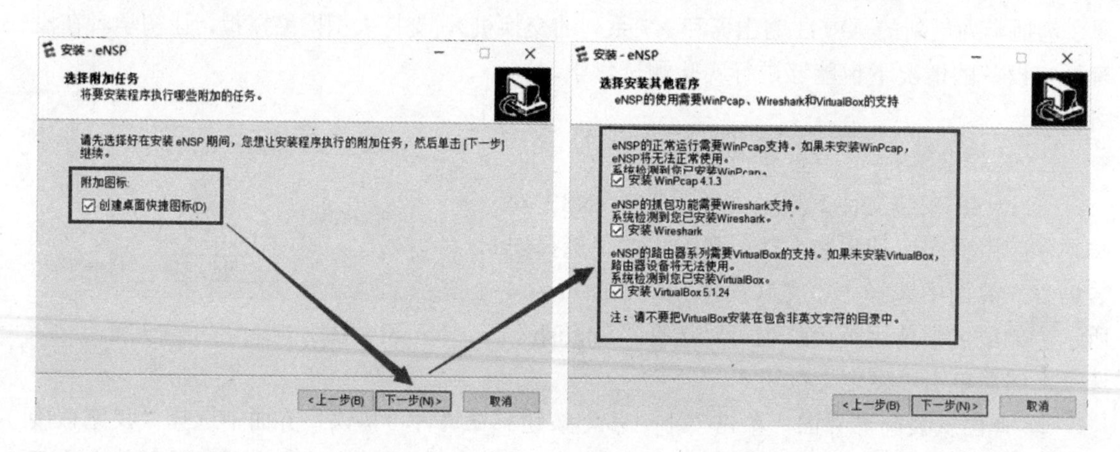

图 1－16　选择附加任务和安装其他程序

④ 在“准备安装”界面中，单击“安装”按钮，如图 1－17 所示。安装过程中会提示安装 WinPcap、Wireshark、VirtualBox，都单击“Next”按钮进行安装，如图 1－18～图 1－20 所示。在安装 VirtualBox 时，会弹出“Windows 安全”窗口，询问“你想安装这个设备软件吗？”，单击“安装”按钮，如图 1－21 所示。

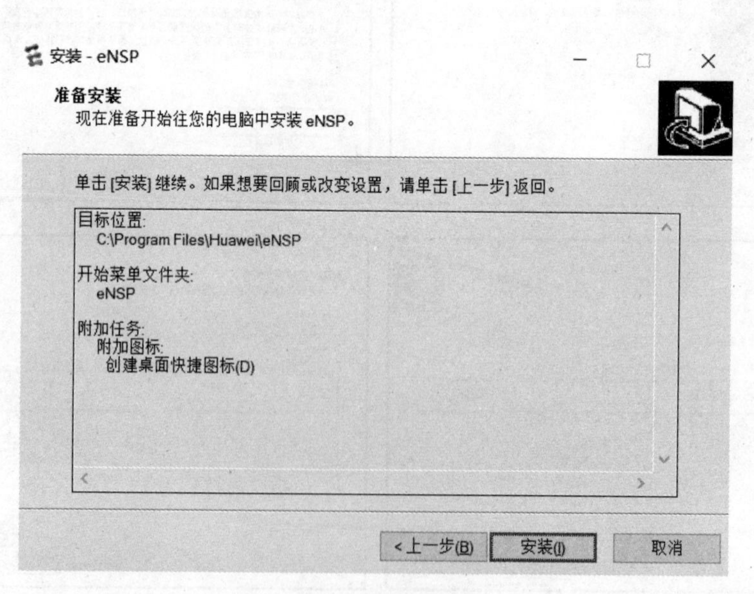

图 1－17　准备安装界面

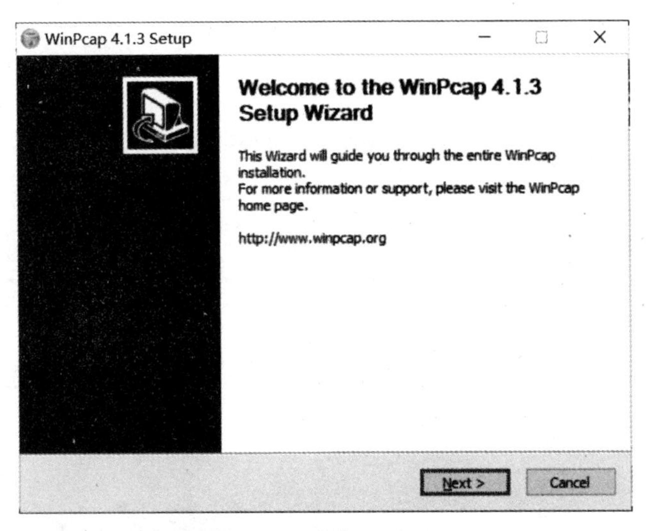

图 1－18　安装 WinPcap

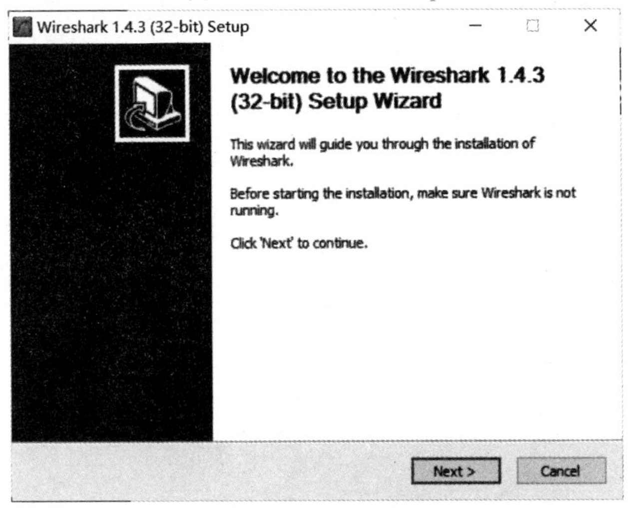

图 1－19　安装 Wireshark

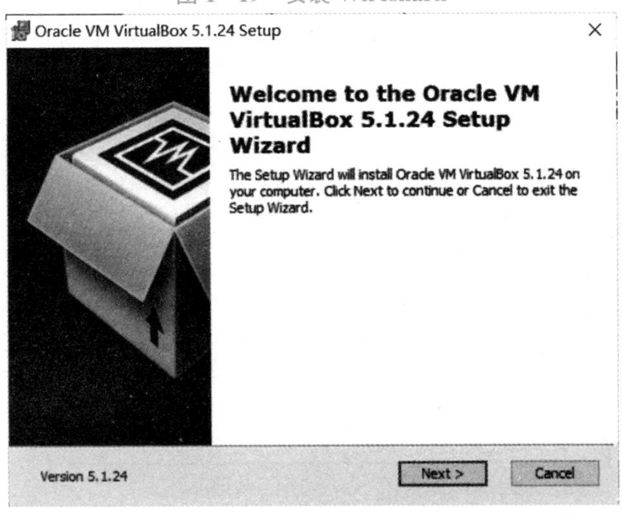

图 1－20　安装 VirtualBox

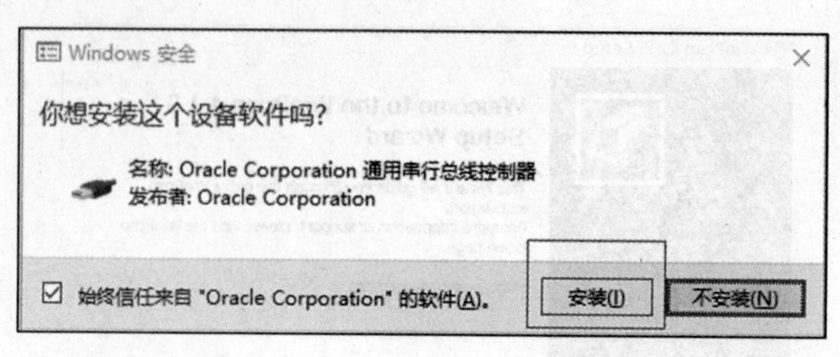

图 1-21 “Windows 安全”窗口

⑤ 安装完成后运行 eNSP。第一次打开 eNSP 时，会有引导界面，在这里可以直接打开历史文件，如图 1-22 所示。

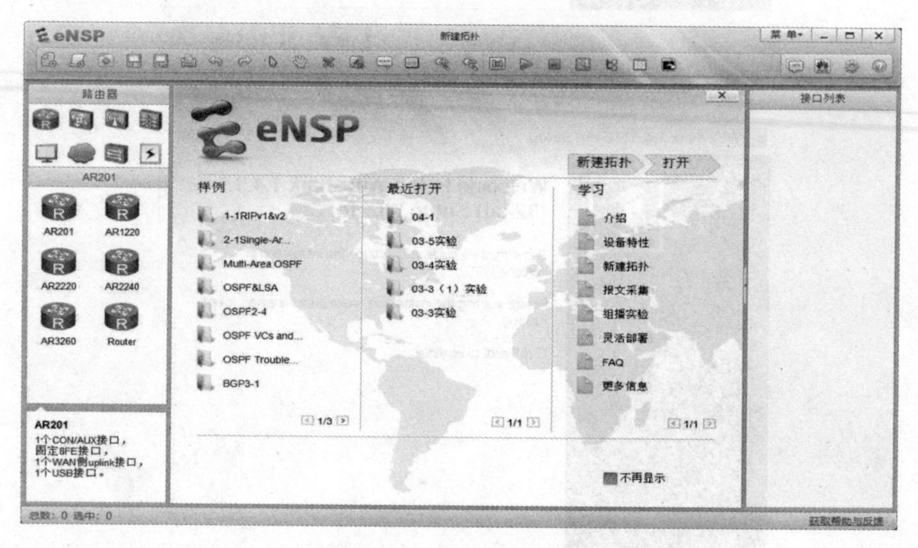

图 1-22 eNSP 引导界面

⑥ 单击“新建拓扑图表”图标 ![icon]，进入新建拓扑工作界面，如图 1-23 所示。

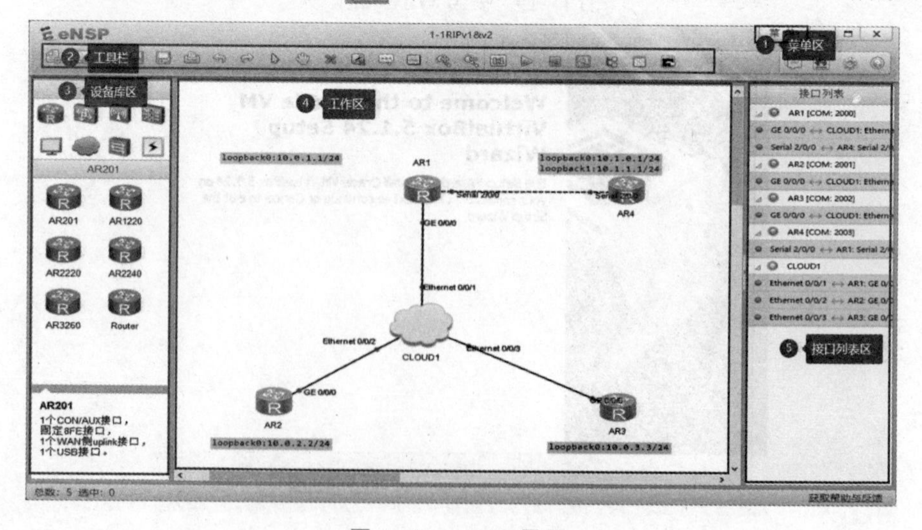

图 1-23 eNSP 界面

- 菜单区。提供各项主要功能，包括文件、编辑、视图、工具、考试、帮助。
- 工具栏。提供常用工具。
- 设备库区。可以选择网络设备和传输介质，默认开启，用快捷键 Ctrl+L 打开和关闭。
- 工作区。在此区域创建网络拓扑、进行设备配置等。
- 接口列表区。显示已存在的设备和接口状态。默认关闭，用快捷键 Ctrl+R 打开。

2. eNSP 软件特点

① 高度仿真软件。该软件可以模拟华为 AR 路由器、x7 系列交换机的大部分特性；模拟 PC 终端、Hub、云、帧中继交换机等；仿真设备配置功能；模拟大规模设备组网；可通过真实网卡实现与真实网络设备的对接；模拟接口抓包，直观展示协议交互过程等。为学习者提供简单快速学习华为命令行的平台。

② 图形化的操作界面，简单直观。支持拓扑创建、修改、删除、保存等操作。eNSP 支持设备拖曳、接口连线操作；通过不同颜色，直观反映设备与接口的运行状态；预置大量工程案例，可直接打开演练学习。

③ 分布式部署功能。eNSP 支持单机版本和多机版本，支撑组网培训场景，多机组网场景最大可模拟 200 台设备组网规模。

1.3 项目实施

任务 1　使用 eNSP 绘制校园网络拓扑图

（一）任务要求

① 熟悉 eNSP 软件界面，掌握该软件各部分的功能及应用。

② 熟悉模拟器中网络设备及网络传输介质标识和应用方法。

③ 根据老师对校园网拓扑结构的介绍，运用 eNSP 模拟软件绘制校园网拓扑图，如图 1-24 所示。

（二）实施步骤

1. 熟悉 eNSP 软件使用

① 打开 eNSP，单击“新建拓扑”图标，新建一个拓扑界面。

② 添加设备。在左侧设备库中选择相应的设备，选中后在工作区单击即可，可以重复单击建立多个设备，如图 1-25 所示。在工作区右击可以取消当前选择，重新选择其他设备或工具。

③ 移动设备。选中要移动的设备，按住鼠标左键拖动就可以移动，如图 1-26 所示。可以对单个设备进行移动，也可以一次性移动多个设备。

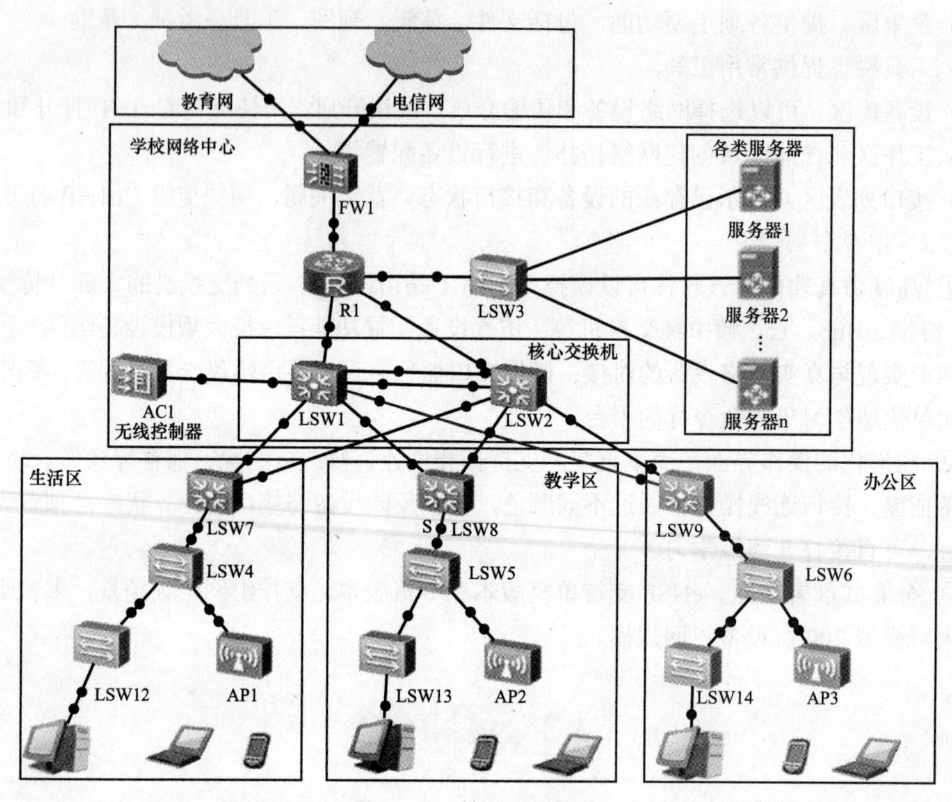

图 1-24　校园网拓扑图

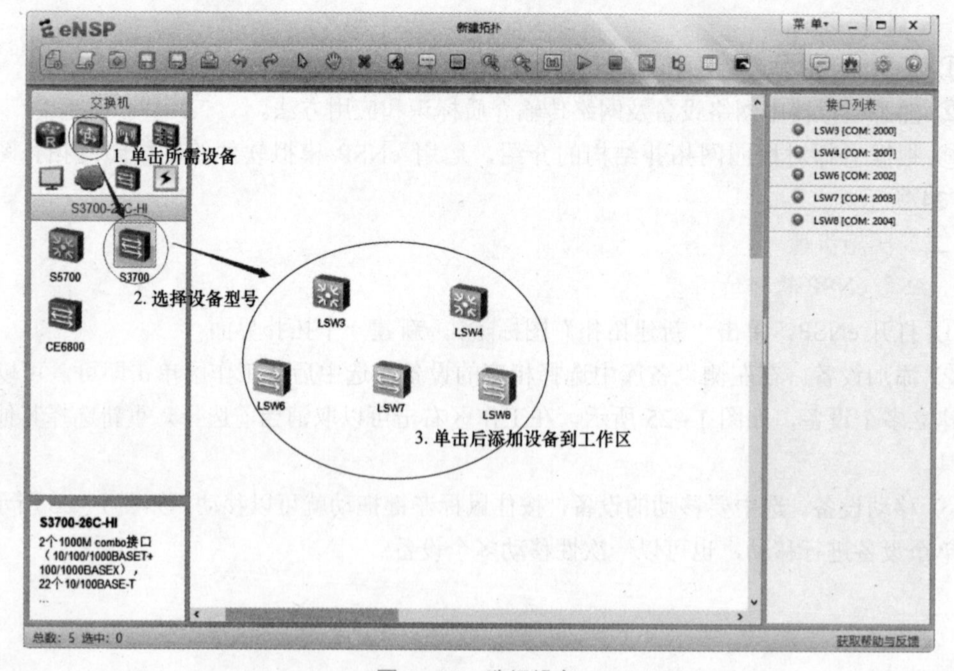

图 1-25　选择设备

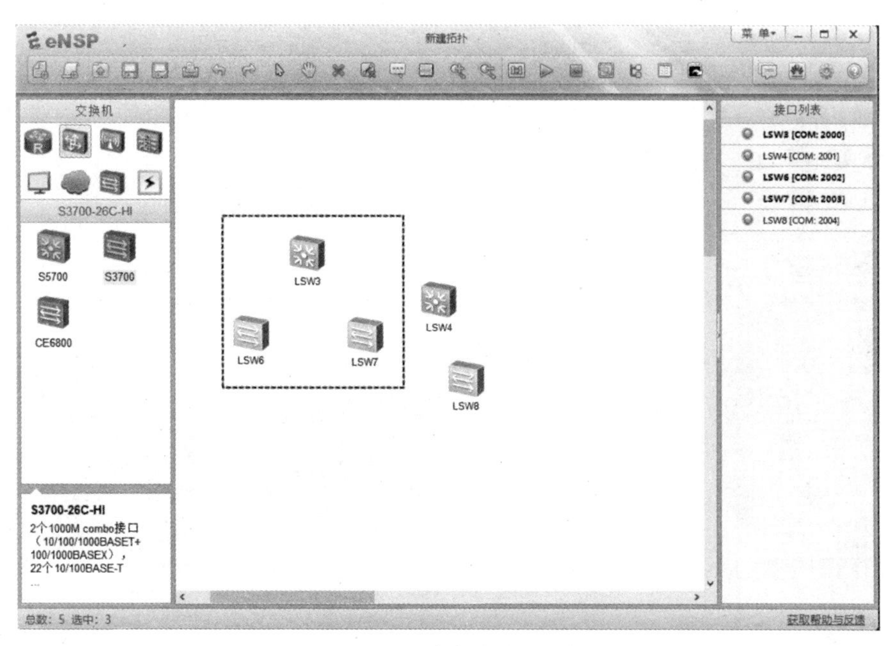

图 1－26　选中并移动设备

④ 删除设备。有多种方法：选中要移动的设备，右击，选择“删除”；利用删除工具删除；选中后按 Delete 键删除设备，如图 1－27 所示。这时会弹出确认删除对话框，单击“确定”按钮就可以删除了。删除设备的方法也适用于删除文本、图形等。

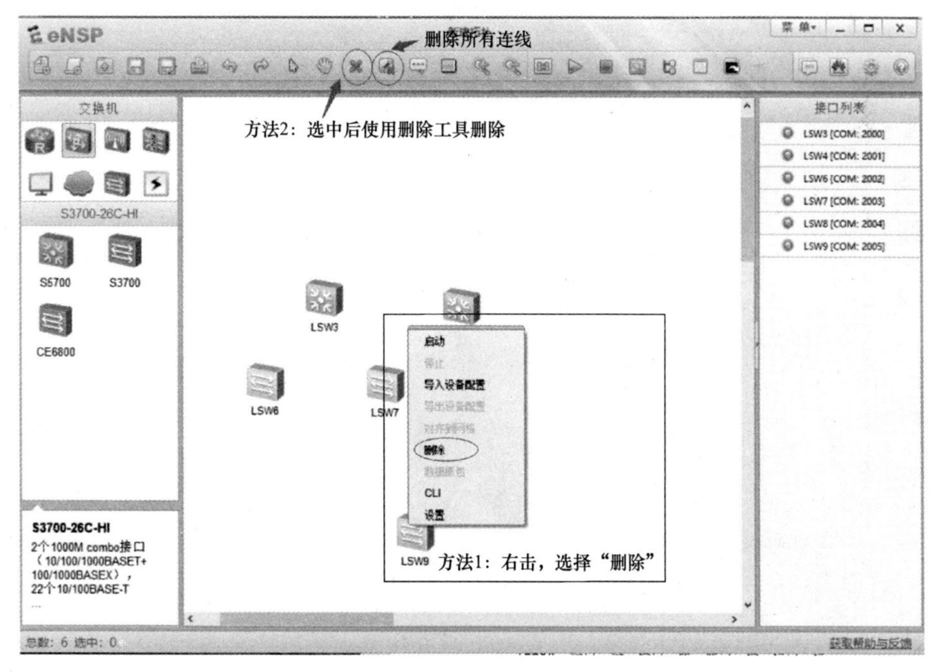

图 1－27　删除设备

⑤ 添加注释文本和图形，如图 1－28 所示。

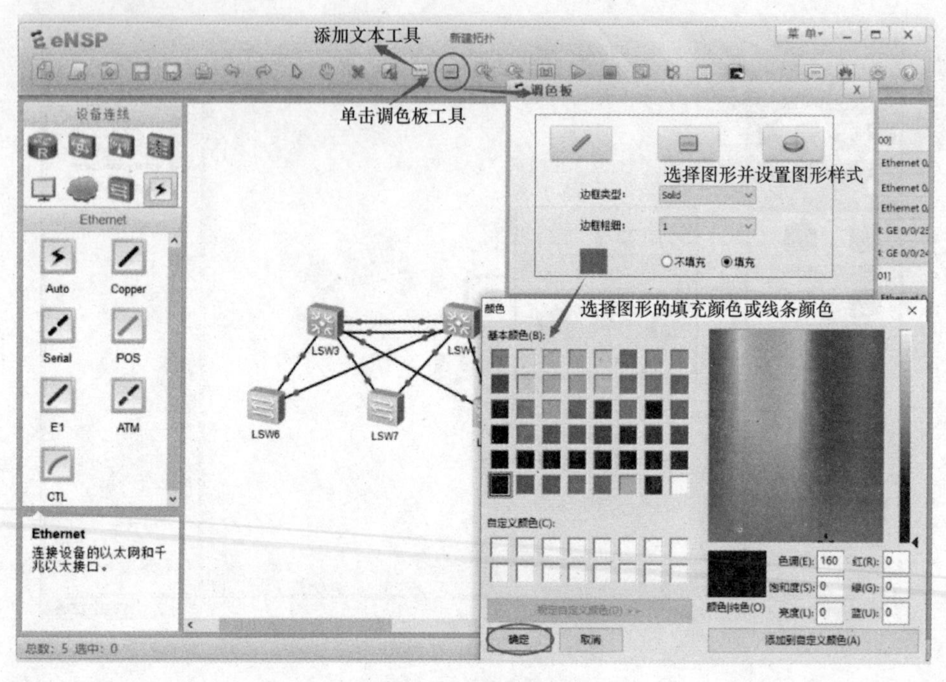

图 1-28　绘制图形

2. 完成校园网拓扑图的绘制（图 1-29）

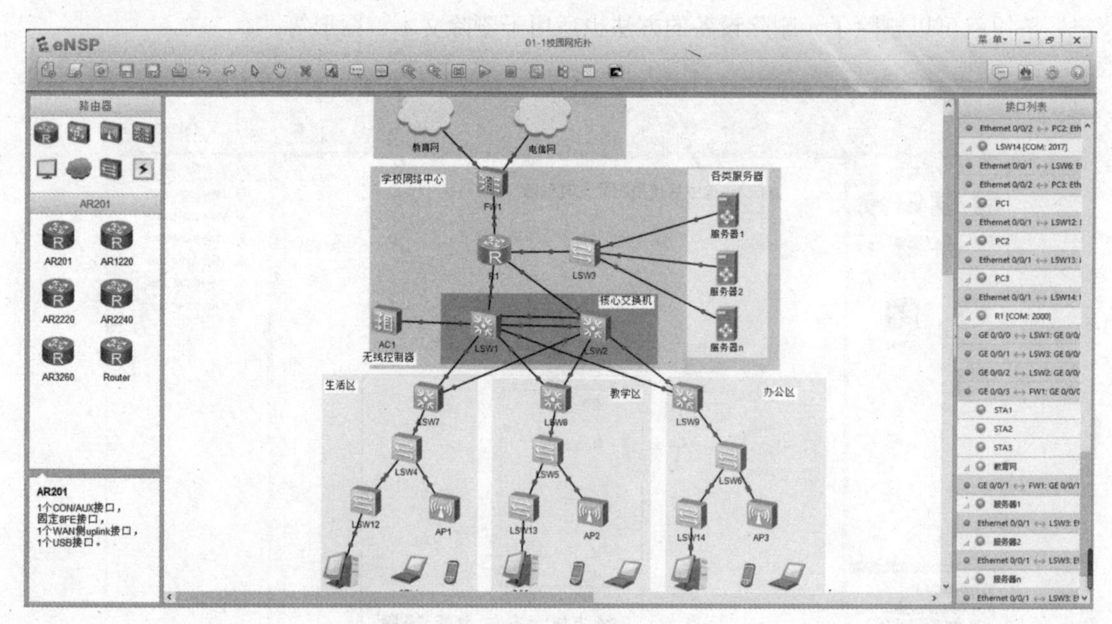

图 1-29　校园网拓扑图

3. 保存校园网拓扑图的绘制

单击“保存”工具或“另存为”工具进行保存。注意，eNSP 在保存拓扑时，会弹出如图 1-30 所示的对话框，在此要单击“是”按钮进行保存。此处提醒用户是否保存了配置，如果没有保存，要在按 Ctrl 键的同时用 Save 命令进行保存。

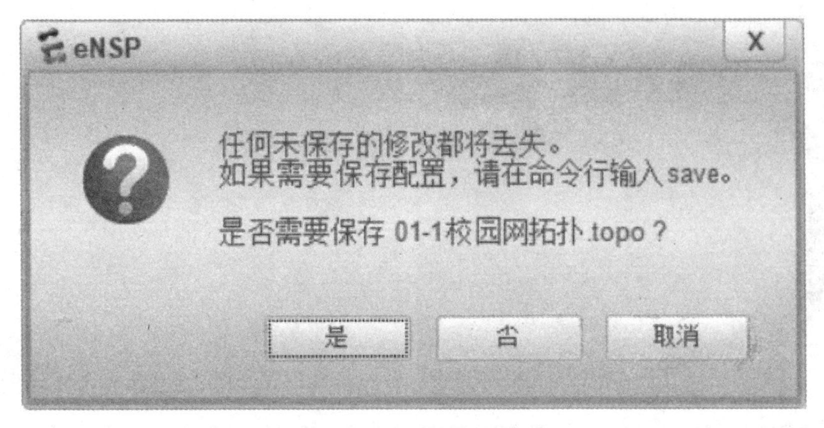

图 1－30　保存 eNSP 文件

任务 2　双绞线的制作

（一）任务要求

双绞线制作

制作一条交叉线、一条直通线，并测试。

（二）实施步骤

1. 认识标准线序

常用的 RJ45 水晶头网线标准线序有两种：

EIA/TIA 568A：绿白、绿、橙白、蓝、蓝白、橙、棕白、棕。

EIA/TIA 568B：橙白、橙、绿白、蓝、蓝白、绿、棕白、棕。

2. 了解双绞线的连接方式

双绞线按照连接方式，可分为直通线和交叉线。

- 直通线用于连接网络中计算机与集线器或交换机。两头都按 T568B 线序标准连接。
- 交叉线用于连接网络中相同类型设备，如计算机与计算机之间、交换机的级联等。一头按 T568A 线序连接，一头按 T568B 线序连接。

3. 材料与工具准备（图 1－31）

① 一根超 5 类双绞线。

② 若干 RJ45 水晶头。

③ 网线钳。

④ 测线仪。

4. 进行双绞线制作

（1）剥线皮

用双绞线压线钳把双绞线的一端剪齐，然后把剪齐的一端插入压线钳剥线缺口中。顶住压线钳后面的挡位后，稍微握紧压线钳慢慢旋转一圈，让刀口划开双绞线的保护胶皮并剥除外皮，如图 1－32 所示。

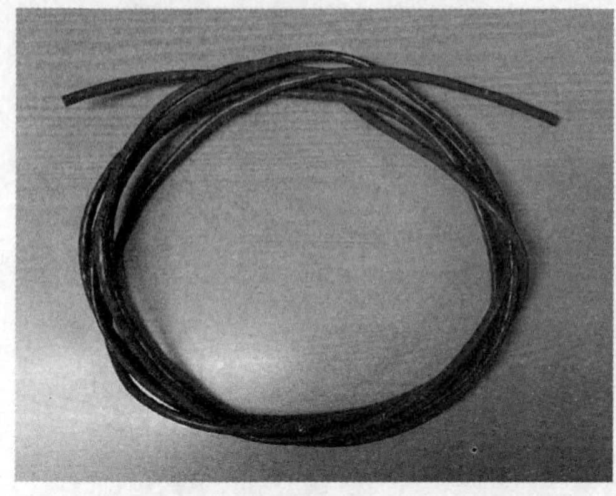

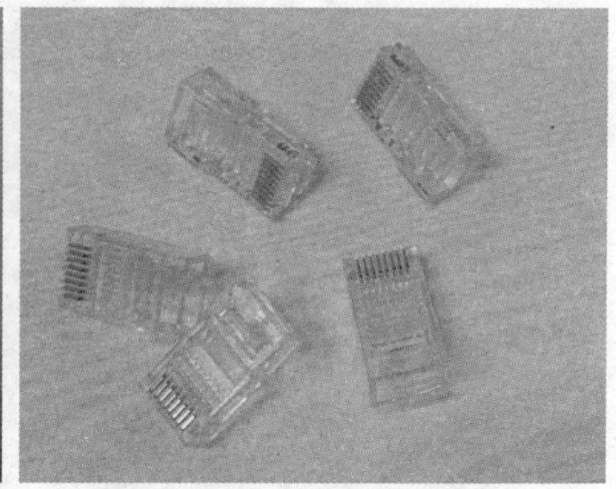

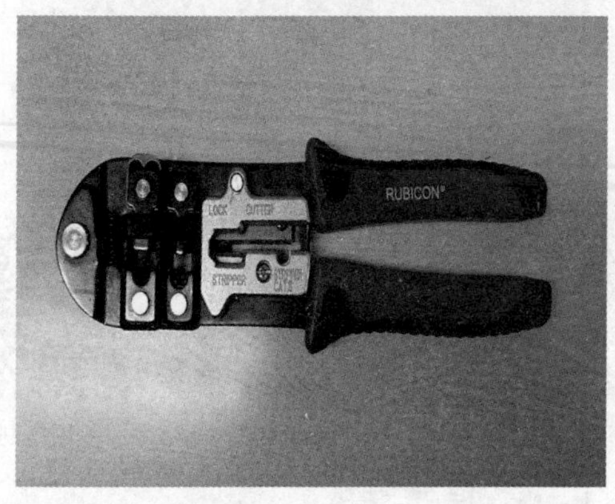

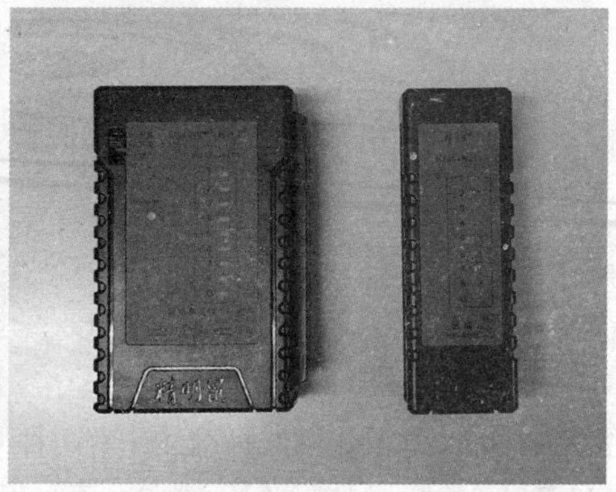

图 1－31　准备的材料及工具

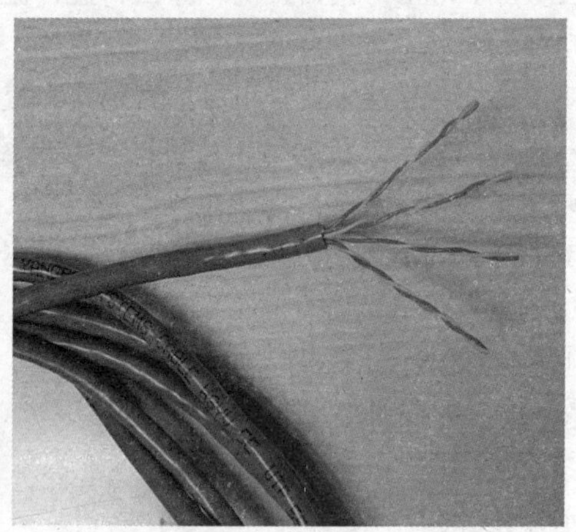

图 1－32　剥线

注意：压线钳挡位离剥线刀口长度通常恰好为水晶头长度，这样可以有效避免剥线过长或过短。如果剥线过长，往往会因为网线不能被水晶头卡住而容易松动，如果剥线过短，则会造成水晶头插针不能跟双绞线完好接触。

（2）排列线序

剥除外包皮后，会看到双绞线的 4 对芯线，用户可以看到每对芯线的颜色各不相同。将绞在一起的芯线分开，按照橙白、橙、绿白、蓝、蓝白、绿、棕白、棕的颜色一字排列，并用压线钳将线的顶端剪齐，如图 1-33 所示。按照上述线序排列的每条芯线分别对应 RJ-45 插头的 1、2、3、4、5、6、7、8 针脚，如图 1-34 所示。

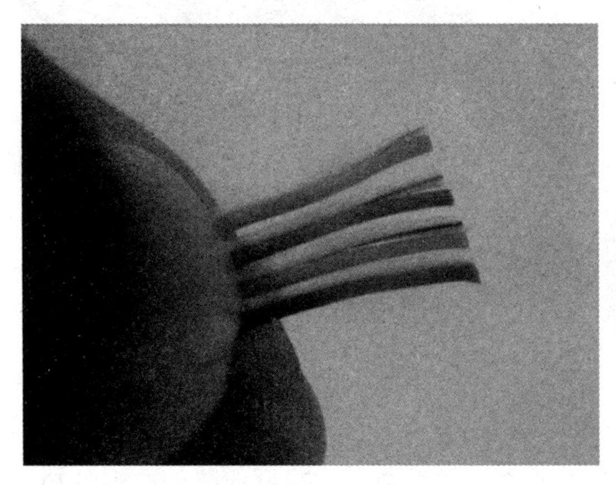

图 1-33　排列芯线

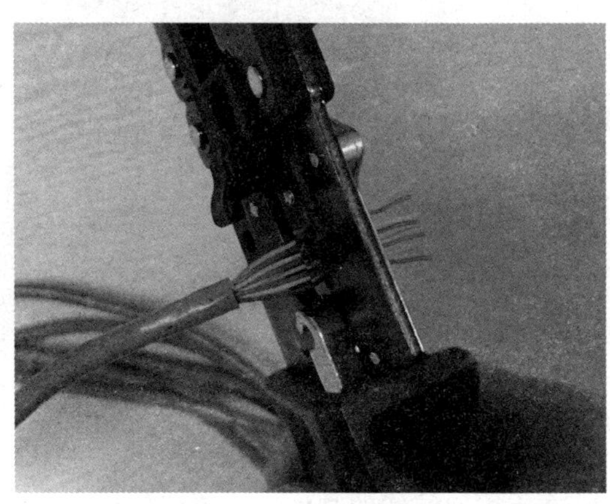

图 1-34　剪齐芯线

（3）将双绞线插入 RJ-45 插头

使 RJ-45 插头的弹簧卡朝下，然后将正确排列的双绞线插入 RJ-45 插头中，如图 1-35 所示。在插的时候一定要将各条芯线都插到底部。由于 RJ-45 插头是透明的，因此可以观察到每条芯线插入的位置，如图 1-36 所示。

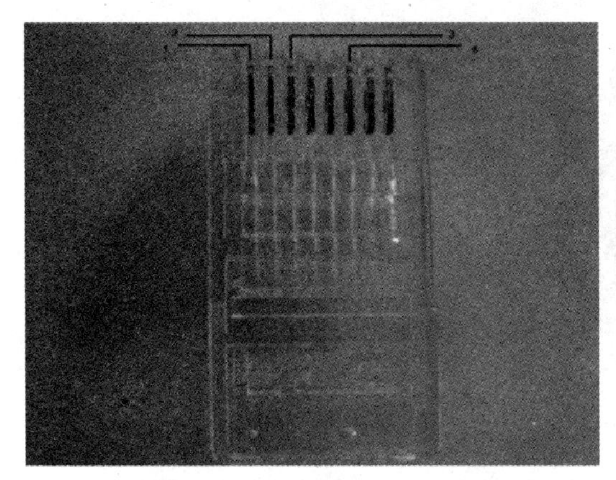

图 1-35　RJ-45 插头的针脚顺序

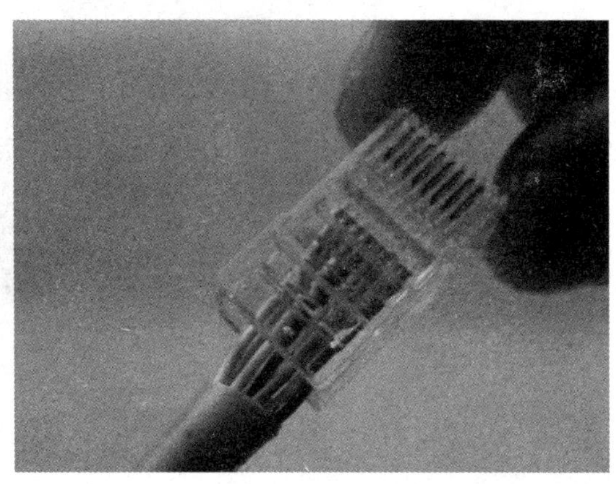

图 1-36　将双绞线插入 RJ-45 插头

（4）压线

将插入双绞线的 RJ-45 插头插入压线钳的压线插槽中，用力压下压线钳的手柄，使 RJ-45 插头的针脚都能接触到双绞线的芯线，如图 1-37 所示。

（5）完成另一端制作

完成双绞线一端的制作工作后，按照相同的方法制作另一端即可。注意，双绞线两端的芯线排列顺序要完全一致，如图 1-38 所示。

图 1－37　将 RJ－45 插头插入压线插槽

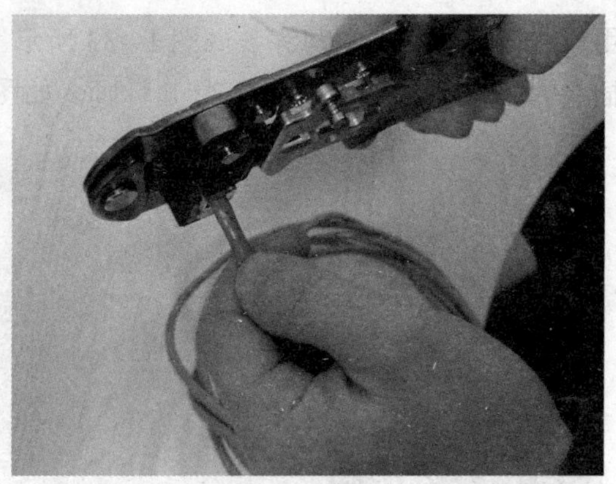
图 1－38　制作完成双绞线的另一头

（6）测试

在完成双绞线的制作后，建议使用网线测试仪对网线进行测试。将双绞线的两端分别插入网线测试仪的 RJ－45 接口，并接通测试仪电源。如果测试仪上的 8 个绿色指示灯都顺利闪烁，说明制作成功。如果其中某个指示灯未闪烁，则说明插头中存在断路或者接触不良的现象，此时应再次对网线两端的 RJ－45 插头用力压一次并重新测试，如果依然不能通过测试，则只能重新制作，如图 1－39 所示。

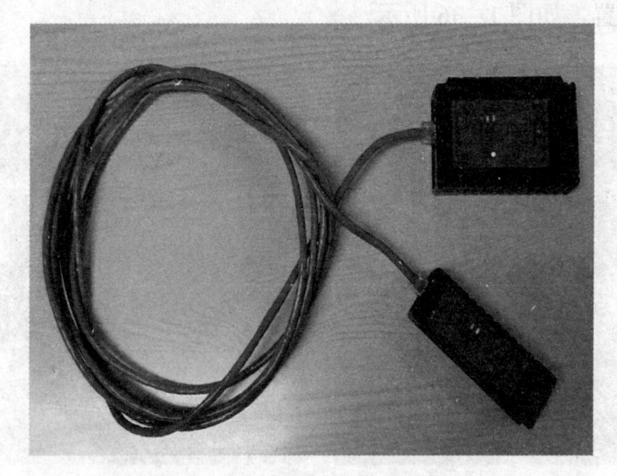
图 1－39　使用测试仪测试网线

1.4 思政链接

工业互联网国际标准

国际电信联盟标准化局（ITU-T）近日在第 13 研究组（未来网络与云）的全会上通过了中国信息通信研究院技术与标准研究所主导制定的首例工业互联网国际标准——ITU-T Y.2623《工业互联网网络技术要求与架构（基于分组数据网演进）》。

ITU-T Y.2623 国际标准聚焦于工业互联网定制化、协同化、服务化和智能化的生产/服务，首次明确了工业互联网（Industrial Internet）定义并写入 ITU-T 名词术语数据库，规范了工业互联网网络通用组网技术要求、工厂内/外网组网技术要求，定义了工业互联网网络组网框架，规范了网络互连（包括工厂内网、工厂外网、园区网络）、数据互通的主要功能部件和相互关系。该标准的发布是工业互联网网络领域的重要标准化成果，为我国开展工业互联网国际标准化工作打开了新的突破口。

1.5 对接认证

一、单选题

1. 在 OSI 参考模型中，从下往上的层次依次是（　　）。
   A. 物理层→传输层→数据链路层→网络层→会话层→表示层→应用层
   B. 物理层→传输层→数据链路层→网络层→会话层→应用层→表示层
   C. 物理层→数据链路层→传输层→网络层→会话层→应用层→表示层
   D. 物理层→数据链路层→网络层→传输层→会话层一表示层→应用层
2. 在 TCP/P 模型中，“帧”是（　　）的数据单元。
   A. 第一层　　B. 第二层　　C. 第三层　　D. 第四层
   E. 第五层
3. 下列不是计算机网络特征的是（　　）。
   A. 共享　　B. 两台以上独立的计算机
   C. 互相连接　　D. 不需要使用相同的协议
4. 在 OSI 参考模型中，第 N 层和其上的 N+1 层的关系是（　　）。
   A. N 层为 N+1 层提供服务　　B. N+1 层将 N 层数据分段
   C. N 层调用 N+1 层提供的服务　　D. N 层对 N+1 层没有任何作用
5. 下列不属于 OSI 物理层的功能的是（　　）。
   A. 定义硬件接口的电气特性　　B. 定义硬件接口的加密特性
   C. 定义硬件接口的功能特性　　D. 定义硬件接口的机械特性
6. 在 OSI 七层结构模型中，处于数据链路层与运输层之间的是（　　）。
   A. 物理层　　B. 网络层　　C. 会话层　　D. 表示层
7. 若网络形状是由站点和连接站点的链路组成的一个闭合环，则称这种拓扑结构为（　　）。
   A. 星形拓扑　　B. 总线拓扑　　C. 环形拓扑　　D. 树形拓扑
8. 一座大楼内的一个计算机网络系统，属于（　　）。
   A. PAN　　B. LAN　　C. MAN　　D. WAN

二、填空题

1. 计算机网络的发展和演变可大致分为________、________、________和________四个阶段。

2. 在 OSI 中，实现差错控制和流量控制功能的层次是________。

3. 计算机网络拓扑结构分为________、________、________、________、________几种构型。

4. 计算机网络按覆盖范围大小，可分为________、________、________。

三、操作实践

请在 eNSP 中绘制你身边的一个机房或者一栋大楼的拓扑图。

项目2 组建 SOHO 网络

2.1 项目介绍

2.1.1 项目概述

随着互联网在各个领域的广泛运用及电脑、传真机、打印机等的普及，人们已经离不开网络，在家庭、办公室上网并进行数据、硬件等的资源共享，已经成为很平常的事。

2.1.2 项目背景

小志所在的网络中心接到二级院部的求助，由于工作人员的增加，某办公室增加了办公电脑数量，也购置了一台打印机。为了方便进行数据共享和打印机使用，想把办公室的所有电脑和打印机连成一个网络，同时共享打印机。指导老师告诉小志这是要组建一个 SOHO 网络，需要熟悉网络互连的基础知识。

2.1.3 学习目标

【知识目标】

掌握 IP 报文的结构。

掌握公有 IP 地址、私有 IP 地址及特殊 IP 地址的范围。

掌握 VLSM 技术。

理解网关的作用。

理解 ICMP 协议、ARP 协议功能。

【能力目标】

能区分 IP 地址的类别、掩码等。

学会 IP 编址。

会组建简单的 SOHO 网络。

【素养目标】

初步建立机遇意识、科技意识。

具备敢于担当的精神，感悟科技强国使命。

2.1.4 核心技术

IP 协议、ICMP 协议、ARP 协议。

2.2 相关知识

2.2.1 MAC 地址与 IP 地址

在 TCP/IP 协议中，数据链路层是通过数据帧中的 MAC 地址转发数据的，在网络层，数据的转发又是通过 IP 地址进行转发的，那么为什么会有两个地址？这两个地址的作用是什么呢？

MAC 地址

1. MAC 地址

如同每一个人都有一个名字一样，每一台网络设备都用物理地址来标识自己，这个地址就是 MAC 地址。MAC 地址由网络设备制造商生产时烧录在网卡上，网络设备的 MAC 地址是全球唯一的。其地址长度为 48 bit，通常用十六进制表示。MAC 地址包含两部分：前 24 bit 是组织唯一标识符（Organizationally Unique Identifier，OUI），由 IEEE 统一分配给设备制造商，如图 2－1 所示。例如，华为的网络产品的 MAC 地址前 24 bit 是 0x00e0fc，后 24 bit 序列号是厂商分配给每个产品的唯一数值，由各个厂商自行分配（这里所说的产品可以是网卡或者其他需要 MAC 地址的设备）。

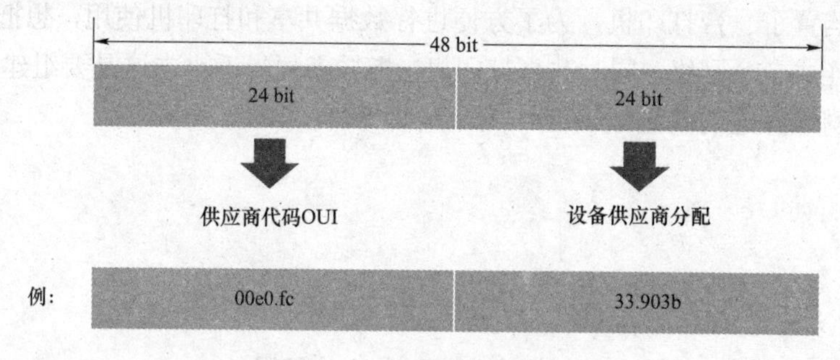

图 2－1 MAC 地址结构

2. IP 地址

MAC 地址用来标识每一台网络设备，而在 Internet 中，为了实现不同计算机之间的通信，除了使用相同的通信协议 TCP/IP 之外，每台计算机都必须有一个与其他计算机不重复的地址，来唯一识别网络中的每一台设备。这个地址就是 IP 地址。

IP 地址是指互联网协议地址（Internet Protocol Address，又译为网际协议地址），是 IP Address 的缩写。IP 地址是 IP 协议提供的一种统一的地址格式，它为互联网上的每一个网络和每一台主机分配一个逻辑地址，以此来屏蔽物理地址的差异。

IP 地址是网络中的一个系统的标识，常见的 IP 地址分为 IPv4 与 IPv6 两大类。

2.2.2　IPv4 地址

1. IPv4 报头格式与编址方式

IPV4 编址方式及分类

（1）IPv4 地址

网络中使用的 IPv4 地址由 32 个二进制位组成，包括两部分，第一部分是网络号，表示 IP 地址所属的网段，第二部分是主机号，如图 2-2 所示。网络号标识一个物理网络，同一个网络上所有主机需要使用同一个网络号，该网络号在网络中是唯一的。主机号用于确定网络中的一个工作站、服务器、路由器及 TCP/IP 主机。对于同一个网络来说，每个 TCP/IP 主机由一个 IP 地址来确定，主机号是唯一的。也就是说，网络号用于标识特定的物理网络，而主机号用于区分同一物理网络中的不同主机。为了方便描述，32 位的 IPv4 地址常用点分十进制的形式表示，如图 2-3 所示，每 8 位一个字节，分成 4 字节，用“.”来分开，每个字节用一个 0～255 之间的十进制数表示。在使用时，将 4 个字节分为两部分：网络地址部分和主机地址部分。

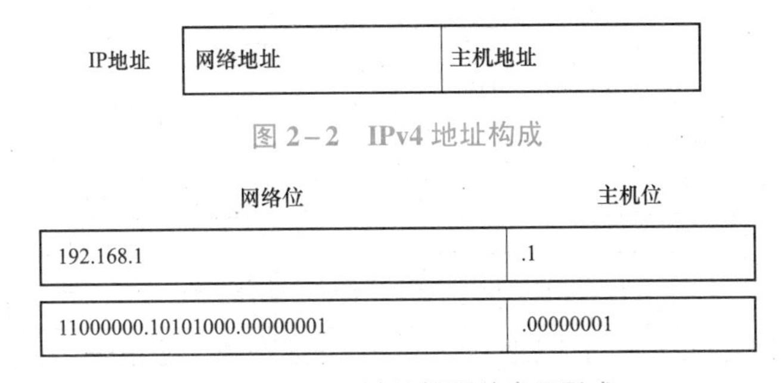

图 2-2　IPv4 地址构成

图 2-3　IPv4 地址的两种表示形式

（2）IPv4 报头格式

IP 报文头部信息用于指导网络设备对报文进行路由和分片。同一个网段内的数据转发通过链路层即可实现，而跨网段的数据转发需要使用网络设备的路由功能。分片是指数据包超过一定长度时，需要被划分成不同的片段，使其能够在网络中传输。

IP 报文头部长度为 20～60 B，报文头中的信息可以用来指导网络设备如何将报文从源设备发送到目的设备，如图 2-4 所示。其中，版本字段表示当前支持的 IP 协议版本，当前的版本号为 4。DS 字段早期用来表示业务类型，现在用于支持 QoS 中的差别服务模型，实现网络流量优化。

源和目的 IP 地址是分配给主机的逻辑地址，用于在网络层标识报文的发送方和接收方。根据源和目的 IP 地址，可以判断目的端是否与发送端位于同一网段，如果二者不在同一网段，则需要采用路由机制进行跨网段转发。

2. IPv4 地址分类

最初设计互连网络时，Internet 委员会定义了 5 种 IP 地址类型，以适合不同容量的网络，即 A 类、B 类、C 类、D 类、E 类。它们适用的类型分别为大型网络、中型网络、小型网络、多目地址、备用。常用的是 B 和 C 两类。

<table>
<tr><td>0</td><td colspan="4"></td><td>31</td></tr>
<tr><td>版本(4)</td><td>头长度(4)</td><td>TOS(8)</td><td colspan="3">总长度(16)</td></tr>
<tr><td colspan="3">标识 (16)</td><td>标志(3)</td><td colspan="2">段偏移(13)</td></tr>
<tr><td colspan="2">TTL (8)</td><td>协议(8)</td><td colspan="3">校验和(16)</td></tr>
<tr><td colspan="6">源IP地址(32)</td></tr>
<tr><td colspan="6">目的IP地址(32)</td></tr>
<tr><td colspan="6">选项 (长度可变)</td></tr>
<tr><td colspan="6">数据</td></tr>
</table>

图 2-4 IPv4 报头格式

其中，A、B、C 类由 InterNIC（Internet Network Information Center，因特网信息中心）在全球范围内统一分配，D、E 类为特殊地址。分类如图 2-5 所示。

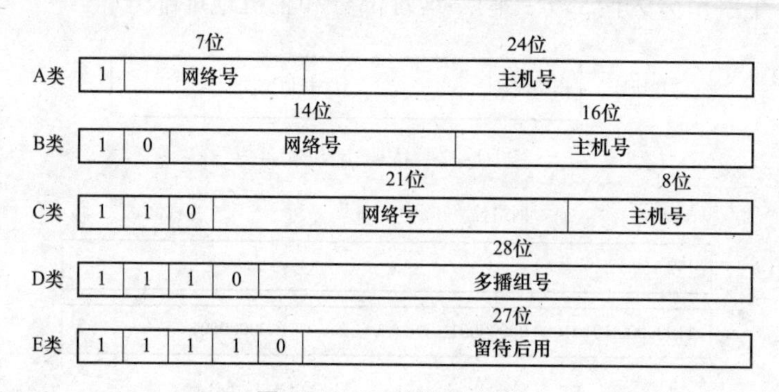

图 2-5 IP 地址的分类

- A 类 IP 地址。一个 A 类 IP 地址由 1 字节的网络号和 3 字节的主机号组成，网络号的最高位必须是 0。
- B 类 IP 地址。一个 B 类 IP 地址由 2 字节的网络号和 2 字节的主机号组成，网络号的最高位必须是 10。
- C 类 IP 地址。一个 C 类 IP 地址由 3 字节的网络号和 1 字节的主机号组成，网络号的最高位必须是 110。
- D 类 IP 地址。一个 D 类 IP 地址的网络号的最高位必须是 1110。
- E 类 IP 地址。以 11110 开始，为将来使用保留。

A、B、C 三类地址的 IP 地址范围、最大网络数和最大主机数见表 2-1。

表 2-1 A、B、C 地址范围

类别	最大网络数	IP 地址范围	最大主机数
A	126	0.0.0.0～127.255.255	16 777 214
B	16 382	128.0.0.0～191.255.255.255	65 534
C	2 097 150	192.0.0.0～223.255.255.255	254

3. 特殊 IPv4 地址与私有 IP 地址

特殊 IPV4 地址

（1）特殊 IP 地址

每个网段上都有两个特殊地址不能分配给主机或网络设备。第一个是该网段的网络地址，该 IP 地址的主机位为全 0，表示一个网段。第二个是该网段中的广播地址，目的地址为广播地址的报文会被该网段中的所有网络设备接收。广播地址的主机位为全 1。除网络地址和广播地址以外的其他 IP 地址，可以作为网络设备的 IP 地址。

特殊 IPv4 地址分为三类：特殊源地址、环回地址及广播地址，见表 2-2。

表 2-2　特殊 IP 地址

网络部分	主机部分	地址类型	用途
任意	全“0”	网络地址	代表一个网段
任意	全“1”	广播地址	特定网段的所有节点
127	任意	环回地址	环回测试
全“0”		所有网络	用于指定默认路由
全“1”		广播地址	本网段所有节点

（2）私有 IPv4 地址

与私有 IP 地址对应的是公有地址（Public Address），由 InterNIC 负责。这些 IP 地址分配给注册并向 InterNIC 提出申请的组织机构，通过它直接访问因特网。

私有 IP 的出现是为了解决公有 IP 地址不够用的情况。它属于非注册地址，专门为组织机构内部使用。从 A、B、C 三类 IP 地址中拿出一部分作为私有 IP 地址，这些 IP 地址不能被路由到 Internet 骨干网上，Internet 路由器也将丢弃该私有地址。如果私有 IP 地址要连接到 Internet，需要将私有地址转换为公有地址。这个转换过程称为网络地址转换（Network Address Translation，NAT），通常使用路由器来执行 NAT 转换。

留用的内部私有地址范围如下：

A：10.0.0.0～10.255.255.255，即 10.0.0.0/8。

B：172.16.0.0～172.31.255.255，即 172.16.0.0/12。

C：192.168.0.0～192.168.255.255，即 192.168.0.0/16。

4. IPv4 地址子网掩码与 IP 地址规划

（1）子网掩码

子网掩码用于区分网络部分和主机部分。子网掩码与 IP 地址的表示方法相同，每个 IP 地址和子网掩码一起可以用来唯一地标识一个网段中的某台网络设备。子网掩码中的 1 表示网络位，0 表示主机位，如图 2-6 所示。

每类 IP 地址有一个缺省子网掩码。A 类地址的缺省子网掩码为 8 位，即第一个字节表示网络位，其他三个字节表示主机位。B 类地址的缺省子网掩码为 16 位，因此 B 类地址支持更多的网络，但是主机数也相应减少。C 类地址的缺省子网掩码为 24 位，支持的网络最多，同时也限制了单个网络中主机的数量，如图 2-7 所示。

网络位	主机位
192.168.1	.0
11000000.10101000.00000001	.00000000

子网掩码

255.255.255	.0
11111111.11111111.11111111	.00000000

子网掩码和
可变长子网掩码

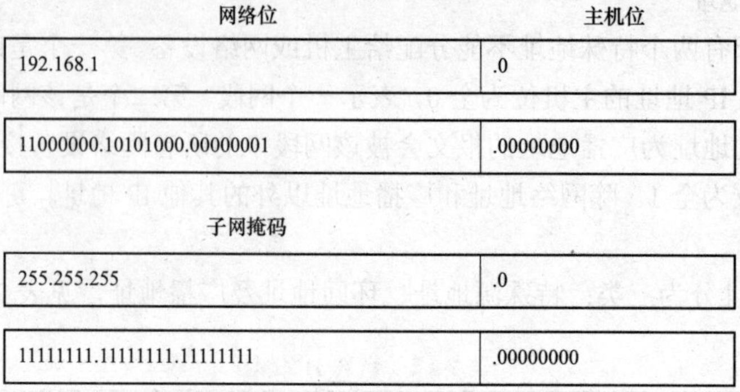

图 2-6　子网掩码与 IPv4 地址对应关系

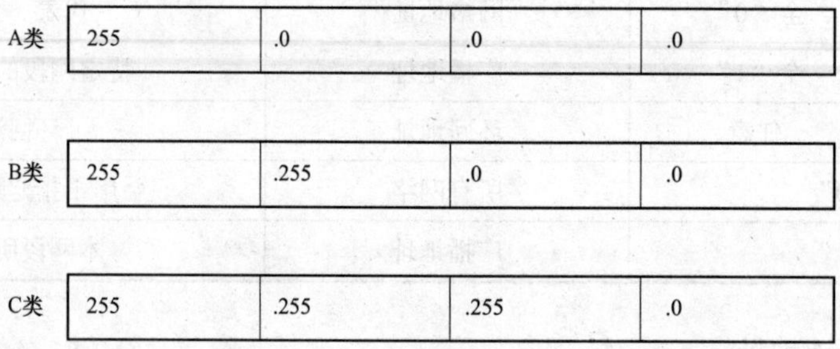

A类	255	.0	.0	.0
B类	255	.255	.0	.0
C类	255	.255	.255	.0

图 2-7　默认子网掩码

（2）IP 地址规划

通过子网掩码可以判断主机所属的网段、网段上的广播地址及网段上支持的主机数。图 2-8 中，主机地址为 192.168.1.7，子网掩码为 24 位（C 类 IP 地址的缺省掩码），从中可以判断该主机位于 192.168.1.0/24 网段。将 IP 地址中的主机位全部置为 1，并转换为十

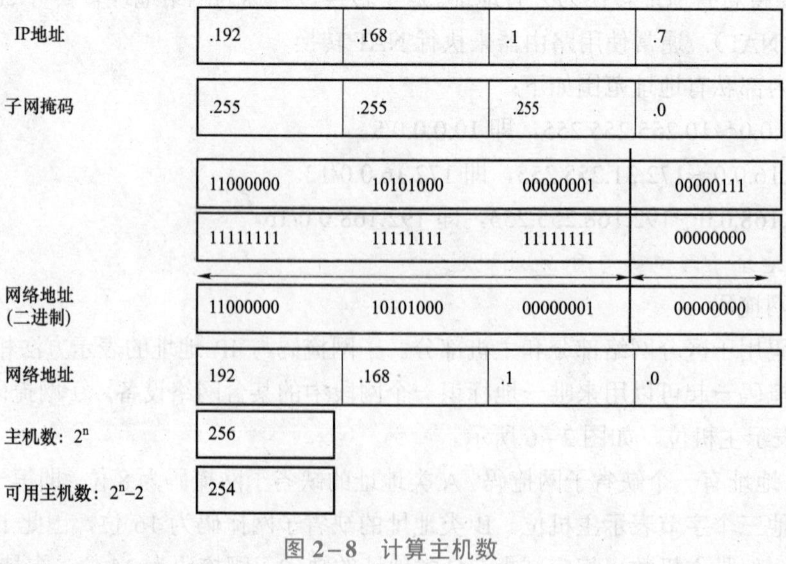

IP地址	.192	.168	.1	.7
子网掩码	.255	.255	.255	.0
	11000000	10101000	00000001	00000111
	11111111	11111111	11111111	00000000
网络地址(二进制)	11000000	10101000	00000001	00000000
网络地址	192	.168	.1	.0
主机数：2^n	256			
可用主机数：2^n-2	254			

图 2-8　计算主机数

进制数，即可得到该网段的广播地址 192.168.1.255。网段中支持的主机数为 2^n，n 为主机位的个数。本例中，n=8，$2^8=256$，减去本网段的网络地址和广播地址，可知该网段支持 254 个有效主机地址。

5. 可变长子网掩码

如果企业网络中希望通过规划多个网段来隔离物理网络上的主机，使用缺省子网掩码就会存在一定的局限性。网络中划分多个网段后，每个网段中的实际主机数量可能很有限，导致很多地址未被使用。在图 2-9 所示的场景下，如果使用缺省子网掩码的编址方案，则地址使用率很低。

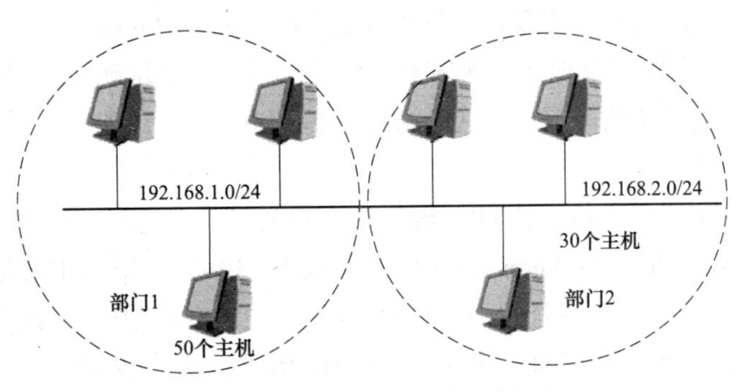

图 2-9 有类编址造成地址浪费

如果采用可变长子网掩码，就可以解决上述问题。缺省子网掩码可以进一步划分，成为变长子网掩码（VLSM）。通过改变子网掩码，可以将网络划分为多个子网。图 2-9 中的地址都为 C 类地址，缺省子网掩码为 24 位。如果借用一个主机位作为网络位，借用的主机位变成子网位。一个子网位就有两个取值：0 和 1，因此可划分两个子网。该比特位设置为 0，则子网号为 0；该比特位设置为 1，则子网号为 128。将剩余的主机位都设置为 0，即可得到划分后的子网地址；将剩余的主机位都设置为 1，即可得到子网的广播地址。每个子网中支持的主机数为 2^7-2，即 126 个主机地址，如图 2-10 所示。

IP地址	192	.168	.1	.7
子网掩码	255	.255	.255	.128
	11000000	10101000	00000001	00000111
	11111111	11111111	11111111	10000000
	11000000	10101000	00000001	00000000
网络地址	192	.168	.1	.0
主机数：2^n，此时n=7	128			
可用主机数：2^n-2	126			

图 2-10 可变长子网掩码的主机数

可变长子网掩码缓解了使用缺省子网掩码导致的地址浪费问题，同时也为企业网络提供了更为有效的编址方案。

IPV6

2.2.3 IPv6 地址

在因特网发展初期，IPv4 以其协议简单、易于实现、互操作性好的优势而得到快速发展。然而，随着因特网的迅猛发展，IPv4 地址不足等设计缺陷也日益明显。IPv4 理论上仅仅能够提供的地址数量是 43 亿，但是由于地址分配机制等原因，实际可使用的数量远远达不到 43 亿。

因特网的迅猛发展令人始料未及，同时也带来了地址短缺的问题。针对这一问题，曾先后出现过几种解决方案，比如 CIDR（子网划分）和 NAT（网络地址转换）。但是 CIDR 和 NAT 都有各自的弊端和不能解决的问题，在这样的情况下，IPv6 的应用和推广便显得越来越急迫。

1. IPv6 地址的概念

IPv6 是 Internet 工程任务组（IETF）设计的一套规范，它是网络层协议的第二代标准协议，也是 IPv4（Internet Protocol Version 4）的升级版本。IPv6 与 IPv4 的最显著区别，是 IPv4 地址采用 32 bit 标识，而 IPv6 地址采用 128 bit 标识。128 bit 的 IPv6 地址可以划分更多地址层级，拥有更广阔的地址分配空间，并支持地址自动配置，见表 2-3。

表 2-3　IPv4 与 IPv6 地址数量比较

版本	长度/bit	地址数量
IPv4	32	4 294 967 296
IPv6	128	340 282 366 920 938 463 374 607 431 768 211 456

2. IPv6 报文格式

IPv6 报文由 IPv6 基本报头、IPv6 扩展报头及上层协议数据单元三部分组成。

其中，基本报头如图 2-11 所示。

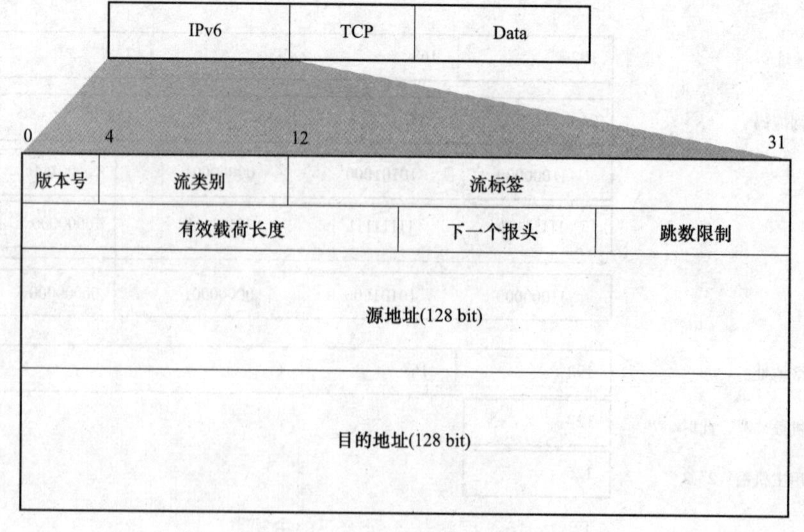

图 2-11　IPv6 报头格式

① 版本号（Version）：长度为 4 bit。对于 IPv6，该值为 6。

② 流类别（Traffic Class）：长度为 8 bit，它等同于 IPv4 报头中的 TOS 字段，表示 IPv6 数据报的类或优先级，主要应用于 QoS。

③ 流标签（Flow Label）：长度为 20 bit，它用于区分实时流量。流可以理解为特定应用或进程的来自某一源地址发往一个或多个目的地址的连续单播、组播或任播报文。IPv6 中的流标签字段、源地址字段和目的地址字段一起为特定数据流指定了网络中的转发路径。这样，报文在 IP 网络中传输时，会保持原有的顺序，提高了处理效率。随着三网合一的发展趋势，IP 网络不仅要求能够传输传统的数据报文，还需要能够传输语音、视频等报文。这种情况下，流标签字段的作用就显得更加重要。

④ 有效载荷长度（Payload Length）：长度为 16 bit，它是指紧跟 IPv6 报头的数据报的其他部分。

⑤ 下一个报头（Next Header）：长度为 8 bit。该字段定义了紧跟在 IPv6 报头后面的第一个扩展报头（如果存在）的类型。

⑥ 跳数限制（Hop Limit）：长度为 8 bit，该字段类似于 IPv4 报头中的 Time to Live 字段，它定义了 IP 数据报所能经过的最大跳数。每经过一个路由器，该数值减去 1；当该字段的值为 0 时，数据报将被丢弃。

⑦ 源地址（Source Address）：长度为 128 bit，表示发送方的地址。

⑧ 目的地址（Destination Address）：长度为 128 bit，表示接收方的地址。

与 IPv4 相比，IPv6 报头去除了 IHL、Identifier、Flags、Fragment Offset、Header Checksum、Options、Padding 域，只增了流标签域，因此，IPv6 报文头的处理较 IPv4 大大简化，提高了处理效率。另外，IPv6 为了更好地支持各种选项处理，提出了扩展报头的概念。

IPv6 中增加了扩展报头，使得 IPv6 报头更加简化。一个 IPv6 报文可以包含 0 个、1 个或多个扩展报头，仅当需要路由器或目的节点做某些特殊处理时，才由发送方添加一个或多个扩展头。IPv6 支持多个扩展报头，各扩展报头中都含有一个下一个报头字段，用于指明下一个扩展报头的类型。

3. IPv6 编址方式

IPv6 地址长度为 128 bit，用于标识一个或一组接口。IPv6 地址通常的写法是将这 128 bit 每 16 位划分一个段，总共划分成 8 段，每个段表示成 4 个十六进制数，并用冒号隔开，如图 2-12 所示。另外，一个 IPv6 地址由 IPv6 地址前缀和接口 ID 组成，IPv6 地址前缀用来标识 IPv6 网络，接口 ID 用来标识接口。

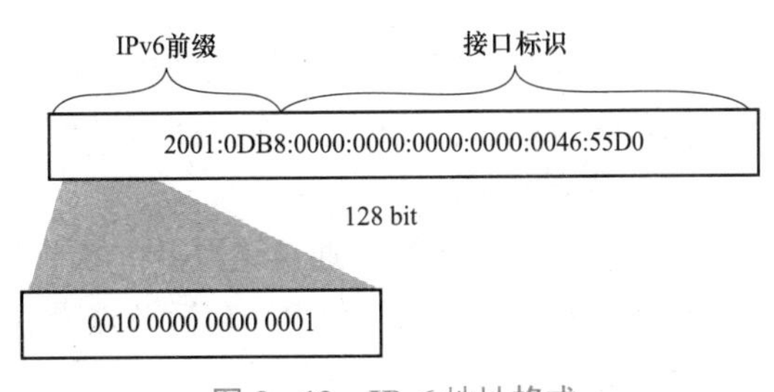

图 2-12　IPv6 地址格式

虽然已经用十六进制描述，但 IPv6 地址还是较长，书写时会非常不方便。另外，IPv6 地址的巨大地址空间使得地址中往往会包含多个 0。为了应对这种情况，IPv6 提供了压缩方式来简化地址的书写。其压缩规则如下：

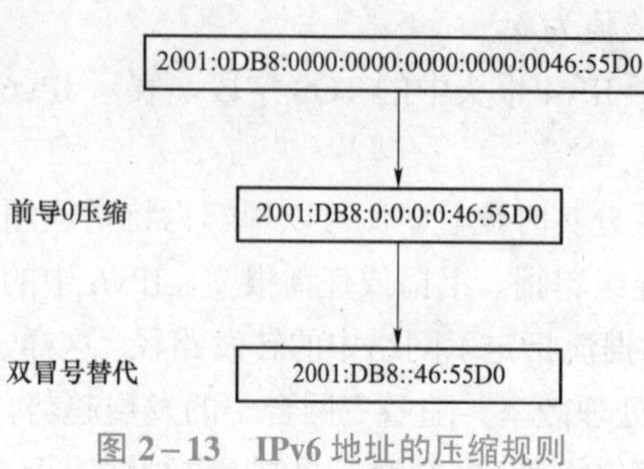

图 2-13 IPv6 地址的压缩规则

① 每 16 bit 组中的前导 0 可以省略。图 2-13 中的 IPv6 地址可以压缩为 2001:DB8:0:0:0:0:46:55D0。

② 地址中包含的连续两个或多个均为 0 的组，可以用双冒号“::”来代替。需要注意的是，在一个 IPv6 地址中，只能使用一次双冒号“::”，否则，设备将压缩后的地址恢复成 128 bit 时，无法确定每段中 0 的个数。例如上例可以继续压缩为 2001:DB8::46:55D0。

4. IPv6 地址分类

目前，IPv6 地址空间中还有很多地址尚未分配。一方面，是因为 IPv6 有着巨大的地址空间，足够在未来很多年使用；另一方面，是因为寻址方案还有待发展，同时关于地址类型的适用范围也多有值得商榷的地方。其中，有一小部分全球单播地址已经由 IANA（互联网名称与数字地址分配机构 ICANN 的一个分支）分配给了用户，见表 2-4。

表 2-4 IPv6 地址空间分配

地址块前缀	CIDR	地址块分配
0000 0000	0000::/8	保留（IPv4 兼容）
001	2000::/3	全球单播
1111 110	FC00::/7	唯一本地单播
1111 1110 10	FE80::/10	链路本地地址
1111 1111	FF00::/8	多播地址
其他		保留

IPv6 地址类型由地址前缀部分来确定。

目前 IPv6 地址分为单播地址、任播地址、组播地址三种类型。

（1）单播地址

只标识了一个接口。目前，单播地址的格式是 2000::/3，代表公共 IP 网络上任意可及的地址。2000::/3 地址范围中还为文档示例预留了地址空间，例如 2001:0DB8::/32。

（2）任播地址

用来标识一组接口（通常这组接口属于不同的节点）。发送到任播地址的数据报文被传送给此地址所标识的一组接口中距离源节点最近（根据使用的路由协议进行度量）的一个接口。

（3）组播地址

组播地址的前缀是 FF00::/8。组播地址范围内的大部分地址都是为特定组播组保留的。跟 IPv4 一样，IPv6 组播地址还支持路由协议。IPv6 中没有广播地址。组播地址替代广播地址可以确保报文只发送给特定的组播组而不是 IPv6 网络中的任意终端。

5. IPv6 地址的使用

由于地址数量充裕，地址在使用时选择空间就更多，可以让所有设备都有拥有全球单播

地址，也可以选择使用唯一本地地址；可以在出口 NAT 以隐藏局域网内设备，也可以暴露地址到公网中，目前，在地址使用时，经常见到的地址有：

（1）未指定的地址

主要用于系统启动之初，尚未分配 IP 时，对外请求 IP 地址时，作为源地址使用，它不能用于数据包的目的地址之中。

（2）环回地址

用于自己向自己发送数据包时使用，在日常网络排错中可以测试网络层协议状态。

（3）链路本地地址

链路本地地址的有效范围为同一链路，即一个二层广播域，只能在连接到同一本地链路的节点之间使用。可以在自动地址分配、邻居发现和链路上没有路由器的情况下使用链路本地地址。以链路本地地址为源地址或目的地址的 IPv6 报文不会被路由器转发到其他链路。链路本地地址的前缀是 FE80::/10。

（4）唯一本地地址

唯一本地地址的有效范围为同一局域网，类似 IPv4 的 192.168.0.0/16 这样的地址，在局域网内使用，前缀为 FD00::/8。

（5）全球唯一地址

全球唯一地址的有效范围为全球，可能被全球路由，即普通意义上的公网地址。

2.2.4　ICMP 协议

新搭建好的网络往往需要先进行一个简单的测试，来验证网络是否畅通，但是 IP 协议并不提供可靠传输。如果丢包了，IP 协议并不能通知传输层是否丢包及丢包的原因，所以需要一种协议来完成这样的功能，即 ICMP 协议。

1. ICMP 协议的概念

ICMP 协议，即 Internet 控制报文协议（Internet Control Message Protocol），是网络层的一个重要协议，用来在网络设备间传递各种差错和控制信息，它对于收集各种网络信息、诊断和排除各种网络故障具有至关重要的作用。

ICMP 协议的功能主要有：

① 确认 IP 包是否成功到达目标地址。

② 通知在发送过程中 IP 包被丢弃的原因。

ICMP 协议

2. ICMP 报文格式

ICMP 报文包含在 IP 数据报中，IP 报头在 ICMP 报文的最前面。一个 ICMP 报文包括 IP 报头（至少 20 B）、ICMP 报头（至少 8 B）和 ICMP 报文（属于 ICMP 报文的数据部分），如图 2－14 所示。当 IP 报头中的协议字段值为 1 时，就说明这是一个 ICMP 报文。

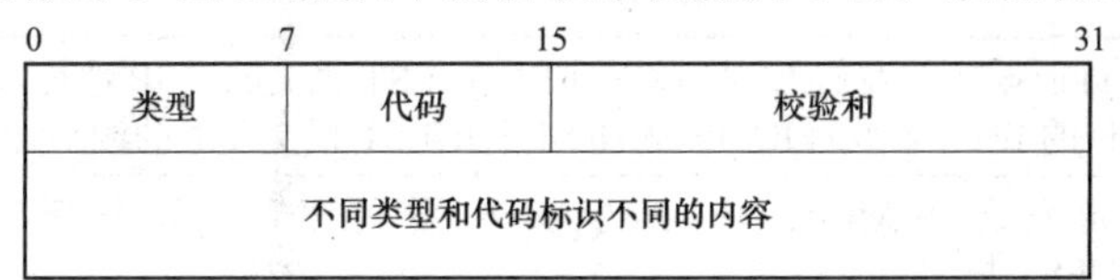

图 2－14　ICMP 报文格式

◆ 类型：占 1 B，标识 ICMP 报文的类型。从类型值来看，ICMP 报文可以分为两大类。第一类是取值为 1～127 的差错报文，第二类是取值为 128 以上的信息报文。

◆ 代码：占 1 B，标识对应 ICMP 报文的代码。它与类型字段一起共同标识了 ICMP 报文的详细类型。

◆ 校验和：这是对包括 ICMP 报文数据部分在内的整个 ICMP 数据报的校验和，以检验报文在传输过程中是否出现了差错。

3. ICMP 消息类型

ICMP 定义了多种消息类型，用于不同的场景。有些消息不需要 Code 字段来描述具体类型参数，仅用 Type 字段表示消息类型。比如，ICMP Echo 回复消息的 Type 字段设置为 0。

有些 ICMP 消息使用 Type 字段定义消息大类，用 Code 字段表示消息的具体类型。比如，类型为 3 的消息表示目的不可达，不同的 Code 值表示不可达的原因，包括目的网络不可达（Code=0）、目的主机不可达（Code=1）、协议不可达（Code=2）、目的 TCP/UDP 端口不可达（Code=3）等。具体见表 2-5。

表 2-5　ICMP 报文类型及含义

类型	编码	描述
0	0	回送应答
3	0	网络不可达
3	1	主机不可达
3	2	协议不可达
3	3	端口不可达
5	0	重定向
8	0	回送请求

4. ICMP 中的常用命令

（1）ping 命令

ICMP 的一个典型应用是 ping。ping 是检测网络连通性的常用工具，同时也能够收集其他相关信息。用户可以在 ping 命令中指定不同参数，如 ICMP 报文长度、发送的 ICMP 报文个数、等待回复响应的超时时间等，设备根据配置的参数来构造并发送 ICMP 报文，进行 ping 测试。

ping 命令常用的配置参数说明见表 2-6。

表 2-6　ping 常用的配置参数说明

-a	source-ip-address 指定发送 ICMP ECHO-REQUEST 报文的源 IP 地址。如果不指定源 IP 地址，将采用出接口的 IP 地址作为 ICMP ECHO-REQUEST 报文发送的源地址
-c	count 指定发送 ICMP ECHO-REQUEST 报文次数。缺省情况下发送 5 个 ICMP ECHO-REQUEST 报文
-h	ttl-value 指定 TTL 的值。缺省值是 255
-t	timeout 指定发送完 ICMP ECHO-REQUEST 后，等待 ICMP ECHO-REPLY 的超时时间

ping 命令的输出信息中包括目的地址、ICMP 报文长度、序号、TTL 值及往返时间，如图 2－15 所示。序号是包含在 Echo 回复消息（Type＝0）中的可变参数字段，TTL 和往返时间包含在消息的 IP 头中。

```
[R1]ping 10.0.0.2
  PING 10.0.0.2 : 56  data bytes, press CTRL_C to break
    Reply from 10.0.0.2 : bytes=56 Sequence=1 ttl=255 time=340 ms
    Reply from 10.0.0.2 : bytes=56 Sequence=2 ttl=255 time=10 ms
    Reply from 10.0.0.2 : bytes=56 Sequence=3 ttl=255 time=30 ms
    Reply from 10.0.0.2 : bytes=56 Sequence=4 ttl=255 time=30 ms
    Reply from 10.0.0.2 : bytes=56 Sequence=5 ttl=255 time=30 ms

  --- 10.0.0.2 ping statistics ---
    5 packet(s) transmitted
    5 packet(s) received
    0.00% packet loss
    round-trip min/avg/max = 10/88/340 ms
```

图 2－15　ping 命令输出信息

（2）tracert 命令

ICMP 的另一个典型应用是 tracert。tracert 基于报文头中的 TTL 值来逐跳跟踪报文的转发路径。为了跟踪到达某特定目的地址的路径，源端首先将报文的 TTL 值设置为 1。该报文到达第一个节点后，TTL 超时，于是该节点向源端发送 TTL 超时消息，消息中携带时间戳。然后源端将报文的 TTL 值设置为 2，报文到达第二个节点后超时，该节点同样返回 TTL 超时消息，依此类推，直到报文到达目的地。这样，源端根据返回的报文中的信息可以跟踪到报文经过的每一个节点，并根据时间戳信息计算往返时间。tracert 是检测网络丢包及时延的有效手段，同时可以帮助管理员发现网络中的路由环路。表 2－7 为 tracert 常用的配置参数。

表 2－7　tracert 常用的配置参数说明

－a	source-ip-address 指定 tracert 报文的源地址
－f	irst-ttl 指定初始 TTL。缺省值是 1
－m	max-ttl 指定最大 TTL。缺省值是 30
－name	显示每一跳的主机名
－p	port 指定目的主机的 UDP 端口号

图 2－16 为在 PC 机上通过 tracert 命令逐跳跟踪去往 www.baidu.com 的报文转发路径。

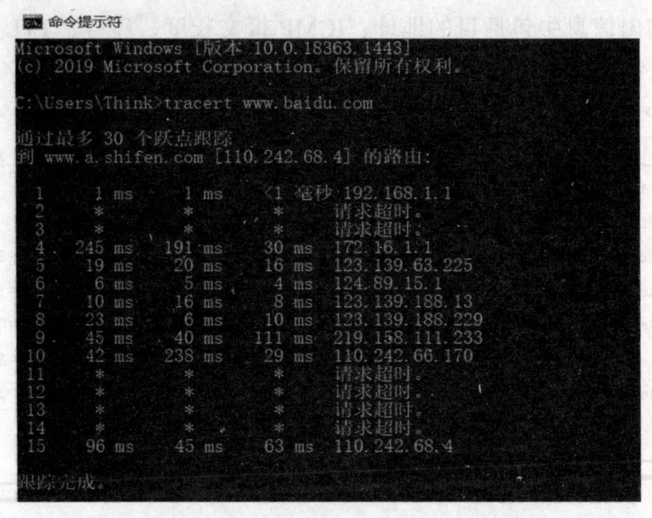

图 2-16 用 tracert 命令跟踪报文

2.2.5 ARP 协议

当网络设备有数据要发送给另一台网络设备时，必须要知道对方的网络层地址（即 IP 地址）。IP 地址由网络层来提供，但是仅有 IP 地址是不够的，IP 数据报文必须封装成帧才能通过数据链路进行发送。数据帧必须要包含目的 MAC 地址，因此发送端还必须获取到目的 MAC 地址。

1. ARP 协议的概念

通过目的 IP 地址而获取目的 MAC 地址的过程是由 ARP（Address Resolution Protocol）协议来实现的。ARP 协议是 TCP/IP 协议簇中的重要组成部分，ARP 能够通过目的 IP 地址发现目标设备的 MAC 地址，从而实现数据链路层的可达性。

ARP 协议

2. ARP 协议报文格式

ARP 协议是通过报文进行工作的，ARP 报文格式如图 2-17 所示。其报文总长度为 28 B，MAC 地址长度为 6 B，IP 地址长度为 4 B。

其中，每个字段的含义如下。

◆ 硬件类型（Hardware Type）：指明了发送方想知道的硬件接口类型，以太网的值为 1。

◆ 协议类型（Protocol Type）：表示要映射的协议地址类型。它的值为 0x0800，表示 IP 地址。

◆ 硬件地址长度（Hardware Length）和协议长度（Protocol Length）：分别指出硬件地址和协议的长度，以字节为单位。对于以太网上 IP 地址的 ARP 请求或应答来说，它们的值分别为 6 和 4。

◆ 操作类型（Operation Code）：用来表示这个报文的类型，ARP 请求为 1，ARP 响应为 2，RARP 请求为 3，RARP 响应为 4。

◆ 发送方 MAC 地址（Source Hardware Address）：发送方设备的硬件地址。

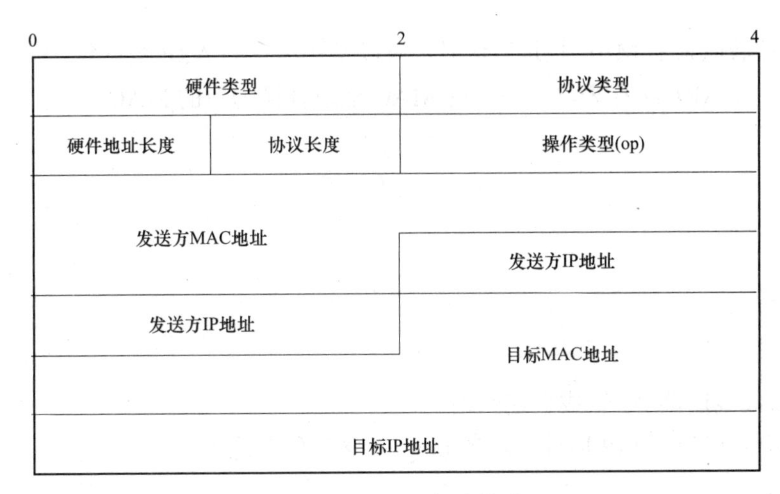

图 2-17　ARP 报文格式

◆ 发送方 IP 地址（Source Protocol Address）：发送方设备的 IP 地址。

◆ 目标 MAC 地址（Destination Hardware Address）：接收方设备的硬件地址。

◆ 目标 IP 地址（Destination Protocol Address）：接收方设备的 IP 地址。

3. ARP 工作过程

通过 ARP 协议，网络设备可以建立目标 IP 地址和 MAC 地址之间的映射。网络设备通过网络层获取到目的 IP 地址之后，还要判断目的 MAC 地址是否已知。

网络设备一般都有一个 ARP 缓存（ARP Cache），ARP 缓存用来存放 IP 地址和 MAC 地址的关联信息。在发送数据前，设备会先查找 ARP 缓存表。如果缓存表中存在对方设备的 MAC 地址，则直接采用该 MAC 地址来封装帧，然后将帧发送出去。如果缓存表中不存在相应信息，则通过发送 ARP request 报文来获得它。学习到的 IP 地址和 MAC 地址的映射关系会被放入 ARP 缓存表中存放一段时间。在有效期内，设备可以直接从这个表中查找目的 MAC 地址来进行数据封装，而无须进行 ARP 查询。过了这段有效期，ARP 表项会被自动删除。

如果目标设备位于其他网络，则源设备会在 ARP 缓存表中查找网关的 MAC 地址，然后将数据发送给网关，网关再把数据转发给目的设备。

4. 免费 ARP

免费 ARP（Gratuitous ARP）包是一种特殊的 ARP 请求，它并非期待得到 IP 对应的 MAC 地址，而是当主机启动的时候，发送一个 Gratuitous ARP 请求，即请求自己的 IP 地址的 MAC 地址。

免费 ARP 数据包有以下 3 个作用。

① 宣告作用。它以广播的形式将数据包发送出去，不需要得到回应，只为了告诉其他计算机自己的 IP 地址和 MAC 地址。

② 可用于检测 IP 地址冲突。当一台主机发送了免费 ARP 请求报文后，如果收到了 ARP 响应报文，则说明网络内已经存在使用该 IP 地址的主机。

③ 可用于更新其他主机的 ARP 缓存表。如果该主机更换了网卡，而其他主机的 ARP

缓存表仍然保留着原来的 MAC 地址。这时，可以发送免费的 ARP 数据包。其他主机收到该数据包后，将更新 ARP 缓存表，将原来的 MAC 地址替换为新的 MAC 地址。

2.3 项目实施

任务 1 组建双机直连网络

（一）任务要求

① 使用双绞线连接 PC 组成直连网络。

② 设置两台计算机的 IP 地址，通过 ping 命令查看连通性。

（二）实施步骤

1. 材料准备

① 交叉网线 1 条。

② PC 机两台。

2. 设备连接

用交叉网线分别连接两台 PC 机的网卡接口，如图 2－18 所示。

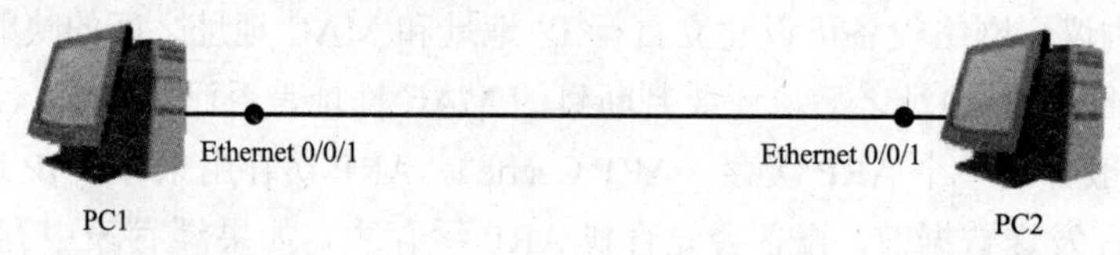

图 2－18 组建双机直连网络连接

3. 配置两台 PC 的 IP 地址（图 2－19）

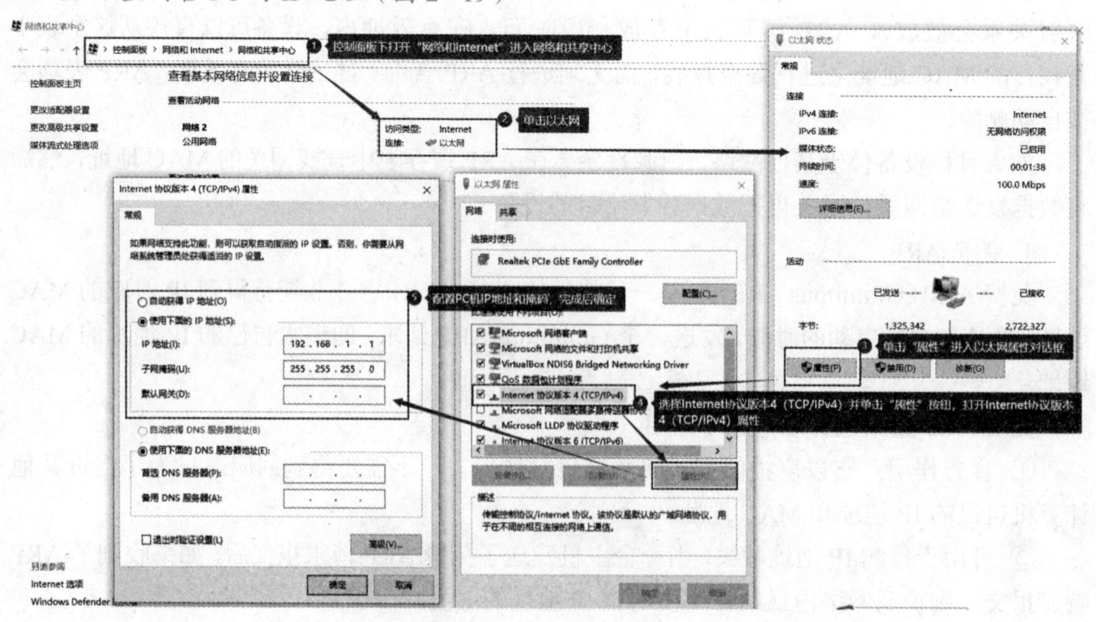

图 2－19 配置两台 PC 的 IP 地址

① 打开控制面板，选择“网络和 Internet”→“网络和共享中心”。

② 选择并单击以太网，打开“以太网状态”对话框，单击“属性”按钮，打开以太网属性。

③ 选择“Internet 协议版本 4（TCP/IPv4）”并单击“属性”按钮，在“Internet 协议版本 4（TCP/IPv4）属性”对话框中配置 PC 机的 IP 地址。

4. 打开 PC 机的命令提示符

Windows 10 系统中，单击“开始”菜单，输入“cmd”，找到命令提示符并打开，如图 2－20 所示。Windows 7 及早前版本中可以直接在附件中打开。

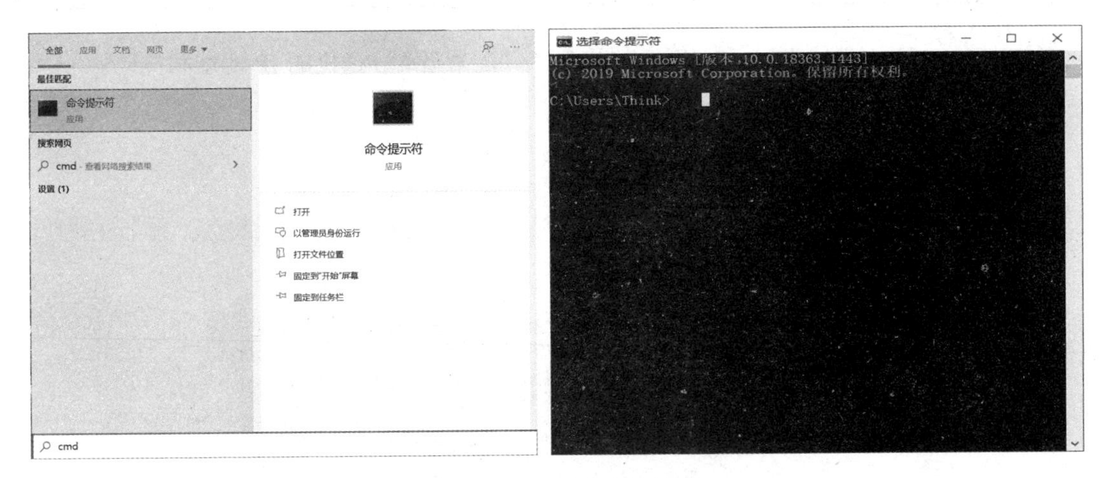

图 2－20　打开命令提示符

5. 通过 ping 命令查看两台 PC 机是否联通

任务 2　进行 IP 子网规划

（一）任务要求

① 学校教学楼有四个学院，网络中心计划了一个 C 类地址 192.168.100.0，要求进行 IP 地址规划设计。

② 为了提升网络性能和网络通信的安全性，要求每个部门处于一个独立的网段。

③ 用 eNSP 模拟网络环境，并使用 ping 命令查看不同子网间的连通性。

（二）实施步骤

① 确定划分的子网数量，计算子网部分的位数 m。

本任务要求划分 4 个子网，因此 $2^m \geq 4$，取最小的 m 值为 2。

② 将新子网掩码中网络部分和子网部分全部置 1，主机部分全部置 0，则有 m=2 且为 C 类地址，则得到子网掩码为 11111111 11111111 11111111 11000000，转化为十进制是 255.255.255.192。

③ 确定每个子网的主机数量。

由于是一个 C 类 IP 地址，m=2，因此子网的主机数量就是 $2^6-2=62$ 台，网络被规划为 4 个子网，符合教学楼学院数量需求。

④ 制订教学楼 IP 地址分配方案，见表 2－8。

表 2－8　教学楼 IP 地址规划表

学院	子网号	子网地址	广播地址	可分配地址	子网掩码
学院 1	00	192.168.100.0	192.168.100.63	192.168.100.1～62	255.255.255.192
学院 2	01	192.168.100.64	192.168.100.127	192.168.100.65～126	255.255.255.192
学院 3	10	192.168.100.128	192.168.100.191	192.168.100.129～190	255.255.255.192
学院 4	11	192.168.100.192	192.168.100.255	192.168.100.193～254	255.255.255.192

⑤ 在 eNSP 中绘制如图 2－21 所示的拓扑，并配置各个 PC 机的 IP 地址和掩码。

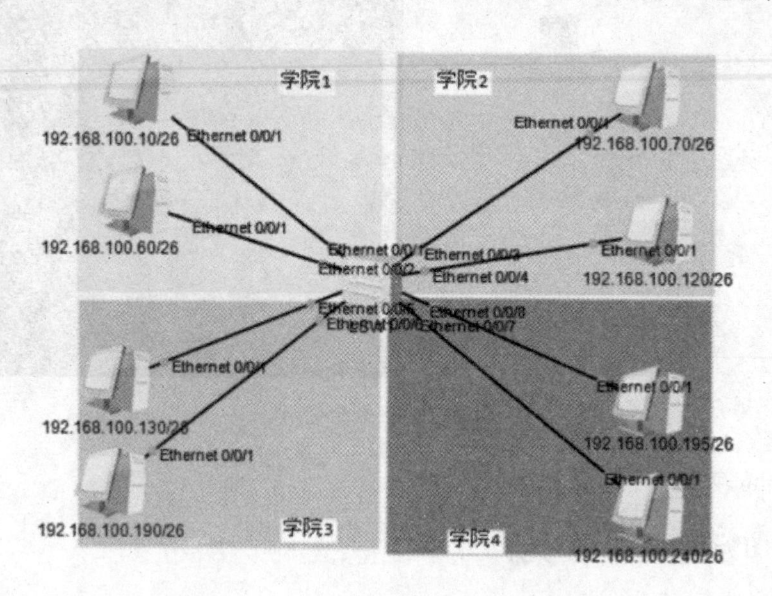

图 2－21　eNSP 模拟网络环境拓扑图

⑥ 分别用 ping 命令测试同一个学院的两台 PC 机之间的连通性和不同学院之间 PC 机的连通性，如果同一学院之间可以 ping 通，而不同学院之间不能 ping 通，说明子网划分成功。

任务 3　组建 SOHO 网络

（一）任务要求

① 将某办公室中的所有 PC 连接起来，使得所有资源在局域网内部实现文件、打印机等共享。

② 所有办公 PC 都能共享一条线路实现对 Internet 的访问，并能实现享受 Internet 提供的各种服务。

③ 实现办公室唯一打印机的共享。

（二）实施步骤

1. 进行网络拓扑结构设计（图 2–22）

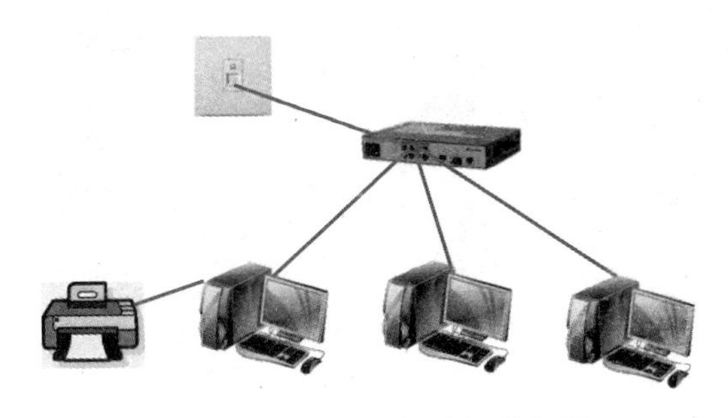

图 2–22　SOHO 网络拓扑规划

2. 设备材料准备

① 制作好的网线若干。

② PC 机 3 台。

③ 家用无线路由器或 8 口交换机 1 个。

④ 打印机 USB 连接线或串口线。

3. 设备连接

按照规划图将 PC 机 8 口交换机用网线连接，将打印机和某个 PC 机连接。

4. PC 机配置 IP 地址

按照前面所学方法配置三台 PC 机的 IP 地址，如果学校网络中心为每一台 PC 机自动分配 IP 地址，则选择“自动获取 IP 地址”。

5. 设置打印机共享

（1）共享目标打印机

按快捷键 Win+I，选择“设备”，选择“打印机和扫描仪”，在弹出的窗口中找到想共享的打印机，在该打印机上右击，选择“打印机属性”，如图 2–23 所示。

切换到“共享”选项卡，勾选“共享这台打印机”，并设置一个共享名（记住该共享名，以备后面使用）。

（2）高级共享设置

选择“网络和共享中心”→“更改高级共享设置”，在“文件和打印机共享”中选择“启用文件和打印机共享”，并选择“关闭密码保护共享”，如图 2–24 所示。

（3）设置工作组

如果当前的三台 PC 机不在同一个工作组中，需要将其加入同一个工作组里，方法如图 2–25 所示。

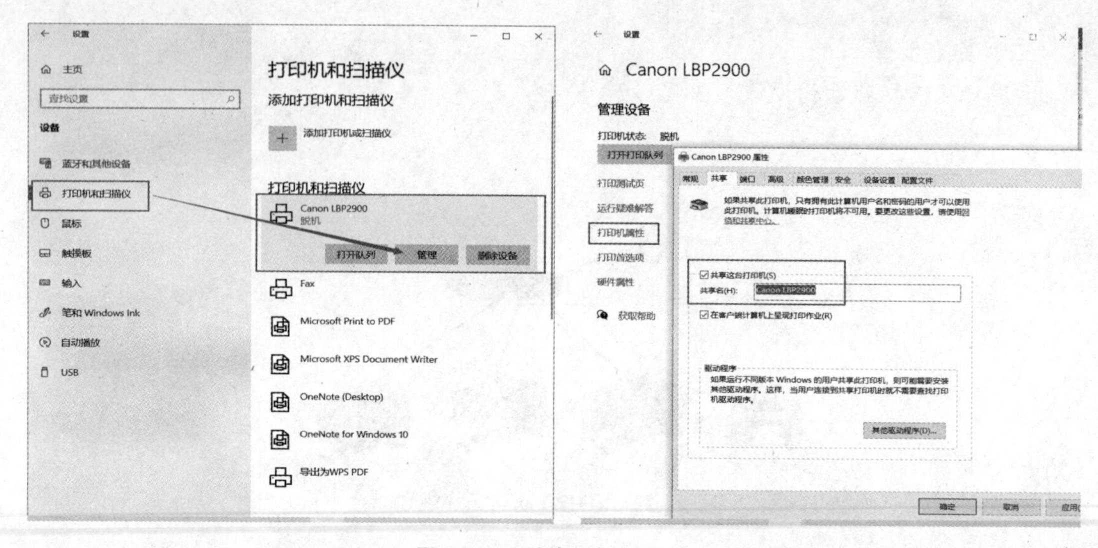

图 2-23　共享目标打印机

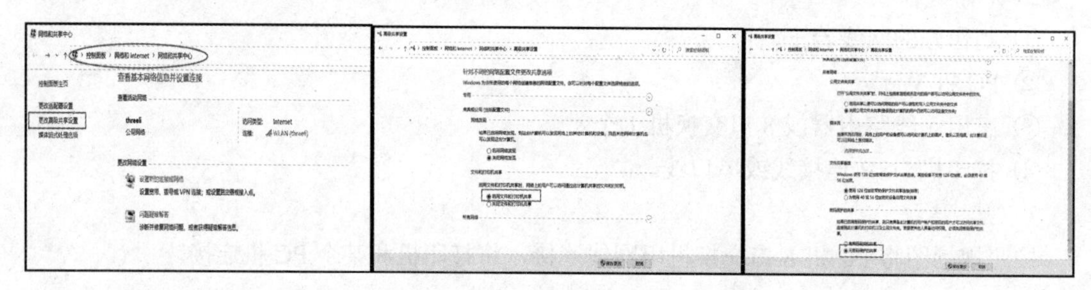

图 2-24　高级共享设置

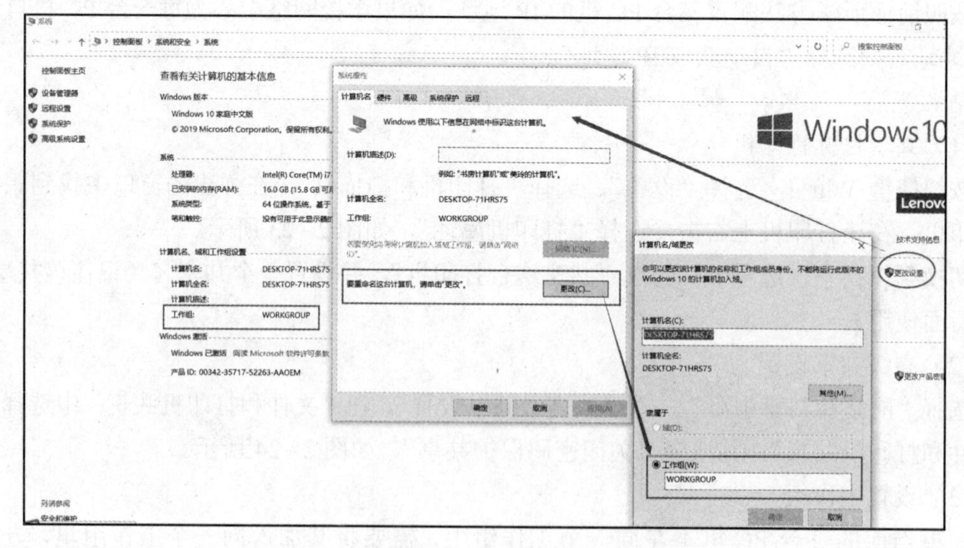

图 2-25　更改 PC 机的工作组名

（4）在其他计算机上添加目标打印机

在“打印机和扫描仪”中选择“添加打印机和扫描仪”，一般都会自动查找网络中的设备，如果查找不到，选择“我需要的打印机不在列表中”，可以通过添加共享打印机的 PC 的共享路径连接，如图 2-26 所示。

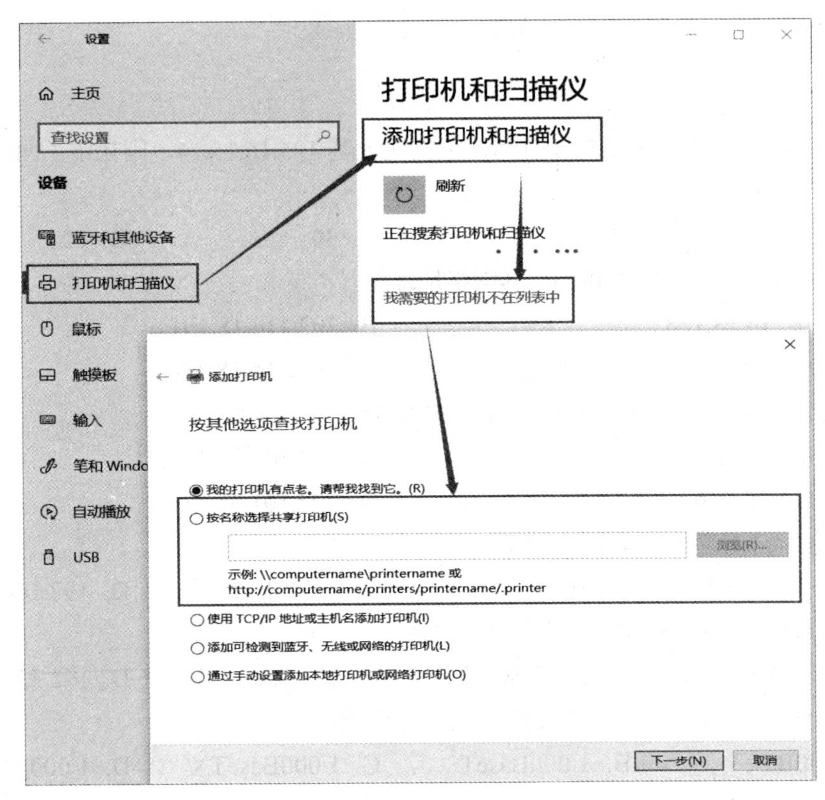

图 2-26　在其他计算机上添加目标打印机

2.4 思政链接

IPv6 技术在我国的发展现状

下一代互联网是一个建立在 IP 技术基础上的新型公共网络，能够容纳各种形式的信息，在统一的管理平台下，实现音频、视频、数据信号的传输和管理，提供各种宽带应用和传统电信业务，是一个真正实现宽带窄带一体化、有线无线一体化、有源无源一体化、传输接入一体化的综合业务网络。

2021 年 10 月 11—12 日，以“创新赋能，筑基未来”为主题的“2021 中国 IPv6 创新发展大会”在北京举行，中国工程院院士邬贺铨在题为《IPv6 规模部署与创新发展》的主旨演讲中表示，截至 2021 年 8 月，我国 IPv6 活跃用户数已达 5.51 亿，约占中国网民的 54.52%，三大基础电信企业城域网 IPv6 总流量突破 20 Tb/s，LTE 核心网 IPv6 总流量超过 10 Tb/s，占全网总流量的 22.87%，我国已申请 IPv6 地址资源位居全球第一，国内用户量排名前 100 位的商业网站及应用均可通过 IPv6 访问，我国 IPv6 规模部署工作取得了显著成效。

2.5 对接认证

一、单选题

1. 如果子网掩码是 255.255.255.128，主机地址是 195.16.15.14，则在该子网掩码下最多可以容纳（　　）个主机。

A. 254　　B. 126　　C. 30　　D. 62

2. IP 地址是 202.114.18.190/26，其网络地址是（　　）。

A. 202.114.18.128　　B. 202.114.18.191

C. 202.114.18.0　　D. 202.114.18.190

3. 以下 IP 可以和 202.101.35.45/27 直接通信的是（　　）。

A. 202.101.35.31/27　　B. 202.101.36.12/27

C. 202.101.35.60/27　　D. 202.101.35.63/27

4. 以下地址不能用在互联网上的是（　　）。

A. 172.16.20.5　　B. 10.103.202.1　　C. 202.103.101.1　　D. 192.168.1.1

5. 下列属于 RFC1918 指定的私有地址的是（　　）。

A. 10.1.2.1　　B. 191.108.3.5　　C. 224.106.9.10　　D. 172.33.10.9

6. 在 Cat5e 传输介质上运行千兆以太网的协议是（　　）。

A. 100BaseT　　B. 1 000BaseT　　C. 1 000BaseTX　　D. 1 000BaseLX

7. MAC 地址的位数是（　　）。

A. 16　　B. 32　　C. 48　　D. 64

8. ARP 的主要功能是（　　）。

A. 将 IP 地址解析为物理地址　　B. 将物理地址解析为 IP 地址

C. 将主机名解析为 IP 地址　　D. 将 IP 地址解析为主机名

二、多选题

1. 以下与封装和解封装的目的有关的有（　　）。

A. 加快通信的速度　　B. 不同网络之间的互通

C. 通信协议的分层　　D. 缩短报文的长度

2. 以下协议是网络层的协议的有（　　）。

A. ARP　　B. FTP　　C. ICMP　　D. IP

E. TCP

三、操作题

办公室召开临时会议，员工使用自己的笔记本接入一台不可网管交换机上，组建了一个临时网络，如图 2-27 所示。具体要求如下：

① 使用网线将计算机接入交换机上。

② 按网络拓扑为 3 台计算机规划并配置 IP 地址和子网掩码。

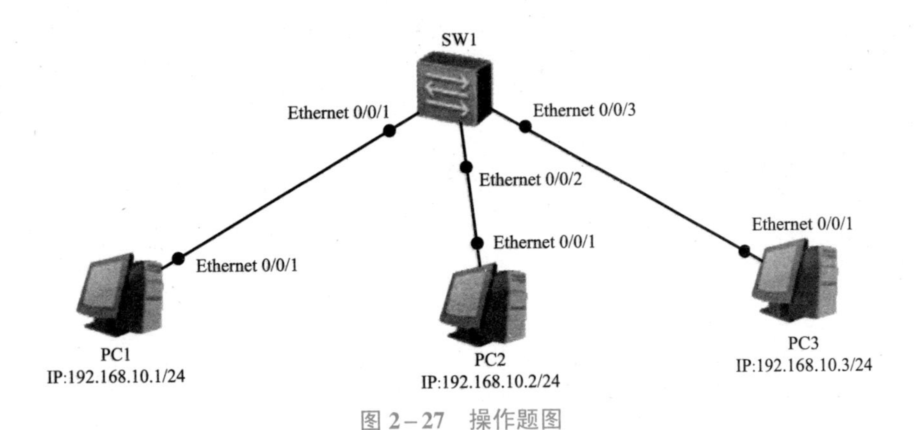

图 2－27　操作题图

IP 规划表见表 2－9。

表 2－9　IP 规划表

设备命名	IP 地址	子网掩码

完成实验后，请截取以下实验验证图：

① 在 PC1、PC2、PC3 上使用 ipconfig/all 命令查看 IP 地址、子网掩码、MAC 地址等信息。

② 在 PC1 上使用 ping 192.168.10.2 命令测试与 PC2 的连通性，完成后，通过命令 ARP －a 查看本机的 ARP 表，验证是否学习到 PC2 的 IP 及 MAC 信息。

③ 在 PC1 上使用 ping 172.16.1.3 命令测试与 PC3 的连通性，完成后，通过命令 ARP －a 查看本机的 ARP 表，验证是否学习到 PC3 的 IP 及 MAC 信息。

项目3 组建中型局域网，共享网络资源

3.1 项目介绍

3.1.1 项目概述

随着计算机技术的发展，计算机网络的应用不断深入并不断扩大，同时，人们对信息交流、资源共享、高带宽、高可靠性的需求也越来越高，这就对中小型局域网的组建提出了更高的要求。

3.1.2 项目背景

小志所在的网络管理中心需要为学院新装修的实训楼组建 10 个计算机房，每个机房 50 台 PC 机，为了方便管理并实现资源共享和文件传递，将这些计算机用若干个交换机连成一个小型局域网。小志按照企业导师的要求，首先学习局域网的相关技术。

3.1.3 学习目标

【知识目标】

了解局域网的发展及以太网技术。

理解交换机基本工作原理。

理解虚拟局域网（VLAN）技术原理。

熟悉 VLAN 间路由技术。

理解端口聚合技术原理。

了解生成树技术的原理。

【能力目标】

学会使用交换机组建办公网，优化网络效率。

学会交换机的基本配置。

学会 VLAN 的规划及配置。

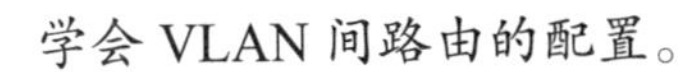

学会 VLAN 间路由的配置。

学会端口聚合的配置。

【素养目标】

能以较强的责任意识和担当精神，能积极主动承担并完成本职任务。

能进行多角度、有序的分析与论证。

初步具备一定的辩证思维能力。

3.1.4 核心技术

VLAN 技术；端口聚合技术；单臂路由技术；生成树技术。

3.2 相关知识

3.2.1 局域网技术概述

局域网、以太网和交换网络概念区分

局域网是一种在有限的地理范围内将各种设备互连在一起，以实现数据传输和资源共享的计算机网络。社会对信息资源的广泛需求及网络技术的广泛普及促进了局域网技术的迅猛发展。在当今的网络技术中，局域网技术已经占据了十分重要的地位。

以太网（Ethernet）是一种计算机局域网技术。最早是一种由美国的 Xerox 公司与前 DEC 公司设计的通信方式，当时命名为 Ethernet，之后由 IEEE 802.3 委员会将其规范化，因此以太网有时也叫 802.3 以太网。它规定了包括物理层的连线、电子信号和介质访问层协议的内容。以太网是目前应用最普遍的局域网技术。

1. 共享式以太网技术

从通信介质方面看，网络可以分为共享介质型和非共享介质型两种。共享介质型网络指的是多个设备共享一个通信介质。早期的以太网就是典型的共享介质型网络。设备在同一条信道上进行信息传输，一般使用半双工通信，以防止冲突的发生，并且需要对介质进行访问控制。在共享型网络中，有基于介质访问控制的争用方式、令牌传递方式及星形拓扑下的集线器方式。

◆ 争用方式（CSMA，载波侦听多路访问）

争用方式，通俗地讲，就是先到先得，但如果多个站同时发送帧，则会发生冲突，导致网络拥堵，为了解决这种问题，大部分以太网采用了 CSMA/CD（Carrier Sense Multiple Access with Collision Detection）的方式。CSAM/CD 要求每个站提前检查冲突，当发生冲突时，尽快地释放信道。其工作原理可以简单总结为先测再发，边测边发，冲突放弃，随机延迟再发，如图 3－1 所示。

◆ 令牌传递方式

令牌传递的方式是沿着令牌环发送一种叫作“令牌”的报文，只有获得令牌的站才能发送数据，不会发生冲突，每个站有相同的获得令牌的机会；没有获得令牌的站不能发送数据帧。图 3－2 所示为令牌传递方式。

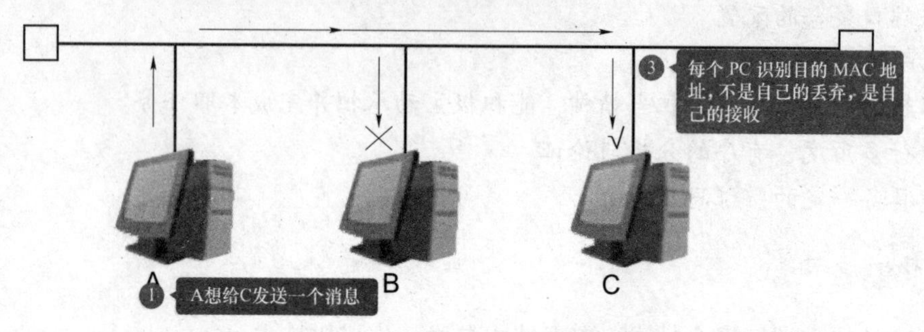

图 3-1 CSMA/CD 工作原理

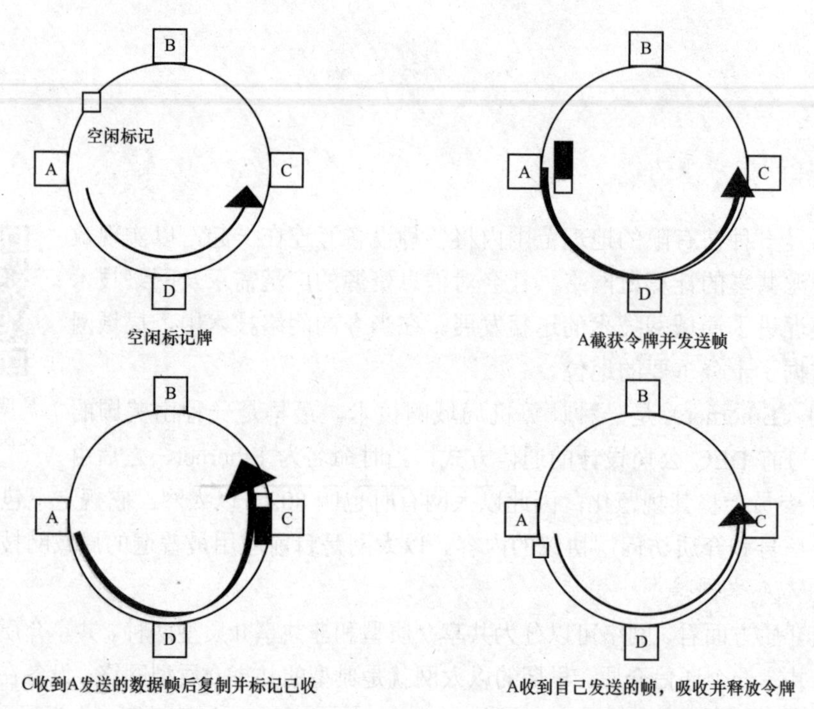

图 3-2 令牌传递方式

◆ 集线器方式

在使用同轴电缆的以太网络中，同一时间只能有一台主机发送数据，当主机数量增多时，通信性能就会明显下降。若将网络设备以星形连接，就出现一种新的设备——集线器（HUB）。集线器属于纯硬件网络底层设备，不具有“智能记忆”能力和“学习”能力，所以它发送数据时都是没有针对性地采用广播方式发送。也就是说，当它要向某节点发送数据时，不是直接把数据发送到目的节点，而是把数据包发送到与集线器相连的所有节点，如图 3-3 所示。

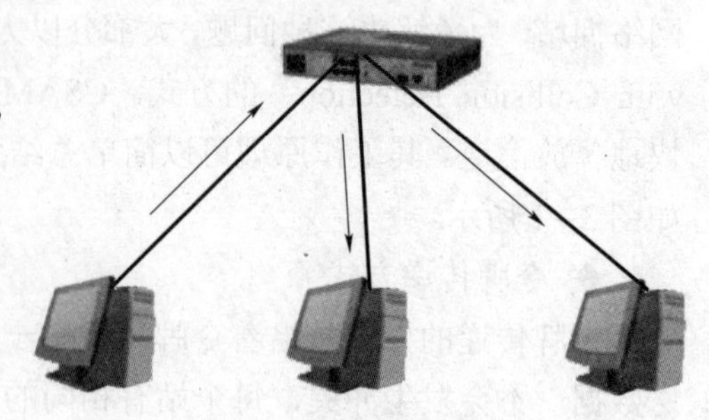

图 3-3 集线器方式

2. 交换式以太网技术

非共享介质型网络是指不共享介质，对介质采取专用的传输控制方式。在这种方式下，交换机负责转发数据帧，发送端和接收端并不共享通信介质，通常采用全双工方式通信，不需要 CSMA/CD 的机制就能实现高效的通信。同时，还可以搭建虚拟局域网，进行流量控制。如图 3－4 所示，A 和 D 之间可以随时实现通信。

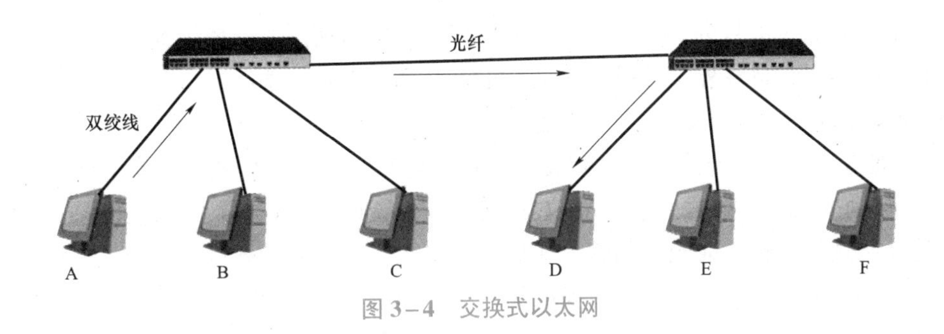

图 3－4　交换式以太网

◆ 交换式以太网原理

交换机是一台简单且价格较低、性能较高的端口密集型网络互连设备，工作在 OSI 模型的第二层，能基于目标 MAC 地址智能转发、传输信息。当交换机接收一个数据帧时，对帧的转发操作行为有三种方式：泛洪（Flooding）、转发（Forwarding）、丢弃（Discarding），如图 3－5 所示。

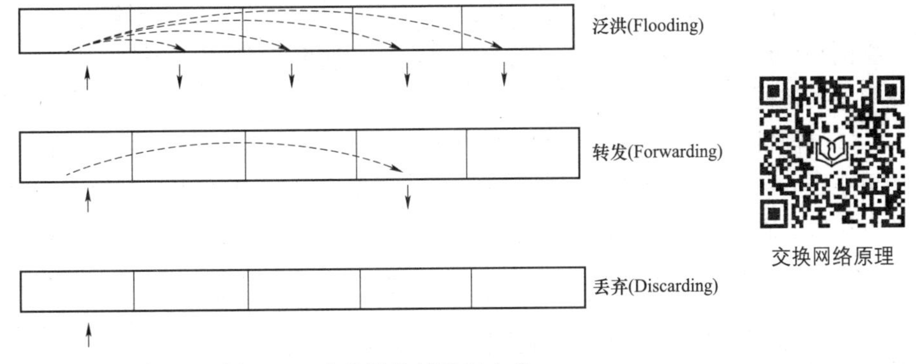

图 3－5　交换机的帧转发方式

泛洪：交换机把从某一端口进来的帧通过所有其他的端口转发出去（注意，“所有其他的端口”是指除了这个帧进入交换机的那个端口以外的所有端口）。

转发：交换机把从某一端口进来的帧通过另一个端口转发出去（注意，“另一个端口”不能是这个帧进入交换机的那个端口）。

丢弃：交换机把从某一端口进来的帧直接丢弃。

交换机在其设备中维护一张设备 MAC 地址和交换机接口的映射表——MAC 地址表，基本工作原理可以概括地描述如下：

如果进入交换机的是一个单播帧，则交换机会去 MAC 地址表中查找这个帧的目的 MAC

地址，如果查不到这个 MAC 地址，则交换机执行泛洪操作；如果查到了这个 MAC 地址，则比较这个 MAC 地址在 MAC 地址表中对应的端口是不是这个帧进入交换机的那个端口，如果不是，则交换机执行转发操作，如果是，则交换机执行丢弃操作。如果进入交换机的是一个广播帧，则交换机不会去查 MAC 地址表，而是直接执行泛洪操作。

交换机和集线器相比，有很大差别。首先从 OSI 体系结构来看，集线器属于 OSI 模型中第一层物理层设备，而交换机属于 OSI 模型第二层数据链路层设备。集线器只能起信号放大和传输作用，不能对信号进行处理，在传输过程中容易出错；而交换机则具有智能化功能，除了拥有集线器所有特性外，还具有自动寻址、交换、处理帧功能。

◆ 交换式以太网数据交换模式

① 直通方式：直通方式的以太网交换机可以理解为在各端口间是纵横交叉的线路矩阵电话交换机。它在输入端口检测到一个数据包时，检查该包的包头，获取包的目的地址，启动内部的动态查找表转换成相应的输出端口，在输入与输出交叉处接通，把数据包直通到相应的端口，实现交换功能。由于不需要存储，延迟非常小、交换非常快，这是它的优点。它的缺点是，因为数据包内容并没有被以太网交换机保存下来，所以无法检查所传送的数据包是否有误，不能提供错误检测能力。由于没有缓存，不能将具有不同速率的输入/输出端口直接接通，而且容易丢包。

② 存储转发：存储转发方式是计算机网络领域应用最为广泛的方式。它把输入端口的数据包先存储起来，然后进行 CRC（循环冗余码校验）检查，在对错误包处理后，才取出数据包的目的地址，通过查找表转换成输出端口送出包。正因如此，存储转发方式在进行数据处理时，延时大，这是它的不足，但是它可以对进入交换机的数据包进行错误检测，有效地改善网络性能。尤其重要的是，它可以支持不同速度的端口间的转换，保持高速端口与低速端口间的协同工作。

③ 碎片隔离：这是介于前两者之间的一种解决方案。它检查数据包的长度是否够 64 B，如果小于 64 B，说明是假包，则丢弃该包；如果大于 64 B，则发送该包。这种方式也不提供数据校验。它的数据处理速度比存储转发方式快，但比直通式的慢，被广泛应用于低档交换机中。

3.2.2 交换机基础

1. 交换机的组成及启动

交换机和计算机一样，也由硬件和软件系统组成。虽然不同交换机产品由不同硬件构成，但组成交换机的基本硬件一般都包括 CPU（Central Processing Unit，处理器）、RAM（Random-Access Memory，随机存储器）、ROM（Read Only Memory image，只读存储器）、Flash（可读写存储器）、Interface（接口）等组件。交换机的软件其实就是其安装的装载软件和操作系统，就像计算机需要通过操作系统来建立用户和硬件之间的沟通平台一样，交换机及后面介绍到的其他网络设备也都需要操作系统的支持，虽然厂商不同，交换机所安装的操作系统也不同，但功能都大同小异。

交换机在启动过程中首先启动装载软件，装载软件完成以下任务：① 完成低级交换机

CPU 初始化（它将初始化控制映象的物理内存、CPU 寄存器，包括数量、速度等参数）；② 为 CPU 子系统完成加电自检（检测 CPU DRAM 和生存闪存文件系统的闪存设备）；③ 初始化系统主板上的闪存系统；④ 装载操作系统到内存，启动交换机。装载程序仅用于装载、解压和登录操作系统。在启动装载程序移交 CPU 控制权限到操作系统后，这个启动装载程序就处于非活动状态，直到下次系统重启或重新开启电源。

2. 交换机的登录管理方式

网络设备登录管理方式按照界面类型，可以分为：

① 文字界面即 CLI 方式，包括 Console 口登录、Telnet 方式、SSH 方式等。

交换机基础

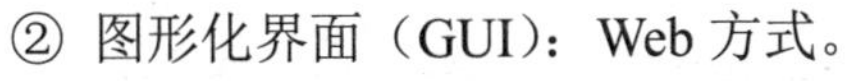

② 图形化界面（GUI）：Web 方式。

按照业务数据是否与管理数据分离，可以分为：

① 带内管理：包括 Telnet 方式、STelnet 方式、Web 方式等。

② 带外管理：Console 口登录管理。

3. 交换机的登录方式

（1）交换机本地登录——Console 口登录

Console 口登录是设备的最基本管理方式，主要用在设备首次登录、远程登录无效、设备无法启动时。通过 Console 线接入交换机 Console 口，COM 口连接 PC 机，利用电脑的超级终端或软件进行交换机的管理和配置，如图 3－6 所示。

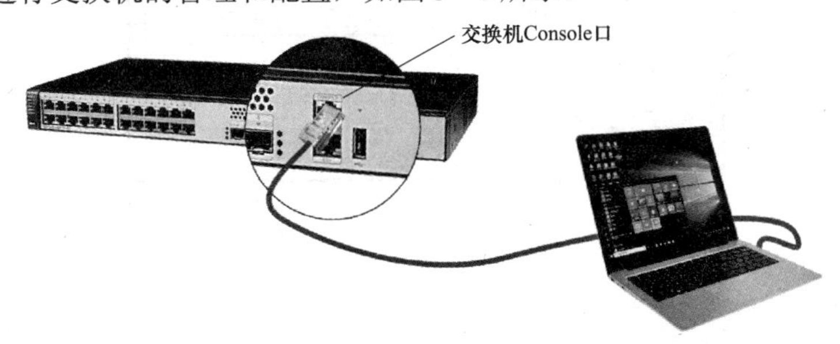

图 3－6　交换机本地登录连接方式

在 Windows XP 以前的 Windows 操作系统的附件中，会自带超级终端，通过超级终端连接时的配置界面如图 3－7 所示。

但在 Windows XP 以后的版本中，已经不再附带超级终端，在这种情况下，可以通过一些软件来实现交换机连接，常用的终端仿真程序有 SecureCRT、PuTTY 等。这里给大家介绍终端仿真程序 SecureCRT。

打开 SecureCRT，新建连接，选择“Serial”，如图 3－8 所示。

在电脑的“设备管理器”中查看 COM 口转 USB 线的驱动安装的是哪个 COM 口，如图 3－9 所示，此处是 COM5。

选择端口 COM5（在“设备管理器”中查看），选择波特率为 9 600（绝大多数设备默认为 9 600），然后去掉流控的所有选项，此时就能使用 SecureCRT 连上交换机了，输入正确的用户名密码就能对交换机进行配置了。

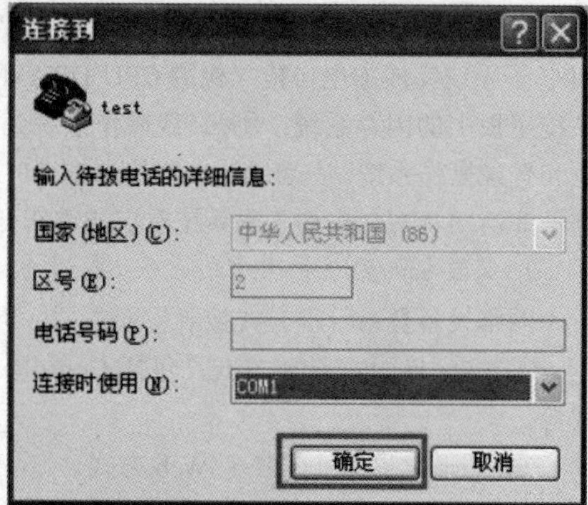

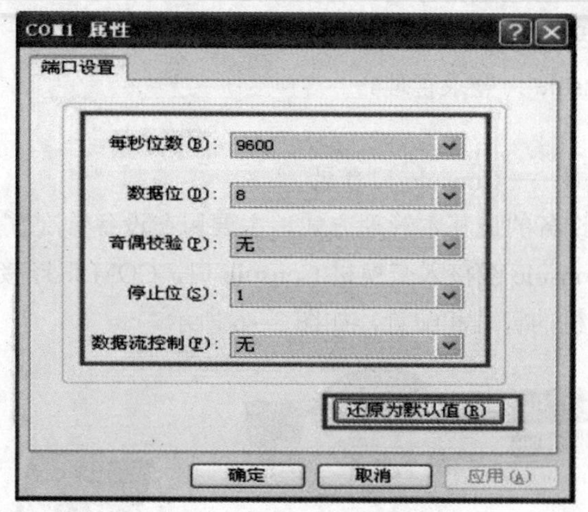

图 3-7　超级终端连接配置界面

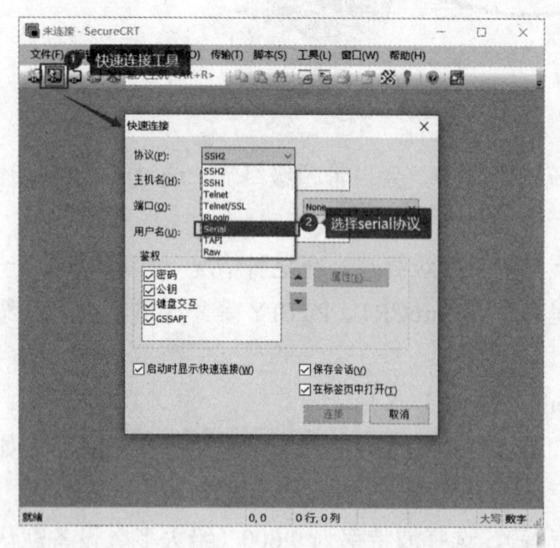

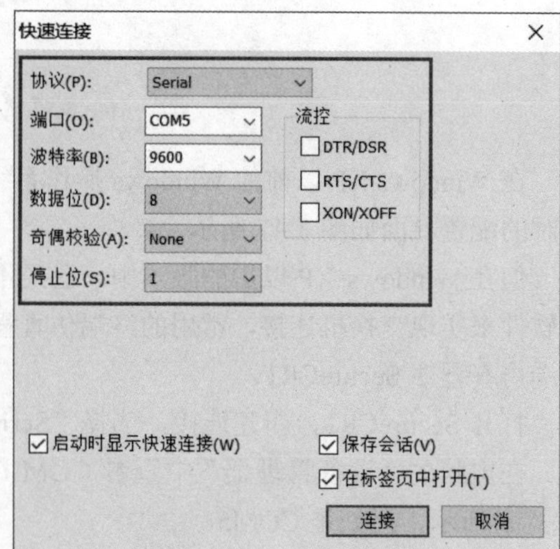

图 3-8　使用 SecureCRT 建立连接

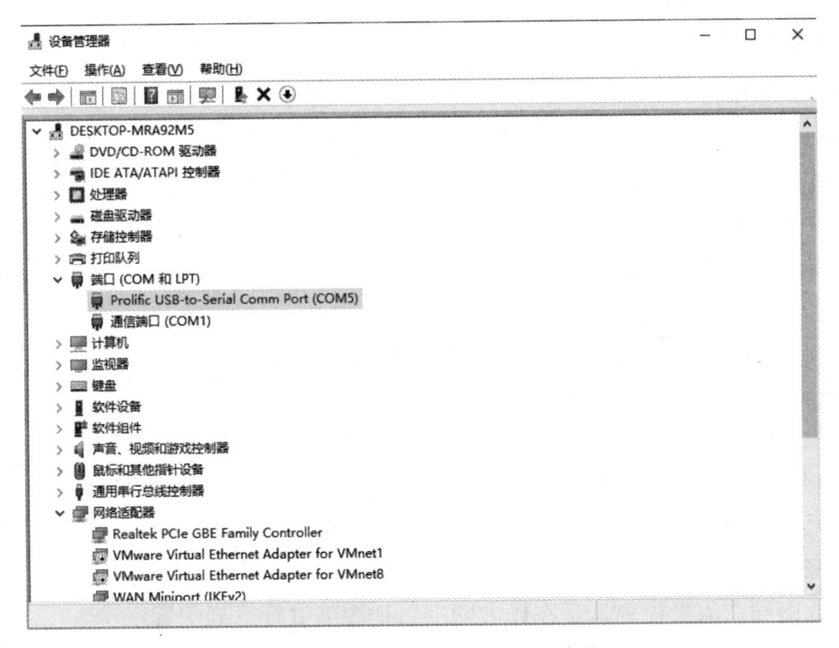

图 3-9　查看连接的 COM 口编号

（2）交换机远程登录——Telnet 方式

Telnet 通常用在远程登录应用中，以便对本地或远端运行的网络设备进行配置、监控和维护。如网络中有多台设备需要配置和管理，用户无须为每一台设备都连接一个用户终端进行本地配置，可以通过 Telnet 方式在一台设备上对多台设备进行管理或配置。

（3）交换机远程登录——SSH 方式

SSH（Secure Shell）是一套协议标准，可以用来实现两台机器之间的安全登录及安全的数据传送。它是在传统的 Telnet 协议基础上发展起来的一种通过非对称加密保证数据安全的远程登录协议，相比于 Telnet，SSH 无论是在认证方式还是在数据传输的安全性上，都有很大的提高，而且部分企业出于安全的需求，网络设备管理必须通过 SSH 方式来实现。

4. 交换网络端口技术

（1）工作模式

◆ 以太网电接口有下面三种双工模式：

全双工模式：两个端口之间可双向且同时进行数据传输，端口同时发送和接收数据包。全双工数据传输模式就像打电话，打电话的两方可以同时发言和收听。

半双工模式：两个端口之间可以实现双向数据传输，但不能同时进行，端口同一时刻只能发送数据包或接收数据包。半双工数据传输就像对讲机的通信过程，两个人都可以讲话，但只能一个人说，一个人听，不能同时进行。

自协商模式：端口双工状态由本端口和对端端口自动协商而定。端口根据另一端设备的连接速度和双工模式，自动把自己的速度调节到最高的工作水平，即线路两端能具有的最快速度和双工模式。

注：以太网光接口只能工作在全双工模式下。

◆ 配置命令

```
duplex { full | half }  //设置双工模式
undo duplex             //恢复双工模式为缺省值
negotiation auto        //开启接口自动协商功能（默认开启）
```

（2）以太网端口速率

当设置接口速率为自协商状态时，接口的速率由本端口和对端接口双方自动协商而定。如果需要手动设定，则在以太网接口视图下设置。

```
speed { 10 | 100 | 1 000 }  //设置以太网接口的速率
undo speed                  //恢复以太网接口的速率为缺省值
```

（3）流量控制

流量控制用于防止在端口阻塞的情况下丢帧，这种方法是当发送或接收缓冲区开始溢出时，通过将阻塞信号发送回源地址实现的。流量控制可以有效防止由于网络中瞬间的大量数据对网络带来的冲击，保证用户网络高效而稳定地运行。

设置以太网端口流量控制，是在以太网端口视图下进行下列配置：

```
flow-control          开启以太网端口的流量控制
undo flow-control     关闭以太网端口的流量控制（默认关闭）
```

3.2.3 虚拟局域网（VLAN）技术

随着网络中计算机的数量越来越多，传统的以太网络开始面临冲突严重、广播泛滥及安全性无法保障等各种问题。为了扩展传统 LAN，以接入更多计算机，同时避免冲突的恶化，出现了网桥和二层交换机，它们能有效隔离冲突域。网桥和交换机采用交换方式将来自入端口的信息转发到出端口上，克服了共享网络中的冲突问题。但是，采用交换机进行组网时，广播域和信息安全问题依旧存在。

为了限制广播域的范围，减少广播流量，需要在没有二层互访需求的主机之间进行隔离。路由器是基于三层 IP 地址信息来选择路由和转发数据的，其连接两个网段时，可以有效抑制广播报文的转发，但成本较高。因此，人们设想在物理局域网上构建多个逻辑局域网，即 VLAN。

1. VLAN 及其产生原因

VLAN（Virtual Local Area Network，虚拟局域网）是将一个物理的局域网在逻辑上划分成多个广播域的技术。通过在交换机上配置 VLAN，可以实现在同一个 VLAN 内的用户进行二层互访，而不同 VLAN 间的用户被二层隔离。这样既能够隔离广播域，又能够提升网络的安全性。

如图 3－10 所示，原本属于同一广播域的主机被划分到了两个 VLAN 中，即 VLAN2 和 VLAN3。VLAN 内部的主机可以直接在二层互相通信，VLAN2 和 VLAN3 之间的主机无法直接实现二层通信。

2. VLAN 技术原理

VLAN 技术

（1）VLAN 帧格式

在现有的交换网络环境中，以太网的帧有两种格式，如图 3－11 所示。

Tag：Tag 是带有 VLAN 标记的以太网帧（Tagged Frame）。

UNTag：UNTag 是没有带 VLAN 标记的标准以太网帧（Untagged Frame）。

VLAN 标签长 4 B，直接添加在以太网帧头中。它由两部分构成：

TPID：Tag Protocol Identifier，2 B，固定取值，0x8100，是 IEEE 定义的新类型，表明这是一个携带 802.1Q 标签的帧。如果不支持 802.1Q 的设备收到这样的帧，会将其丢弃。

TCI：Tag Control Information，2 B，帧的控制信息。包括 PRI、CFI 及 VLAN ID。VLAN ID 是 VLAN 的标识号，交换机一般可以划分 255 个 VLAN，每个 VLAN 的 ID 取值范围是 1～4 094 之间的任意数字，ID 的作用就是用于区分不同 VLAN。

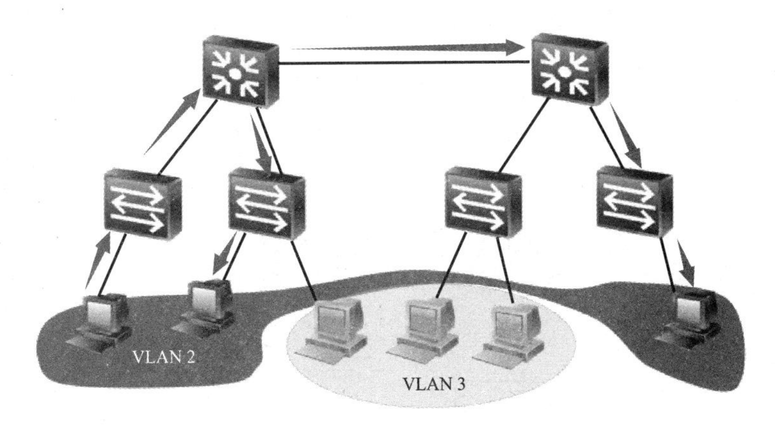

图 3－10　划分 VLAN

6 B	6 B	2 B	46～1500 B	4 B
DMAC	SMAC	Type	Date	FCS

6 B	6 B	4 B	2 B	46～1 500 B	4 B
DMAC	SMAC	TAG	Type	Date	FCS

TPID(2B)	TCI(2B)		
0x8100	PRI	CFI	VLAN ID(12 bit)

图 3－11　VLAN 帧格式

（2）交换机端口类型

◆ Access（接入）端口：一般用于连接用户计算机的端口，只允许 1 个 VLAN 通过，只能传输一个 VLAN 的数据。

◆ Trunk（干道）端口：一般用于交换机之间连接的端口，允许多个 VLAN 通过，可以接收和发送多个 VLAN 数据。

◆ Hybrid（混合）端口：华为系列交换机端口的默认工作模式，允许接收和发送多个 VLAN 的数据帧。可以用于链接交换机之间的链路，也可以用于连接终端设备。

（3）PVID

PVID 即 Port VLAN ID，代表端口的缺省 VLAN。交换机从对端设备收到的帧有可能是 Untagged 的数据帧，但所有以太网帧在交换机中都是以 Tagged 的形式被处理和转发的，因此交换机必须给端口收到的 Untagged 数据帧添加上 TAG。为了实现此目的，必须为交换机配置端口的缺省 VLAN。当该端口收到 Untagged 数据帧时，交换机将给它加上该缺省 VLAN 的 VLAN TAG。图 3－12 所示为 VLAN 转发流程。

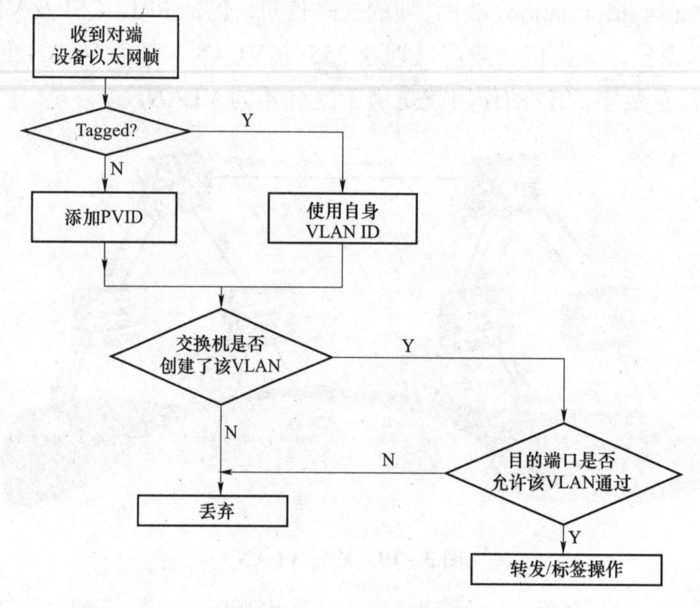

图 3－12　VLAN 转发流程

单交换机
VLAN 划分

跨交换机配置
VLAN

3. VLAN 配置

（1）VLAN 的创建与删除

◆ 创建 VLAN：执行“vlan＜vlan-id＞”命令。

```
[SW1]vlan 10
```

◆ 创建多个连续 VLAN，执行“vlan batch { vlan-id1 [to vlan-id2] }”命令。

```
[SW1]vlan batch 10 to 15
```

◆ 创建多个不连续 VLAN，也可以执行“vlan batch { vlan-id1 vlan-id2 }”命令。

```
[SW1]vlan batch 10 20 30
```

◆ 删除创建的 VLAN：undo vlan＜vlan-id＞。

```
[SW1]undo vlan 10
```

（2）配置 Access 端口和 Trunk 端口

◆ 配置 Access，执行“port link-type access”命令，配合“port default vlan＜vlan-id＞”

命令，配置端口的 PVID。

```
[SW1]interface Ethernet 0/0/1
[SW1-Ethernet0/0/1]port link-type access
[SW1-Ethernet0/0/1]port default vlan 10
```

◆ 配置 Trunk，执行“port link-type trunk”命令，配合“port trunk allow-pass vlan { vlan-id1 [to vlan-id2] }”命令，配置 Trunk 干道允许哪些 VLAN 通过。

```
[SW1]interface Ethernet 0/0/22
[SW1-Ethernet0/0/22]port link-type trunk
[SW1-Ethernet0/0/22]port trunk allow-pass vlan 10 20
```

（3）检查 VLAN 信息

◆ 执行“display vlan”命令验证配置结果。若不指定任何参数，则该命令将显示所有 VLAN 的简要信息。

```
[SW1]display vlan
```

◆ 执行“display vlan[vlan-id[verbose]]”命令，可以查看指定 VLAN 的详细信息，包括 VLAN ID、类型、描述、VLAN 的状态、VLAN 中的端口，以及 VLAN 中端口的模式等。

```
[SW1]display vlan 10 verbose
```

3.2.4 VLAN 间路由

通过虚拟局域网（VLAN）技术解决了交换网络中存在的广播风暴、信息交互安全性差、效率较低等问题，但当部分主机需要跨过本身 VLAN 和其他主机实现相互访问时，由于受到二层交换机功能的局限，不能直接通信，即 VLAN 实现了广播域的隔离，同时也将 VLAN 间的通信隔离。那么如何解决此类问题呢？

传统的方案是通过路由器的物理接口解决，路由器的作用实质上就是在不同的二层网络之间建立三层通道，不同的 VLAN 其实就是不同的二层网络，路由器可以在不同的 VLAN 之间建立起三层通道，如图 3－13 所示。

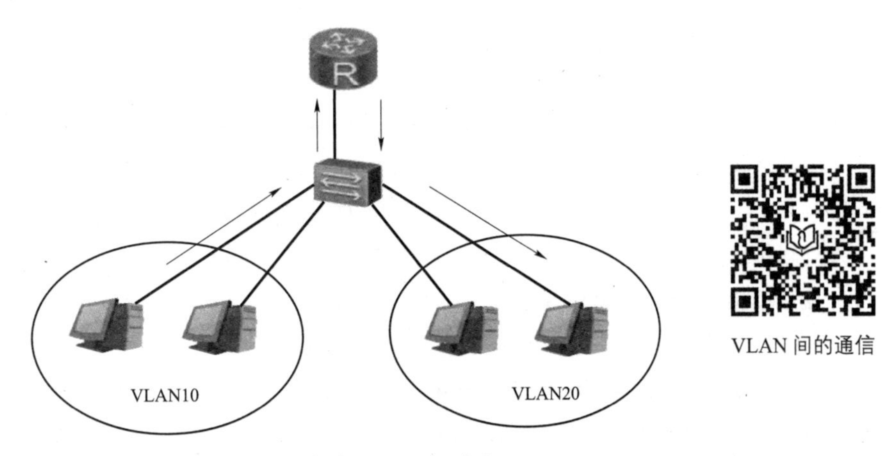

图 3－13　传统 VLAN 间路由

这种传统的方案面临的主要问题是，每一个 VLAN 都需要占用路由器上的一个物理接口，就好像每个 VLAN 都需要路由器从一个物理接口伸出一只手臂来将不同的 VLAN 连接起来，如果 VLAN 数目众多，就需要占用大量的路由器接口。所以，在实际的网络部署中，几乎都不会通过多臂路由器来实现 VLAN 间的三层通信，而常常会使用单臂路由技术或三层交换机路由功能实现。

1. 单臂路由技术

（1）单臂路由技术原理

单臂路由指在交换机和路由器之间仅使用一条物理链路连接，如图 3-14 所示。在交换机上，把连接到路由器的端口配置成 Trunk 类型的端口，并允许相关 VLAN 的帧通过。在路由器上需要创建子接口，逻辑上把连接路由器的物理链路分成了多条。一个子接口代表了一条归属于某个 VLAN 的逻辑链路。

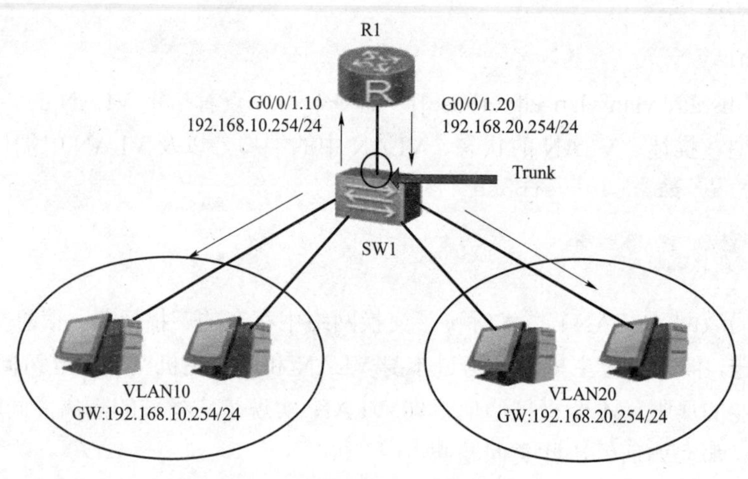

图 3-14 单臂路由

配置子接口时，需要注意以下几点：

◆ 必须为每个子接口分配一个 IP 地址，该 IP 地址与子接口所属 VLAN 位于同一网段。

◆ 需要在子接口上配置 802.1Q 封装，来剥掉和添加 VLAN TAG，从而实现 VLAN 间互通。

◆ 在子接口上执行命令“arp broadcast enable”，默认开启子接口的 ARP 广播功能。

在图 3-14 中，主机 A 发送数据给主机 C 时，R1 会通过 G0/0/1.10 子接口收到此数据，然后查找路由表，将数据从 G0/0/1.20 子接口发送给主机 C，这样就实现了 VLAN10 和 VLAN20 之间的主机通信。

（2）单臂路由的配置

例：

```
[R1]interface GigabitEthernet0/0/1.10          //创建子接口
[R1-GigabitEthernet0/0/1.10]dot1q termination vid 10   //配置子接口 dot1q 封装的 VLAN ID
```

```
[R1-GigabitEthernet0/0/1.10]ip address 192.168.10.254 24    //配置 IP 地址
[R1-GigabitEthernet0/0/1.10]arp broadcast enable    //开启 ARP 广播功能
```

2. 三层交换

（1）三层交换原理

在三层交换机上配置 VLANIF 接口来实现 VLAN 间路由。如图 3－15 所示，如果网络上有多个 VLAN，则需要给每个 VLAN 配置一个 VLANIF 接口，并给每个 VLANIF 接口配置一个 IP 地址。用户设置的缺省网关就是三层交换机中 VLANIF 接口的 IP 地址。

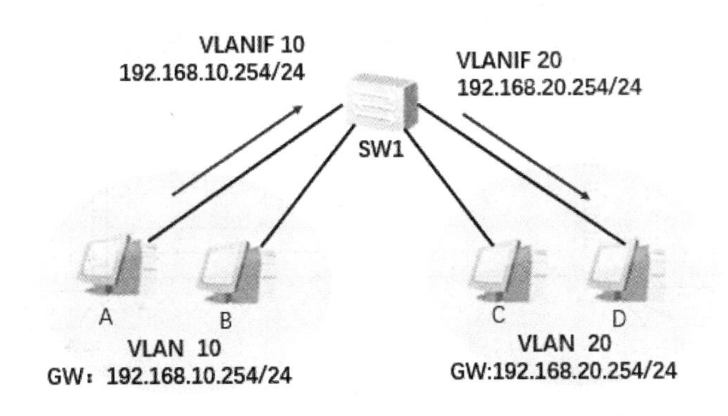

图 3－15　三层交换实现 VLAN 间路由

（2）三层交换配置

在三层交换机上配置 VLAN 路由时，首先创建 VLAN，并将端口加入 VLAN 中。“interface vlanif 10”命令用来创建 VLANIF 接口并进入 VLANIF 接口视图。10 表示与 VLANIF 接口相关联的 VLAN 编号。VLANIF 接口的 IP 地址作为主机的网关 IP 地址，和主机的 IP 地址必须位于同一网段。

例：

```
[SW1]interface vlanif 10
[SW1-Vlanif10]ip address 192.168.2.254 24
```

3.2.5　链路聚合技术

随着网络规模不断扩大，用户对骨干链路的带宽和可靠性提出了越来越高的要求。在传统技术中，常用更换高速率的接口板或更换支持高速率接口板的设备的方式来增加带宽，但这种方案需要付出高额的费用，而且不够灵活。那么如何在不增加费用的情况下，提高链路的带宽和可靠性呢？科学家们提出了链路聚合技术。

链路聚合技术

1. 链路聚合技术

链路聚合是把两台设备之间的多条物理链路聚合在一起，当作一条逻辑链路来使用。这两台设备可以是一对路由器、一对交换机，或者是一台路由器和一台交换机。一条聚合链路可以包含多条成员链路，如图 3－16 所示。

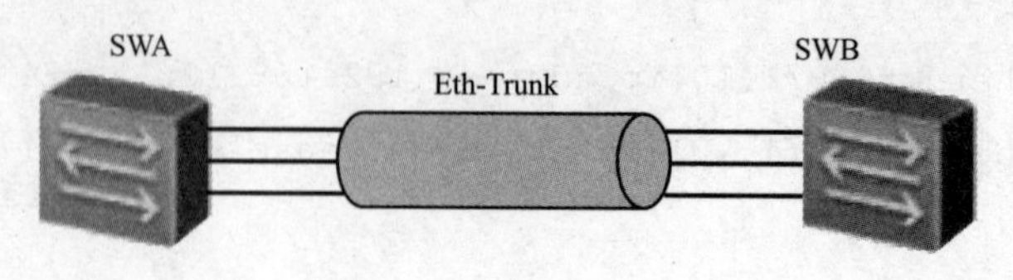

图 3-16 链路聚合

2. 链路聚合的原理

链路聚合也被称为 Eth-Trunk 链路，聚合端口也被称为 Eth-Trunk 端口。

链路聚合能够提高链路带宽。理论上，通过聚合几条链路，一个聚合口的带宽可以扩展为所有成员口带宽的总和，这样就有效地增加了逻辑链路的带宽，如图 3-17 所示。

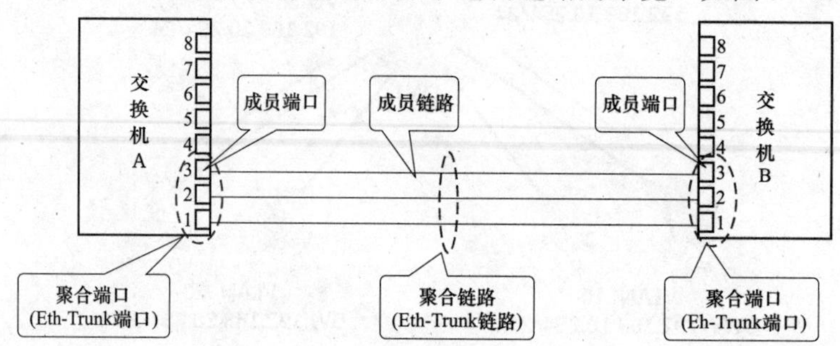

图 3-17 链路聚合原理（1）

链路聚合为网络提供了高可靠性。配置了链路聚合之后，如果一个成员接口发生故障，该成员接口的物理链路会把流量切换到另一条成员链路上。

链路聚合还可以在一个聚合口上实现负载均衡。如图 3-18 所示，一个聚合口可以把流量分散到多个不同的成员口上，通过成员链路把流量发送到同一个目的地，将网络产生拥塞的可能性降到最低。

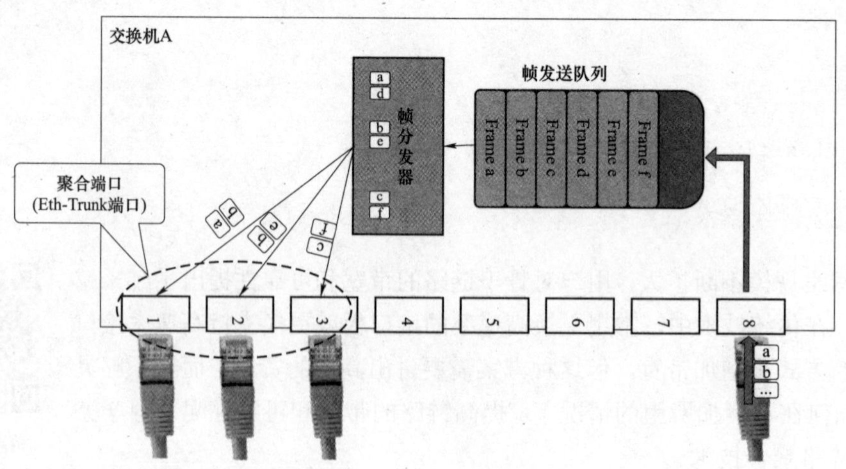

图 3-18 链路聚合原理（2）

3. 链路聚合的优点

◆ 根据需要灵活地增加网络设备之间的带宽供给。

◆ 增强网络设备之间连接的可靠性。

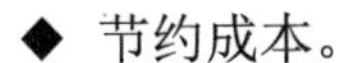

◆ 节约成本。

在企业网络中，所有设备的流量在转发到其他网络前都会汇聚到核心层，再由核心区设备转发到其他网络，或者转发到外网。因此，在核心层设备负责数据的高速交换时，容易发生拥塞。在核心层部署链路聚合，可以提升整个网络的数据吞吐量，解决拥塞问题。

4. 链路聚合的配置

（1）方法一

例：

```
[SW1]interface Eth-Trunk 1//设置 Eth-Trunk1
[SW1-Eth-Trunk1]trunkport GigabitEthernet 0/0/1 to 0/0/5//1~5 端口设为成员端口
```

（2）方法二

例：

```
[SW1]interface Eth-Trunk 1//设置 Eth-Trunk1
[SW1]interface GigabitEthernet 0/0/0
[SW1-GigabitEthernet0/0/0]eth-trunk 1//将 GE0/0/0 加入 Eth-Trunk1
```

3.2.6　生成树协议 STP

在一个复杂的网络中，难免会出现环路，并且由于冗余备份的需要，网络设计者都倾向于在设备之间部署多条物理链路，其中一条作为主链路，其他链路作为备份，这样偶然或必然中都会导致环路的产生，环路会产生广播风暴，最终导致整个网络资源被耗尽，网络瘫痪不可用。环路还会引起 MAC 地址表震荡，导致 MAC 地址表项被破坏。

如图 3-19 所示，一台 PC 机通过一条链路与服务器连接，当这条链路发生故障时，就导致 PC 机无法正常访问网络中的服务器，这就是网络中存在的单点故障问题。网络中的单

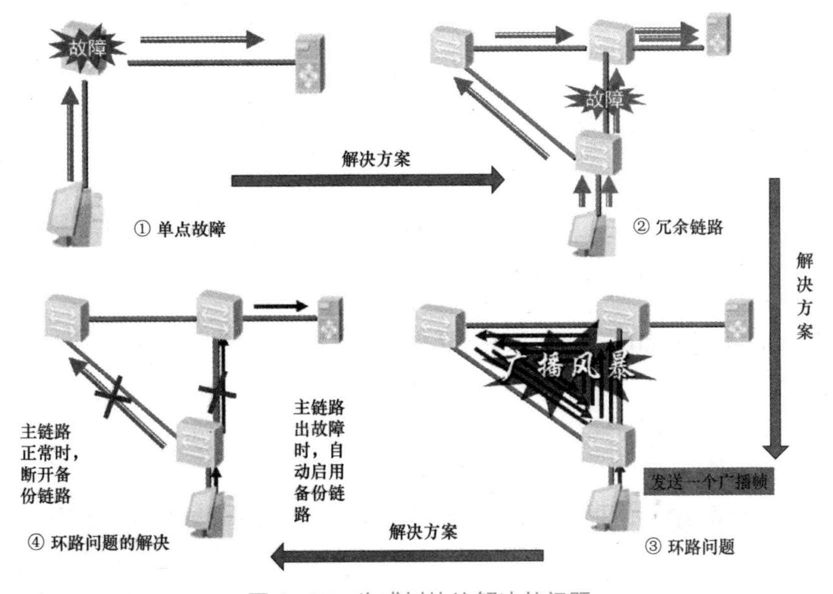

图 3-19　生成树协议解决的问题

点故障可导致网络无法访问，那么如何解决单点故障的问题呢？可以提供冗余链路来解决。如图3－19②所示，当一条链路发生故障时，另外一条链路可以保障PC机正常访问网络。冗余链路解决了单点故障问题，但也带来了新的问题——环路问题，如图3－19③所示，当PC机发送一个广播帧到交换机A时，按照交换机的工作原理，它会把这个数据帧发送到除接收端口之外的所有端口，其他两个交换机也是一样，这就导致了广播风暴的产生。同时，由于交换机中PC机的MAC地址与对应端口不断发生变化，也导致了MAC地址表不稳定。那么怎么解决环路问题呢？可以将两条链路中的一条设为主链路，另外一条设为备份链路，当主链路正常工作时，备份链路断开，当主链路出现故障的时候，备份链路自动启用，就可以解决这个问题。为了破除环路，采用数据链路层协议——生成树协议（STP）。

1. 生成树协议（STP）

（1）生成树协议的概念

生成树协议（spanning-tree protocol）由IEEE 802.1d标准定义，作用是提供冗余链路，解决网络环路问题。生成树协议实现了在交换网络中通过SPA（生成树算法）生成一个没有环路的网络，当主要链路出现故障时，能够自动切换到备份链路，保证网络的正常通信。

生成树协议

（2）BPDU

为了计算生成树，交换机之间需要交换相关的信息和参数，这些信息和参数被封装在BPDU（Bridge Protocol Data Unit）中。BPDU中包含了足够的信息来保证设备完成生成树计算，其中包含的重要信息如图3－20所示。

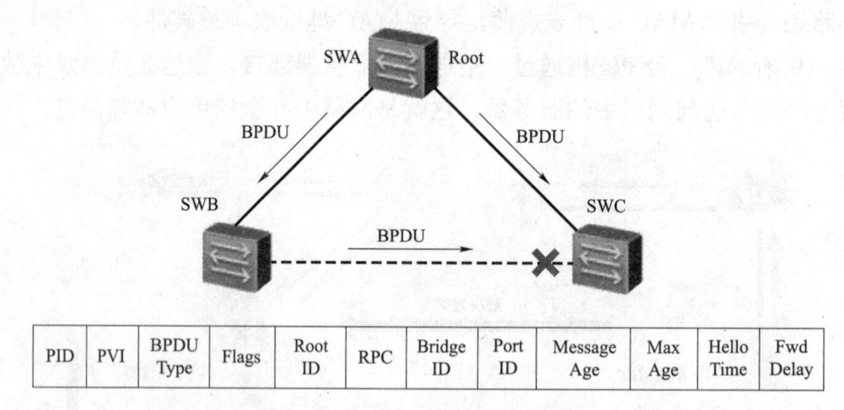

图3－20 BPDU包含的重要信息

◆ PID（Protocol Identifier）：协议标识。

◆ PVI：协议版本。

◆ BPDU Type：BPDU类型。

◆ Flags：标志位。

◆ Root ID：根桥ID，由根桥的优先级和MAC地址组成，每个STP网络中有且仅有一个根。

◆ RPC（Root path cost）：根路径开销，到根桥的最短路径开销。

◆ Bridge ID：指定桥 ID，由指定桥的优先级和 MAC 地址组成。

◆ Port ID：指定端口 ID，由指定端口的优先级和端口号组成。

◆ Message Age：配置 BPDU 在网络中传播的生存期。

◆ Max Age：配置 BPDU 在设备中能够保存的最大生存期，端口保存 BPDU 的最长时间。

◆ Hello Time：配置根桥发送 BPDU 的周期。

◆ Fwd Delay：端口状态迁移的延时，即拓扑改变后，交换机在发送数据包前维持在监听和学习状态的时间。

（3）端口状态

在生成树协议中，定义了五种端口状态，分别是：

◆ Disabled（禁用）：不收发任何报文。

◆ Blocking（阻塞）：不接收或转发数据，接收但不发送 BPDU，不进行地址学习。

◆ Listening（侦听）：不接收或转发数据，接收并发送 BPDU，不进行地址学习。

◆ Learning（学习）：不接收或转发数据，接收并发送 BPDU，开始地址学习。

◆ Forwarding（转发）：接收或转发数据，接收并发送 BPDU，进行地址学习。

生成树协议的端口状态会在这几种状态下转换，如图 3－21 所示，当端口初始化或启用（up）时，由禁用状态转换为阻塞状态；当端口被选为根端口或指定端口时，进入侦听状态；当端口不再是根端口或指定端口时，进入阻塞状态；当转发延时（forward delay）计时器超时时，进入学习或转发状态；当端口禁用或链路失效时，进入禁用状态。

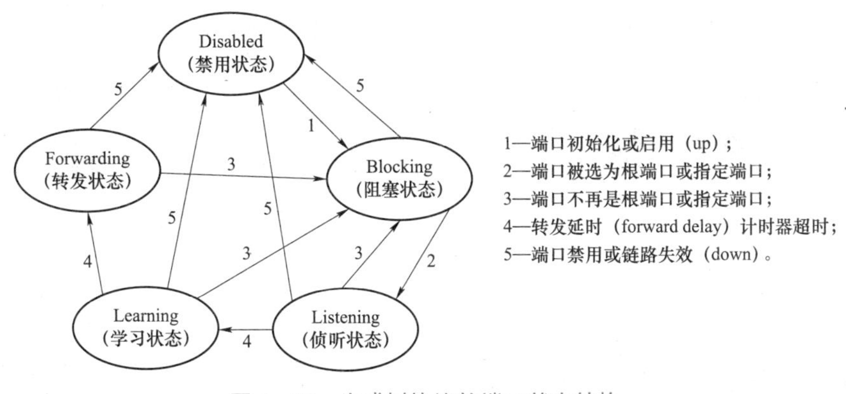

图 3－21　生成树协议的端口状态转换

2. 生成树协议原理

STP 实质就是从逻辑上把其中一个端口阻塞掉，从而把环路破除。那么它是通过什么机制选取那个端口是阻塞状态呢？生成树协议通过 SPA（生成树算法）选取阻塞端口，生成一个没有环路的网络。

STP 算法可以归纳为以下四个步骤：

（1）选择根网桥

每个交换机都有唯一的网桥 ID(BID)，最小 BID 值的交换机为根交换机。因为 BID(8 B)= 桥优先级（2 B）＋桥 MAC（6 B），所以，通过调整优先级让某台交换机作为根交换机。

（2）选择根端口

选择根网桥后，其他的非根网桥选择一个距离根网桥最近的端口为根端口。

选择根端口依据如下：

◆ 交换机中到根网桥总路径成本最低的端口。

◆ 如果到达根网桥的开销相同，再比较上级发送者的桥 ID，选择发送者网桥 ID 最小对应的端口。

◆ 如果发送者网桥 ID 也相同，再比较发送者端口 ID。端口 ID 由端口优先级（8 位）和端口编号（8 位）组成。若端口优先级相同，选择端口号最小的。

（3）确定指定端口

根端口确定好后，将数据帧必须经过的端口确定为指定端口。随后将所有根端口和指定端口设为转发状态。

（4）确定阻塞端口

所有的根端口和指定端口都被设置为转发状态后，剩下的端口就是要阻塞的端口。

其过程如图 3－22 所示。

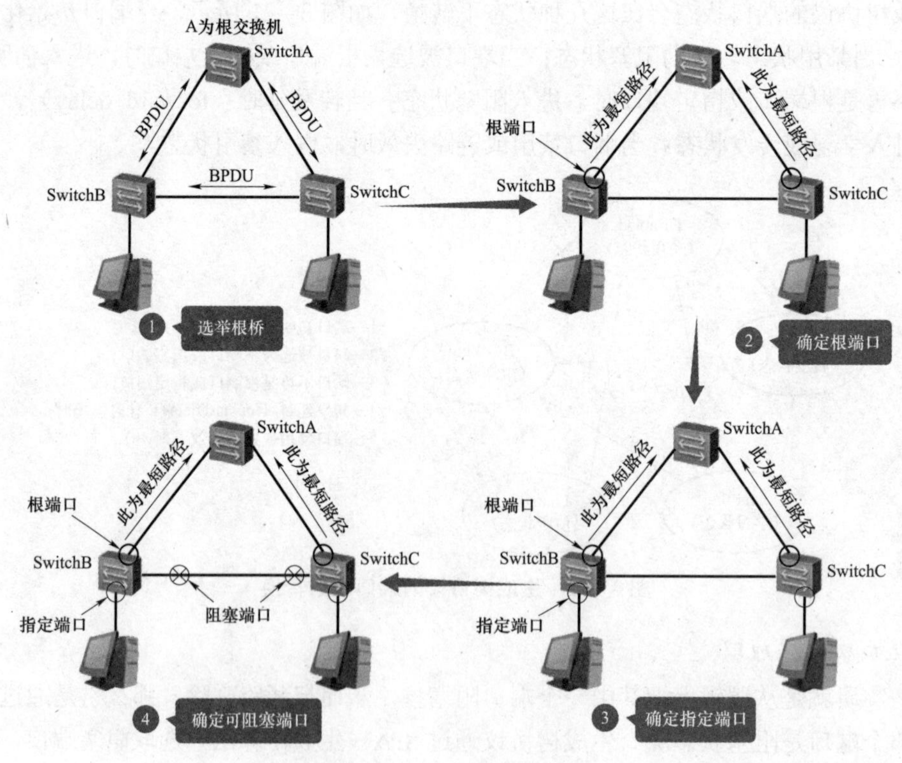

图 3－22　生成树协议

3. 生成树协议的配置

（1）生成树协议模式配置

华为 X7 系列交换机支持三种生成树协议模式：mstp（多生成树）、stp（生成树）、rstp（快速生成树）。

stp mode { mstp | stp | rstp }命令用来配置交换机的生成树协议模式。缺省情况下，华为X7 系列交换机默认工作模式是 MSTP。在使用 STP 前，必须重新配置。命令为

```
[SWA] stp mode stp
```

（2）生成树优先级配置

通过修改交换机的优先级，可以配置交换机为根交换机。基于企业业务对网络的需求，一般建议手动指定网络中配置高、性能好的交换机为根桥。

stp priority priority 命令用来配置设备优先级。priority 值为整数，取值范围为 0～61 440，步长为 4 096。缺省情况下，交换设备的优先级取值是 32 768。另外，可以通过 stp root primary 命令指定生成树里的根桥。

例：

```
[SWA]stp priority 4096//修改 STP 的优先级为 4096
[SWA]stp root primary//指定该交换机为根桥
[SW1]stp root secondary//指定该交换机为备份根桥
```

（3）生成树协议配置验证命令

display stp 命令用来检查当前交换机的 STP 配置。命令输出中，信息介绍如下：

CIST Bridge 参数标识指定交换机当前桥 ID，包含交换机的优先级和 MAC 地址。

Bridge Times 参数标识 Hello 定时器、Forward Delay 定时器、Max Age 定时器的值。

CIST Root/ERPC 参数标识根桥 ID 及此交换机到根桥的根路径开销。

CIST RegRoot/IRPC 参数标识备份根桥 ID 及此交换机到备份根桥的路径开销。

3.3 项目实施

任务 1　单交换机的 VLAN 功能配置

（一）任务要求

① 在 eNSP 中绘制如图 3－23 所示的拓扑图。

② 配置 VLAN 技术，理解基于 port 端口的 VLAN 技术配置原理。

③ 通过 VLAN 隔离交换机端口，实现不同部门网络的安全隔离。

（二）实施步骤

1. 材料准备

① 交换机 S5700（1 台）。

② 配置线缆（1 根）。

③ 网线（若干）。

④ 配置 PC（若干）。

2. 实施过程

（1）组建网络，测试网络连通情况

① 配置办公室设备的 IP 地址。按照表 3－1 规划信息，配置办公室 PC1、PC2、PC3、

PC4 设备的 IP 地址。配置过程为：右击“PC 设置”，选择“IPv4 配置栏”→“静态”，配置 IP 地址。

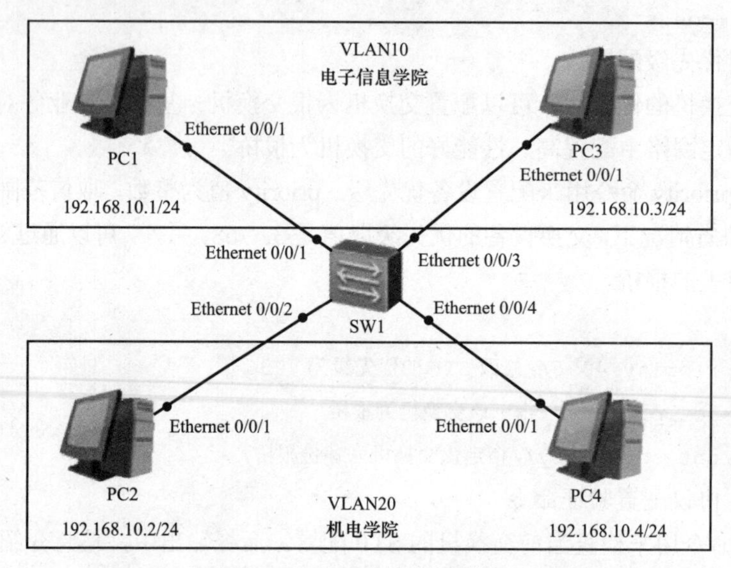

图 3-23　VLAN 划分拓扑图

表 3-1　办公网设备 IP 地址

设备	接口地址	网关	备注
PC1	192.168.10.1/24	—	电子信息学院
PC2	192.168.10.2/24	—	机电学院
PC3	192.168.10.3/24	—	电子信息学院
PC4	192.168.10.4/24	—	机电学院

② 使用 ping 命令测试网络连通性情况。测试的过程为：双击“电子信息学院 PC1”，选择“命令行”，输入如图 3-24 所示的命令。

图 3-24　配置 VLAN 前测试 PC 间的连通性

由于是连接在同一个交换网络中，PC1 能 ping 通设备 PC2、PC3、PC4。

（2）在交换机上按照端口创建 VLAN

```
<Huawei>system-view//进入全局配置模式
[Huawei]sysname SW1
[SW1]vlan 10//创建 VLAN10
[SW1-vlan10]quit
[SW1]vlan 20//创建 VLAN20
[SW1-vlan20]quit
[SW1]display vlan//查看已配置完成的 VLAN 信息
```

查看已配置完成的 VLAN 信息，如图 3-25 所示。

```
[SW1]display vlan
The total number of vlans is : 3
--------------------------------------------------------------------------------
U: Up;          D: Down;          TG: Tagged;          UT: Untagged;
MP: Vlan-mapping;                 ST: Vlan-stacking;
#: ProtocolTransparent-vlan;      *: Management-vlan;
--------------------------------------------------------------------------------

VID  Type    Ports
--------------------------------------------------------------------------------
1    common  UT:Eth0/0/1(U)     Eth0/0/2(U)      Eth0/0/3(U)      Eth0/0/4(U)
                Eth0/0/5(D)     Eth0/0/6(D)      Eth0/0/7(D)      Eth0/0/8(D)
                Eth0/0/9(D)     Eth0/0/10(D)     Eth0/0/11(D)     Eth0/0/12(D)
                Eth0/0/13(D)    Eth0/0/14(D)     Eth0/0/15(D)     Eth0/0/16(D)
                Eth0/0/17(D)    Eth0/0/18(D)     Eth0/0/19(D)     Eth0/0/20(D)
                Eth0/0/21(D)    Eth0/0/22(D)     GE0/0/1(D)       GE0/0/2(D)

10   common
20   common

VID  Status  Property      MAC-LRN Statistics Description
--------------------------------------------------------------------------------

1    enable  default       enable  disable    VLAN 0001
10   enable  default       enable  disable    VLAN 0010
20   enable  default       enable  disable    VLAN 0020
```

图 3-25 查看已配置完成的 VLAN 信息

默认情况下所有接口都属于交换机 VLAN1。

（3）将部门接口分配到不同 VLAN 中

```
[SW1]interface Ethernet0/0/1
[SW1-Ethernet0/0/1]port link-type access  //指定端口类型，为 Access 口
[SW1-Ethernet0/0/1]port default vlan 10   //将 Ethernet0/0/1 端口加入 VLAN10 中
[SW1-Ethernet0/0/1]quit

[SW1]interface Ethernet0/0/2
[SW1-Ethernet0/0/2]port link-type access
[SW1-Ethernet0/0/2]port default vlan 20   //将 GE0/0/2 端口加入 VLAN20 中
[SW1-Ethernet0/0/2]quit

[SW1]interface Ethernet0/0/3
[SW1-Ethernet0/0/3]port link-type access
[SW1-Ethernet0/0/3]port default vlan 10
```

```
[SW1-Ethernet0/0/3]quit
[SW1-Ethernet0/0/3]interface Ethernet0/0/4
[SW1-Ethernet0/0/4]port link-type access
[SW1-Ethernet0/0/4]port default vlan 20
[SW1-Ethernet0/0/4]quit
[SW1]display vlan
```

将接口划分到 VLAN，如图 3-26 所示。

```
[SW1]display vlan
The total number of vlans is : 3
--------------------------------------------------------------------------------
U: Up;         D: Down;         TG: Tagged;         UT: Untagged;
MP: Vlan-mapping;               ST: Vlan-stacking;
#: ProtocolTransparent-vlan;    *: Management-vlan;
--------------------------------------------------------------------------------

VID  Type    Ports
--------------------------------------------------------------------------------
1    common  UT:Eth0/0/5(D)      Eth0/0/6(D)      Eth0/0/7(D)      Eth0/0/8(D)
                Eth0/0/9(D)      Eth0/0/10(D)     Eth0/0/11(D)     Eth0/0/12(D)
                Eth0/0/13(D)     Eth0/0/14(D)     Eth0/0/15(D)     Eth0/0/16(D)
                Eth0/0/17(D)     Eth0/0/18(D)     Eth0/0/19(D)     Eth0/0/20(D)
                Eth0/0/21(D)     Eth0/0/22(D)     GE0/0/1(D)       GE0/0/2(D)

10   common  UT:Eth0/0/1(U)      Eth0/0/3(U)

20   common  UT:Eth0/0/2(U)      Eth0/0/4(U)


VID  Status  Property      MAC-LRN Statistics Description
--------------------------------------------------------------------------------

1    enable  default       enable  disable    VLAN 0001
10   enable  default       enable  disable    VLAN 0010
20   enable  default       enable  disable    VLAN 0020
```

图 3-26　接口划分到 VLAN

（4）测试网络连通情况

双击“PC1”，选择“命令行”，用 ping 命令进行测试。由于 VLAN 技术实现隔离，不能 ping 通 PC2，如图 3-27 所示。

```
PC>ping 192.168.10.2

Ping 192.168.10.2: 32 data bytes, Press Ctrl_C to break
From 192.168.10.1: Destination host unreachable
From 192.168.10.1: Destination host unreachable
From 192.168.10.1: Destination host unreachable
From 192.168.10.1: Destination host unreachable
From 192.168.10.1: Destination host unreachable

--- 192.168.10.2 ping statistics ---
  5 packet(s) transmitted
  0 packet(s) received
  100.00% packet loss

PC>ping 192.168.10.3

Ping 192.168.10.3: 32 data bytes, Press Ctrl_C to break
From 192.168.10.3: bytes=32 seq=1 ttl=128 time=47 ms
From 192.168.10.3: bytes=32 seq=2 ttl=128 time=31 ms
From 192.168.10.3: bytes=32 seq=3 ttl=128 time=31 ms
From 192.168.10.3: bytes=32 seq=4 ttl=128 time=47 ms
From 192.168.10.3: bytes=32 seq=5 ttl=128 time=31 ms

--- 192.168.10.3 ping statistics ---
  5 packet(s) transmitted
  5 packet(s) received
  0.00% packet loss
  round-trip min/avg/max = 31/37/47 ms
```

① 划分VLAN后，PC2不能ping通

② PC3和PC1在同一个网段，可以ping通

图 3-27　测试网络连通性

任务 2　跨交换机的 VLAN 功能配置

（一）任务要求

① 在 eNSP 中绘制如图 3-28 所示的拓扑图。

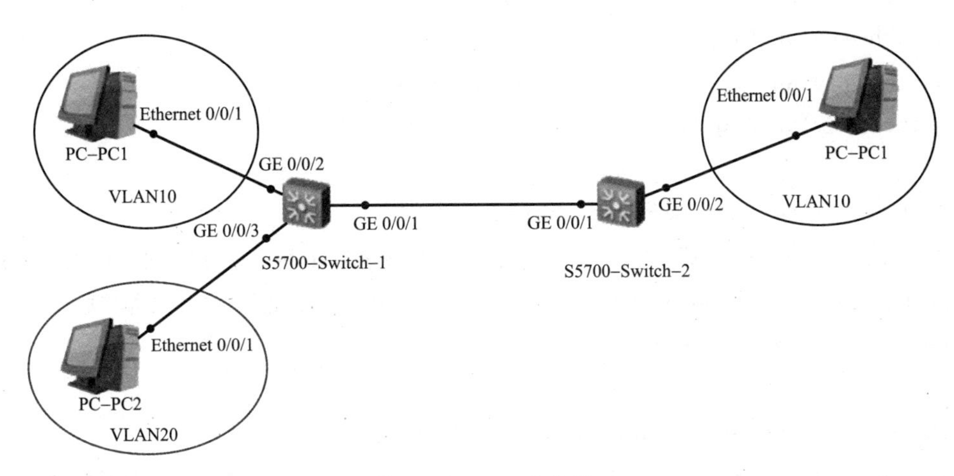

图 3-28　Trunk 链路

② 在交换机上规划基于端口的 VLAN，能实现部门网络的安全隔离。

③ 在交换机之间的互连端口上配置干道（Trunk）技术，通过跨越多台交换机，实现同一部门的 VLAN 内设备通信。

（二）实施步骤

1. 材料准备

① 交换机 S5700（2 台）。

② 配置线缆（1 根）。

③ 网线（若干）。

④ 配置 PC（3 台）。

2. 实施过程

（1）在 eNSP 中按照表 3-2 组建网络，测试网络连通情况

配置办公室设备 IP 地址：按照表 3-2 所示的规划信息，配置办公室 PC1、PC2、PC3 设备的 IP 地址。

表 3-2　办公网络设备 IP 地址

设备	接口地址	网关	备注
PC1	192.168.10.1/24	—	电子信息学院
PC2	192.168.10.2/24	—	机电学院
PC3	192.168.10.3/24	—	电子信息学院

（2）配置交换机 Switch-1 的 VLAN 信息

```
<Huawei>system-view
[Switch1]sysname Switch-1          //修改交换机设备名称

[Switch-1]vlan 10                  //创建 VLAN10
[Switch-1-vlan10]quit
[Switch-1]vlan 20                  //创建 VLAN20
[Switch-1-vlan20]quit

[Switch-1]interface GigabitEthernet 0/0/2
[Switch-1-GigabitEthernet0/0/2]port link-type access//指定端口类型为 Access
[Switch-1-GigabitEthernet0/0/2]port default vlan 10//将 GE0/0/2 端口加入 VLAN10 中
[Switch-1-GigabitEthernet0/0/2]quit

[Switch-1]interface GigabitEthernet 0/0/3
[Switch-1-GigabitEthernet0/0/3]port link-type access//指定端口类型为 Access
[Switch-1-GigabitEthernet0/0/3]port default vlan 20//将 GE0/0/3 端口加入 VLAN20 中
[Switch-1-GigabitEthernet0/0/3]quit

[Switch-1-GigabitEthernet0/0/3]display vlan/*查看交换机 1 的 VLAN 配置信息,显示结果信息此处省略*/
```

（3）配置交换机 Switch-1 的 Trunk 干道链路

```
[Switch-1]interface GigabitEthernet 0/0/1
[Switch-1-GigabitEthernet0/0/1]port link-type trunk//指定端口类型为 Trunk 口
[Switch-1-GigabitEthernet0/0/1]port trunk allow-pass vlan 10//指定端口允许vlan10 通过
```

（4）配置交换机 Switch-2 的 VLAN 信息

```
<Huawei>system-view
[Huawei]sysname Switch-2          //修改交换机设备名称
[Switch-2]
[Switch-2]vlan 10                 //创建 VLAN10
[Switch-2-vlan10]quit

[Switch-2]interface GigabitEthernet 0/0/2
[Switch-2-GigabitEthernet0/0/2]port link-type access//指定端口类型,为 Access 口
[Switch-2-GigabitEthernet0/0/2]port default vlan 10//将 GE0/0/2 端口加入 VLAN10 中
```

（5）配置交换机 Switch－2 的 Trunk 干道链路

```
[Switch-2]interface GigabitEthernet 0/0/1
[Switch-2-GigabitEthernet0/0/1]port link-type trunk//指定端口类型,为 Trunk 口
[Switch-2-GigabitEthernet0/0/1]port trunk allow-pass vlan 10/*指定端口允许VLAN10 通过*/
```

（6）查看交换机 Switch－1 的 VLAN 和 Trunk 的配置

① 查看 Switch－1 的 VLAN 信息。

```
[Switch-1]display vlan
```

命令运行后，会显示如图 3－29 所示的配置信息。

```
[SW1]display vlan
The total number of vlans is : 3
--------------------------------------------------------------------------------
U: Up;         D: Down;         TG: Tagged;         UT: Untagged;
MP: Vlan-mapping;               ST: Vlan-stacking;
#: ProtocolTransparent-vlan;    *: Management-vlan;
--------------------------------------------------------------------------------

VID  Type    Ports
--------------------------------------------------------------------------------
1    common  UT:Eth0/0/5(D)     Eth0/0/6(D)     Eth0/0/7(D)     Eth0/0/8(D)
                Eth0/0/9(D)     Eth0/0/10(D)    Eth0/0/11(D)    Eth0/0/12(D)
                Eth0/0/13(D)    Eth0/0/14(D)    Eth0/0/15(D)    Eth0/0/16(D)
                Eth0/0/17(D)    Eth0/0/18(D)    Eth0/0/19(D)    Eth0/0/20(D)
                Eth0/0/21(D)    Eth0/0/22(D)    GE0/0/1(D)      GE0/0/2(D)

10   common  UT:Eth0/0/1(U)     Eth0/0/3(U)

20   common  UT:Eth0/0/2(U)     Eth0/0/4(U)

VID  Status  Property      MAC-LRN Statistics Description
--------------------------------------------------------------------------------

1    enable  default       enable  disable    VLAN 0001
10   enable  default       enable  disable    VLAN 0010
20   enable  default       enable  disable    VLAN 0020
```

图 3－29　查看 Switch－1 的 VLAN 信息

② 查看 Trunk 的配置信息。

```
[Switch-1]interface GigabitEthernet 0/0/1
[Switch-1-GigabitEthernet0/0/1]display this//显示当前端口下所有配置信息
```

命令运行后，会显示如下配置：

```
#
interface GigabitEthernet0/0/1
port link-type trunk
port trunk allow-pass vlan 10
#
```

（7）验证配置

使用 ping 命令测试网络连通情况：在 PC1 的命令行中通过 ping 命令测试与 PC2 和 PC3 的连通情况。

任务 3　利用三层交换机实现 VLAN 间通信

（一）任务要求

① 在 eNSP 中绘制如图 3-30 所示的拓扑图。

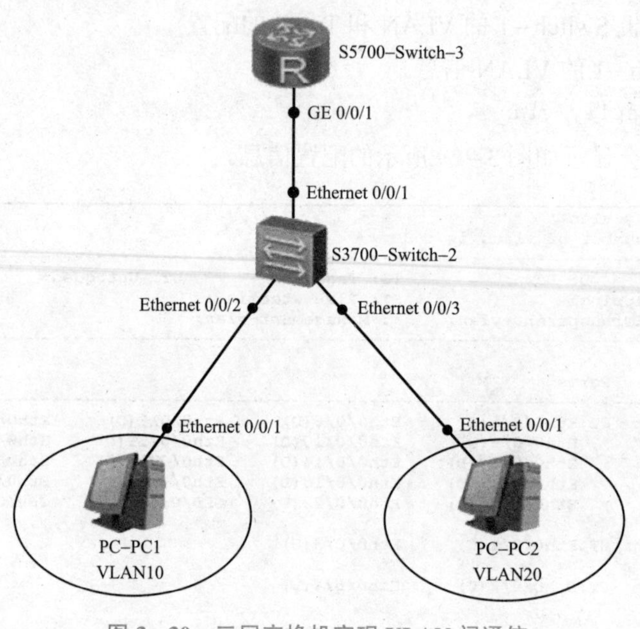

图 3-30　三层交换机实现 VLAN 间通信

② 给三层交换机创建对应的 VLAN，并配置 IP 地址，作为二层交换机上 VLAN 对应的网关。

③ 通过启用三层交换机虚拟端口技术进行 VLAN 间路由，实现不同 VLAN 之间互相通信。

（二）实施步骤

1. 材料准备

① 交换机 S5700（2 台）。

② 配置线缆（1 根）。

③ 网线（若干）。

④ 交换机 S3700（1 台）。

⑤ 测试 PC（2 台）。

2. 实施过程

（1）在 eNSP 中按照表 3-3 组建网络，测试网络连通情况

配置办公室设备 IP 地址：按照表 3-3 所示的规划信息，配置办公室 PC1、PC2 的 IP 地址，并测试 PC1 与 PC2 的连通性。

表 3-3 办公网络设备 IP 地址

设备	接口地址	网关	备注
PC-PC1	192.168.10.2/24	192.168.10.1/24	电子信息学院
PC-PC2	192.168.20.2/24	192.168.20.1/24	机电学院

（2）配置二层交换机 Switch-2 的 VLAN 和干道信息

```
<Huawei>system-view
[Huawei]sysname Switch-2
[Switch-2]
[Switch-2]vlan 10            //创建 VLAN10
[Switch-2-vlan10]quit
[Switch-2]vlan 20            //创建 VLAN20
[Switch-2-vlan20]quit

[Switch-2]interface Ethernet 0/0/2
[Switch-2-Ethernet0/0/2]port link-type access//指定端口类型为 Access
[Switch-2-Ethernet0/0/2]port default vlan 10//将 E0/0/2 端口加入 VLAN10 中

[Switch-2]interface Ethernet 0/0/3
[Switch-2-Ethernet0/0/3]port link-type access//指定端口类型为 Access
[Switch-2-Ethernet0/0/3]port default vlan 20//将 E0/0/3 端口加入 VLAN20 中

[Switch-2]interface Ethernet 0/0/1
[Switch-2-Ethernet0/0/1]port link-type trunk//指定端口类型为 Trunk
[Switch-2-Ethernet0/0/1]port trunk allow-pass vlan 10 20
//指定端口允许 VLAN10 和 VLAN20 通过
```

（3）配置三层交换机 Switch-3 的 VLAN 基本信息

```
<Huawei>system-view
[Huawei]sysname Switch-3
[Switch-3]
[Switch-3]vlan 10
[Switch-3-vlan10]quit
[Switch-3]vlan 20
[Switch-3-vlan20]quit

[Switch-3]interface GigabitEthernet 0/0/1
[Switch-3-port-group-link-type]port link-type trunk//指定端口类型,为 Trunk 口
[Switch-3-port-group-link-type]port trunk allow-pass vlan 10 20
```

```
//指定端口允许VLAN10和VLAN20通过
[Switch-3-port-group-link-type]quit
[Switch-3]display vlan//查看交换机VLAN配置信息
```

（4）在三层交换机 Switch-3 上配置 SVI 端口的虚拟网关

```
[Switch-3]interface Vlanif 10//激活VLAN10的SVI端口配置IP地址
[Switch-3-Vlanif10]ip address 192.168.10.1 255.255.255.0
[Switch-3-Vlanif10]undo shutdown//打开端口
[Switch-3-Vlanif10]quit
[Switch-3]interface Vlanif 20//激活VLAN20的SVI端口配置IP地址
[Switch-3-Vlanif20]ip address 192.168.20.1 255.255.255.0
[Switch-3-Vlanif20]undo shutdown
[Switch-3-Vlanif20]quit
```

（5）查看三层交换机 Switch-3 产生的直连路由（图 3-30）

```
[Switch-3]display ip routing-table//查看三层交换机虚拟端口产生的路由表
```

上述命令运行后，将显示如图 3-31 所示结果。

```
[Switch-3]display  ip routing-table
Route Flags: R - relay, D - download to fib
------------------------------------------------------------------------------
Routing Tables: Public
        Destinations : 6        Routes : 6

Destination/Mask    Proto   Pre  Cost      Flags NextHop         Interface

      127.0.0.0/8   Direct  0    0           D   127.0.0.1       InLoopBack0
      127.0.0.1/32  Direct  0    0           D   127.0.0.1       InLoopBack0
   192.168.10.0/24  Direct  0    0           D   192.168.10.1    Vlanif10
   192.168.10.1/32  Direct  0    0           D   127.0.0.1       Vlanif10
   192.168.20.0/24  Direct  0    0           D   192.168.20.1    Vlanif20
   192.168.20.1/32  Direct  0    0           D   127.0.0.1       Vlanif20
```

图 3-31　查看三层交换机虚拟端口产生的路由

可以看到，VLAN 虚拟端口配置 IP 地址，其网段成为三层交换机直连路由。

（6）验证配置（图 3-32）

使用 ping 命令测试网络连通情况。

```
PC>ping 192.168.10.1

Ping 192.168.10.1: 32 data bytes, Press Ctrl_C to break
From 192.168.10.1: bytes=32 seq=1 ttl=255 time=47 ms
From 192.168.10.1: bytes=32 seq=2 ttl=255 time=47 ms
From 192.168.10.1: bytes=32 seq=3 ttl=255 time=47 ms
From 192.168.10.1: bytes=32 seq=4 ttl=255 time=47 ms
From 192.168.10.1: bytes=32 seq=5 ttl=255 time=46 ms

--- 192.168.10.1 ping statistics ---
  5 packet(s) transmitted
  5 packet(s) received
  0.00% packet loss
  round-trip min/avg/max = 46/46/47 ms
```

图 3-32　测试网络连通性

任务 4　利用单臂路由实现 VLAN 间通信

（一）任务要求

① 在 eNSP 中绘制如图 3－33 所示的拓扑图。

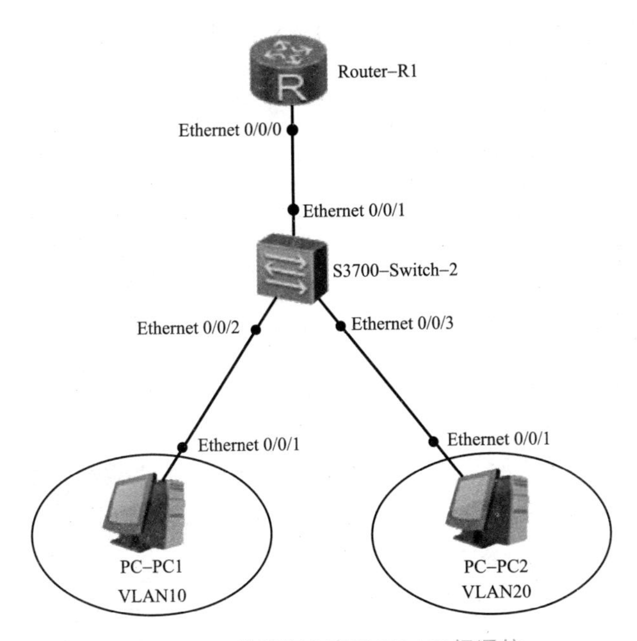

图 3－33　单臂路由实现 VLAN 间通信

② 掌握路由器上单臂路由配置技术，通过在端口上划分子接口技术，学会给子接口封装 Dot1Q（IEEE 802.1Q）协议。

③ 能给相应的 VLAN 设置 IP 地址，实现 VLAN 间路由通信。

（二）实施步骤

1. 材料准备

① 路由器（1 台）。

② 配置线缆（1 根）。

③ 网线（若干）。

④ 交换机 S3700（1 台）。

⑤ 测试 PC（2 台）。

2. 实施过程

（1）在 eNSP 中按照表 3－4 组建网络，测试网络连通情况

配置办公室设备 IP 地址：按照表 3－4 所示的规划信息，配置办公室 PC1、PC2 的 IP 地址，并测试 PC1 与 PC2 的连通性。

表 3-4　办公网络设备 IP 地址

设备	接口地址	所属 VLAN	网关	备注
PC-PC1	192.168.10.2/24	VLAN10	192.168.10.1/24	电子信息学院
PC-PC2	192.168.20.2/24	VLAN20	192.168.20.1/24	机电学院

（2）配置二层交换机 Switch-2 的基本 VLAN 信息

```
<Huawei>system-view
[Huawei]sysname Switch-2
[Switch-2]
[Switch-2]vlan 10//创建 VLAN10
[Switch-2-vlan10]quit
[Switch-2]vlan 20//创建 VLAN20
[Switch-2-vlan20]quit

[Switch-2]interface Ethernet 0/0/2
[Switch-2-Ethernet0/0/2]port link-type access//指定端口类型为 Access 口
[Switch-2-Ethernet0/0/2]port default vlan 10//将 E0/0/2 端口加入 VLAN10 中
[Switch-2]interface Ethernet 0/0/3
[Switch-2-Ethernet0/0/3]port link-type access//指定端口类型为 Access 口
[Switch-2-Ethernet0/0/3]port default vlan 20//将 E0/0/3 端口加入 VLAN20 中
[Switch-2]interface Ethernet0/0/1
[Switch-2-Ethernet0/0/1]port link-type trunk
[Switch-2-Ethernet0/0/1]port trunk allow-pass vlan 10 20/*指定端口允许 VLAN10
和 VLAN20 通过*/
[Switch-2]display vlan
```

（3）配置路由器单臂路由技术

```
<Huawei>system-view
[Huawei]sysname Router

[Router]interface Ethernet 0/0/0.1
[Router-Ethernet0/0/0.1]dot1q termination vid 10/*封装 DOT1Q 协议,该子接口对应
VLAN10*/
[Router-Ethernet0/0/0.1]ip address 192.168.10.1 255.255.255.0
[Router-Ethernet0/0/0.1]arp broadcast enable//开启子接口的 ARP 广播

[Router]interface Ethernet0/0/0.2
[Router-Ethernet0/0/0.2]dot1q termination vid 20/*封装 DOT1Q 协议,该子接口对应
```

```
VLAN20*/
    [Router-Ethernet0/0/0.2]ip address 192.168.20.1 255.255.255.0
    [Router-Ethernet0/0/0.2]arp broadcast enable
```

（4）查看路由器产生的路由表

```
[Router]display ip routing-table//查看路由器路由表
```

上述命令运行后，显示的结果如图3-34所示。

```
[Router]display ip routing-table
Route Flags: R - relay, D - download to fib
------------------------------------------------------------------------------
Routing Tables: Public
         Destinations : 8        Routes : 8

Destination/Mask    Proto   Pre  Cost      Flags NextHop         Interface

      127.0.0.0/8   Direct  0    0           D   127.0.0.1       InLoopBack0
      127.0.0.1/32  Direct  0    0           D   127.0.0.1       InLoopBack0
   192.168.10.0/24  Direct  0    0           D   192.168.10.1    Ethernet0/0/0.1
   192.168.10.1/32  Direct  0    0           D   127.0.0.1       Ethernet0/0/0.1
   192.168.10.2/32  Direct  0    0           D   192.168.10.2    Ethernet0/0/0.1
   192.168.20.0/24  Direct  0    0           D   192.168.20.1    Ethernet0/0/0.2
   192.168.20.1/32  Direct  0    0           D   127.0.0.1       Ethernet0/0/0.2
   192.168.20.2/32  Direct  0    0           D   192.168.20.2    Ethernet0/0/0.2
```

图3-34　查看路由表信息

（5）验证配置

使用ping命令测试网络连通情况：

测试PC1网关接口连通情况，二层PC1通过干道能够和网关连通，如图3-35所示。

```
PC>ping 192.168.10.1

Ping 192.168.10.1: 32 data bytes, Press Ctrl_C to break
From 192.168.10.1: bytes=32 seq=1 ttl=255 time=47 ms
From 192.168.10.1: bytes=32 seq=2 ttl=255 time=46 ms
From 192.168.10.1: bytes=32 seq=3 ttl=255 time=32 ms
From 192.168.10.1: bytes=32 seq=4 ttl=255 time=62 ms
From 192.168.10.1: bytes=32 seq=5 ttl=255 time=63 ms

--- 192.168.10.1 ping statistics ---
  5 packet(s) transmitted
  5 packet(s) received
  0.00% packet loss
  round-trip min/avg/max = 32/50/63 ms
```

图3-35　PC1和网关连通测试

```
    Ping 192.168.20.1/*和PC2网关接口的连通，PC2通过干道并经过三层路由能够和自己的网
关连通*/
```

测试PC2和自己的网关连通情况，如图3-36所示。

```
PC>ping 192.168.20.1

Ping 192.168.20.1: 32 data bytes, Press Ctrl_C to break
From 192.168.20.1: bytes=32 seq=1 ttl=255 time=47 ms
From 192.168.20.1: bytes=32 seq=2 ttl=255 time=47 ms
From 192.168.20.1: bytes=32 seq=3 ttl=255 time=47 ms
From 192.168.20.1: bytes=32 seq=4 ttl=255 time=46 ms
From 192.168.20.1: bytes=32 seq=5 ttl=255 time=79 ms

--- 192.168.20.1 ping statistics ---
  5 packet(s) transmitted
  5 packet(s) received
  0.00% packet loss
  round-trip min/avg/max = 46/53/79 ms
```

图 3-36　PC2 和自己的网关连通测试

```
Ping 192.168.20.2//测试 PC1 连通情况
```

PC1 通过单臂路由实现和 PC2 连通，如图 3-37 所示。

```
PC>ping 192.168.20.2

Ping 192.168.20.2: 32 data bytes, Press Ctrl_C to break
From 192.168.20.2: bytes=32 seq=1 ttl=127 time=79 ms
From 192.168.20.2: bytes=32 seq=2 ttl=127 time=94 ms
From 192.168.20.2: bytes=32 seq=3 ttl=127 time=109 ms
From 192.168.20.2: bytes=32 seq=4 ttl=127 time=94 ms
From 192.168.20.2: bytes=32 seq=5 ttl=127 time=93 ms

--- 192.168.20.2 ping statistics ---
  5 packet(s) transmitted
  5 packet(s) received
  0.00% packet loss
  round-trip min/avg/max = 79/93/109 ms
```

图 3-37　PC1 通过单臂路由实现和 PC2 连通

任务 5　配置交换机链路聚合

（一）任务要求

① 在 eNSP 中绘制如图 3-38 所示的拓扑图。

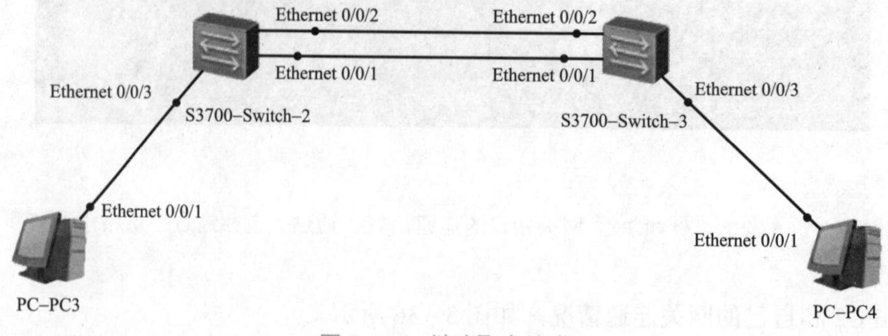

图 3-38　链路聚合技术

② 在冗余链路上配置链路聚合技术，实现核心网络带宽增大的传输目标。

（二）实施步骤

1. 材料准备

① 交换机 S3700（2 台）。

② 网线（若干）。

③ 测试 PC（2 台）。

2. 实施过程

（1）在两台交换机上创建逻辑捆绑接口组 1

```
<Huawei>system-view
[Huawei]sysname Switch-2
[Switch-2]
[Switch-2]interface Eth-Trunk 1
[Switch-2-Eth-Trunk1]quit

<Huawei>system-view
[Huawei]sysname Switch-3
[Switch-3]
[Switch-3]interface Eth-Trunk 1
[Switch-3-Eth-Trunk1]quit
```

（2）将两台交换机的 Ethernet 0/0/1、Ethernet 0/0/2 口加入 Eh-Trunk1 口中

```
[Switch-2]interface Ethernet 0/0/1
[Switch-2-Ethernet0/0/1]eth-trunk 1
[Switch-2]interface Eth0/0/2
[Switch-2-Ethernet0/0/2]eth-trunk 1

[Switch-3]interface Ethernet 0/0/1
[Switch-3-Ethernet0/0/1]eth-trunk 1
[Switch-3]interface Ethernet 0/0/2
[Switch-3-Ethernet0/0/2]eth-trunk 1
```

（3）查看交换机上的聚合端口配置

```
<Switch-2>display eth-trunk
```

上述命令运行后，将显示如图 3－39 所示的结果。

```
[switch-2]display eth-trunk
Eth-Trunk1's state information is:
WorkingMode: NORMAL           Hash arithmetic: According to SIP-XOR-DIP
Least Active-linknumber: 1    Max Bandwidth-affected-linknumber: 8
Operate status: up            Number Of Up Port In Trunk: 2
--------------------------------------------------------------------------------
PortName                          Status        Weight
Ethernet0/0/1                     Up            1
Ethernet0/0/2                     Up            1
```

图 3-39　查看交换机上的聚合端口配置

3.4 思政链接

NCFC 项目

NCFC 即中国国家计算机与网络设施(The National Computing and Networking Facility of China)项目。1989 年 8 月 26 日，经过国家计委组织的世界银行贷款 NCFC 项目论证评标组的论证，中国科学院被确定为该项目的实施单位。同年 11 月组成了 NCFC 联合设计组。

NCFC 是国内第一个示范网络。当时国内没有任何类似网络，没有任何经验可以借鉴，没有地方可以请教，国外的许多设备、技术价格高昂，加之当时巴黎统筹委员会的禁运令和课题经费有限，不可能全部购置外国设备，即便是买来的外国设备，也存在某些技术不公开的问题，并且为了节省经费和考虑到日后维护经验的积累等问题，设备的测试、调试还要由科研人员自行完成。

在当时的历史条件下，NCFC 工程解决了若干技术问题和政策问题，为后来的互连网络环境建设奠定了基础。

在技术问题上，NCFC 工程确定了以 TCP/IP 协议为主的技术路线。当时我国的计算机较为常见的网络协议体系有 TCP/IP、DECnet 和 OSI。要把使用不同网络协议体系的计算机互连，必须在网络通信协议上达成共识，才能实现计算机间的信息互通。中科院计算机网络中心总体组坚持实用、开放的原则，明确了以 TCP/IP 协议为主，以 OSI 为发展方向，兼顾现有的其他协议的技术路线。这一设计思路为 NCFC 网络顺利接入 Internet 做好了水到渠成的技术准备。

NCFC 工程首次使用光纤线路建设计算机主干网络，通过网桥将中国科学院院网(CASnet)、北京大学校园网(PUnet)和清华大学校园网(TUnet)进行联网。综合多样性的技术手段和装备解决网络接入问题，对于校园和城域网络，分别采用光纤和微波手段解决；对于长途网络，采用 X.25、卫星通信等通信手段接入；对于个人用户，采用拨号方式接入，为用户接入工作提出了技术先进、综合、全面的解决方案。

另外，NCFC 工程采用的网桥技术解决了 CASnet、PUnet 和 TUnet 之间的光纤联网问题，但是无法解决网络中广播风暴的影响，路由器的引入和部署变得十分必要和迫切。由于当时巴黎统筹委员会的限制，使我国无法进口路由器，因此中科院计算机网络中心组织了技术人员自行开发路由器，并在 NCFC 主干网和中科院院网中部署应用，为提升网络可靠性发挥出关键作用，从而使NCFC与当时国外先进的网络同样可以高可靠性运行。

在突破政治壁垒方面，当NCFC启动与国际联网时，美国方面出于政治和安全方面的原因，不接纳我国接入Internet。1993年，中科院计算机网络中心钱华林等同志赴美与Sprint公司商谈，落实了与Internet联网方案，并根据公共网络服务要求，制定了NCFC“准用政策”（AUP），在报经国务院邹家华副总理等有关领导同意后，NCFC管委会主任胡启恒同志在参加美国华盛顿举行的中美科技合作联合委员会第六次会议期间，就NCFC与Internet联网问题，与NSF官员进行商谈，美国同意在遵守NSFNET（美国科研与教育骨干网）和NCFC“准用政策”的条件下，实现NCFC与美国NSF主干网连接。随后，在1994年3月开通了国际卫星专线，4月中美两侧路由器开通，同时，在中科院计算机网络中心建立了代表Internet中国顶级域名的.cn服务器、邮件服务器、文件服务器等一系列网络服务器。

随后，中科院计算机网络中心进一步完成了在InterNIC的注册，建立了与国际IneterNIC和APNIC规范的业务联系，并于1994年10月建成了NIC（网络信息中心）和NOC（网络运行中心），对国内外用户服务。自此，中国互联网系统、整体地展现于世界。

（摘自中国科学院计算机网络信息中心《NCFC，中国互联网从这里起步》）

3.5 对接认证

一、单选题

1. 一台交换机有8个端口，一个单播帧从某一端口进入了该交换机，但交换机在MAC地址表中查不到关于该帧的目的MAC地址的表项，那么交换机对该帧进行的转发操作是（　　）。

A. 丢弃　　B. 泛洪　　C. 点对点转发

2. 一台交换机有8个端口，一个单播帧从某一端口进入了该交换机，交换机在MAC地址表中查到了关于该帧的目的MAC地址的表项，那么交换机对该帧进行的转发操作（　　）。

A. 一定是点对点转发　　B. 一定是丢弃

C. 可能是点对点转发，也可能是丢弃　　D. 是泛洪

3. 标准规定，MAC地址表中的倒数计时器的默认初始值是（　　）。

A. 100 s　　B. 5 min　　C. 30 min　　D. 15 min

4. 关于STP，下列描述正确的是（　　）。

A. STP树的收敛过程通常需要几十分钟

B. STP树的收敛过程通常需要几十秒钟

C. STP树的收敛过程通常需要几秒钟

D. STP树的收敛过程通常需要几分钟

5. STP定义了（　　）种端口状态。

A. 2　　B. 3　　C. 4　　D. 5

二、多选题

1. 下列描述中，正确的是（　　）。

A. 计算机的端口在收到一个广播帧后，一定会将帧中的载荷数据送给上层协议去处理

B. 计算机的端口在收到一个广播帧后，会对该帧执行泛洪操作

C. 交换机的某个端口在收到一个广播帧后，一定会将帧中的载荷数据送给上层协议去处理

D. 交换机的某个端口在收到一个广播帧后，会对该帧执行泛洪操作

2. 下列描述中，正确的是（　　）。

A. 计算机中的 MAC 地址表也具有老化机制

B. 从统计的角度看，交换机 MAC 地址表中的地址表项越少，则交换机执行泛洪操作的可能性就越大

C. 从统计的角度看，交换机 MAC 地址表中的地址表项越少，则网络中出现垃圾流量的可能性就越大

D. 从统计的角度看，交换机 MAC 地址表中的地址表项越少，则交换机执行泛洪操作的可能性就越小

3. 下列关于 VLAN 的描述中，错误的是（　　）。

A. VLAN 技术可以将一个规模较大的冲突域隔离成若干个规模较小的冲突域

B. VLAN 技术可以将一个规模较大的二层广播域隔离成若干个规模较小的二层广播域

C. 位于不同 VLAN 中的计算机之间无法进行通信

D. 位于同一 VLAN 中的计算机之间可以进行二层通信

4. 关于 STP，下列描述正确的是（　　）。

A. 根桥上不存在指定端口

B. 根桥上不存在根端口

C. 一个非根桥上可能存在一个根端口和多个指定端口

D. 一个非根桥上可能存在多个根端口和一个指定端口

5. 关于 STP，下列描述正确的是（　　）。

A. Hello Time 的默认时长是 2 s

B. Max Age 定时器的默认时长是 20 s

C. Forward Delay 定时器的默认时长是 15 s

D. MaxHop 定时器的默认时长是 20 s

三、实践操作

学校办公室下属有信息中心和数据中心两个部门。楼宇网络拓扑如图 3-40 所示，具体要求如下：

① 数据中心用户 VLAN 为 10，IP 地址为 192.168.10.0/24，网关在交换机 SW1 上。

② 信息中心用户的 VLAN 为 20，IP 地址为 192.168.20.0/24，网关在交换机 SW2 上。

③ 配置生成树协议防止环路，交换机 SW1 作为生成树的主根，交换机 SW2 作为生成

树的备根。

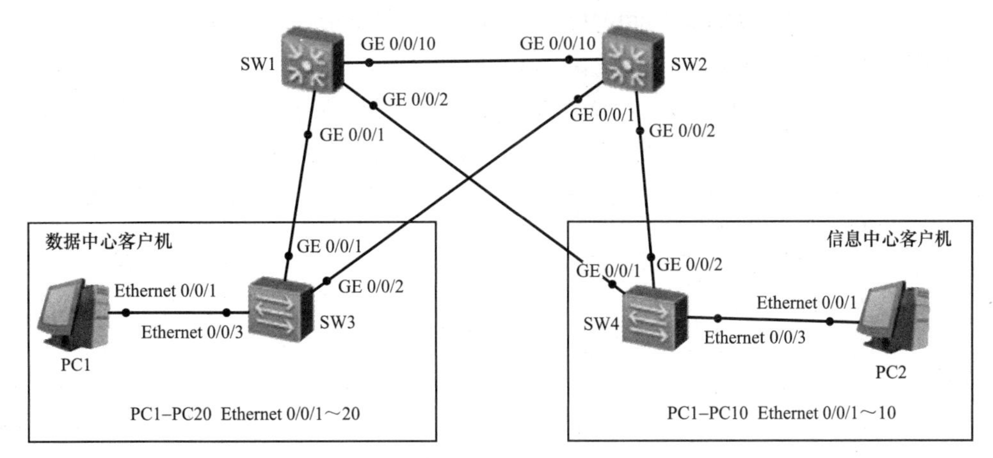

图 3–40　楼宇网络拓扑

根据以上实践拓扑和需求，参考本项目的项目规划表（表 3–5），完成表 3–6、表 3–7 的规划。

表 3–5　VLAN 规划

VLAN-ID	VLAN 命名	网段	用途

表 3–6　端口互连规划

本端设备	本端端口	对端设备	对端端口

表 3–7　IP 地址规划

设备命名	端口	IP 地址	用途

完成实验后，请保存以下设备配置文件：

① 四台交换机使用“display current-configuration”命令将回显内容保存到文本文档，分别命名为SW1.txt、SW2.txt、SW3.txt、SW4.txt。

② 使用“display ip interface brief”命令查看交换机SW1的IP地址配置信息；使用“display port vlan”命令查看换机SW1的VLAN配置信息；使用“display stp brief”命令查看交换机SW3的生成树状态信息；使用网络管理组客户机PC2进行ping测试，测试与信息中心PC的连通性。

项目 4 组建跨地区企业网络，实现信息统一管理

4.1 项目介绍

4.1.1 项目概述

互联网是由许多小型网络相互连接构成的，每个网络内部都有很多主机，无数独立的小型网络互相连接，便构成一个个有层次的网络结构。其中，每一个小型网络都是一个子网，安装在同一个子网内的主机依靠数据链路层 MAC 地址寻找目的主机。但如果目的主机位于不同的子网中，应该如何通信？这就需要借助 TCP/IP 协议栈中 IP 网际协议来解决子网之间路由和寻址问题，网络中的不同子网之间，主机通信借助子网通过 IP 协议实现通信。

4.1.2 项目背景

大学生小志所在实习单位在校外建立了一个实训基地，网络中心接到任务，要求将校外实训基地与校园网建立连接，实现统一的网络登录和管理。要完成这个任务，企业导师要求小志学习网络互连的基础知识及相关技术和协议。

4.1.3 学习目标

【知识目标】

掌握路由的原理及路由表的来源。

熟悉网络协议的分类。

理解静态路由协议的原理及配置方法。

理解动态路由协议 RIP 的原理及配置方法。

理解动态路由协议 OSPF 的原理及配置方法。

【能力目标】

学会静态路由、默认路由的配置。

学会 RIP 路由协议的配置并掌握不同版本的差异。

学会单区域 OSPF 路由协议的简单配置。

【素养目标】

在团队合作中能适时地做出让步和妥协，具备大局意识和全局意识。

能充分发挥个人能动性，积极解决问题；能与团队合作学习，平等协商，具备合作意识。

形成资源共享意识，建立合作共赢的理念。

4.1.4 核心技术

静态路由、默认路由、距离矢量路由协议 RIP、链路状态路由协议 OSPF。

4.2 相关知识

4.2.1 路由基础原理

网络互连是指将不同的网络连接起来，以构成更大规模的网络系统，实现网络间的数据通信、资源共享和协同工作。网络互连的目的是使一个网络上的用户能访问其他网络上的资源，使不同网络上的用户互相通信和交换信息。

路由原理

在网络技术中，实现网络互连的核心技术就是路由技术，它用来互连网络，实现不同网络之间的相互通信。

1. 路由和路由器的概念

（1）路由

路由是指跨越从源主机到目标主机的一个互连网络来转发数据包的过程。通过网络层的路由功能可以找到到达目的网络的最优路径，最终实现报文在不同网络间的转发。如图 4－1 所示，位于局域网 0.10.10.0 中的主机 A 如果要与 20.20.20.0 网段的主机 D 进行通信，必须跨越互联网才能实现。在 TCP/IP 参考模型中，网络层的路由承担着不同网络间的通信任务。

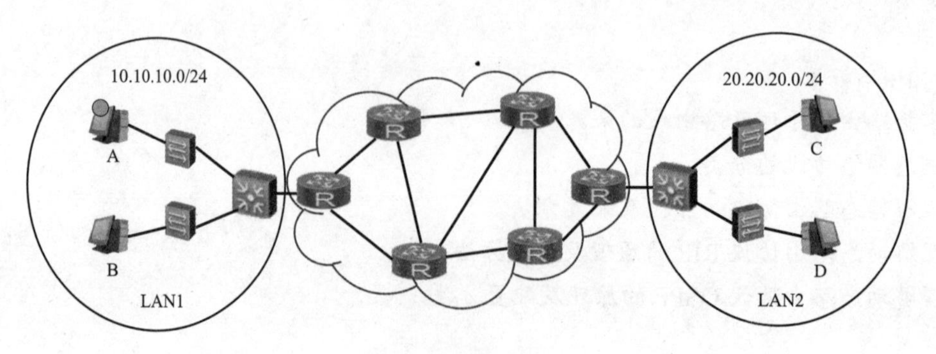

图 4－1 路由过程

（2）路由器

在网络层承担起路由功能的设备就是路由器，它能够将数据包跨越不同网络转发到正确的目的地，并在转发过程中选择最佳路径。

路由器的关键功能包括：

- ◆ 检查数据包的目的地。
- ◆ 确定信息源。
- ◆ 发现可能的路由。
- ◆ 选择最佳路由。
- ◆ 验证和维护路由信息。

路由器收到数据包后，会根据数据包中的目的 IP 地址选择一条最优的路径，并将数据包转发到下一个路由器，路径上最后的路由器负责将数据包送交目的主机。数据包在网络上的传输就好像是体育运动中的接力赛一样，每一个路由器负责将数据包按照最优的路径向下一跳路由器进行转发，通过多个路由器一站一站地接力，最终将数据包通过最优路径转发到目的地。

路由器能够决定数据报文的转发路径。如果有多条路径可以到达目的地，则路由器会通过计算来决定最佳下一跳。计算的原则会随实际使用的路由协议不同而不同。

2. 路由器的工作原理

（1）路由表

路由器转发数据包的关键是路由表。每个路由器中都保存着一张路由表，表中每条路由项都指明了数据包要到达某网络或某主机应通过路由器的哪个物理接口发送，以及可到达该路径的哪个路由器，或者不再经过别的路由器而直接可以到达目的地。

路由表中包含可到达的目的网络地址路由条目，如果路由表中不存在目的网络地址路由条目，则数据包会被丢弃掉。

图 4-2 所示为某路由器的路由表。其中包含了目的地址/掩码、路由来源、优先级、度量值、下一跳 IP 地址、输出接口几个关键项。

其中，目的地址/掩码用来标识 IP 包的目的地址或目的网络；下一跳 IP 地址用来指明 IP 包所经由的下一个路由器的接口地址；输出接口指明 IP 包将从该路由器的哪个接口转发出去。

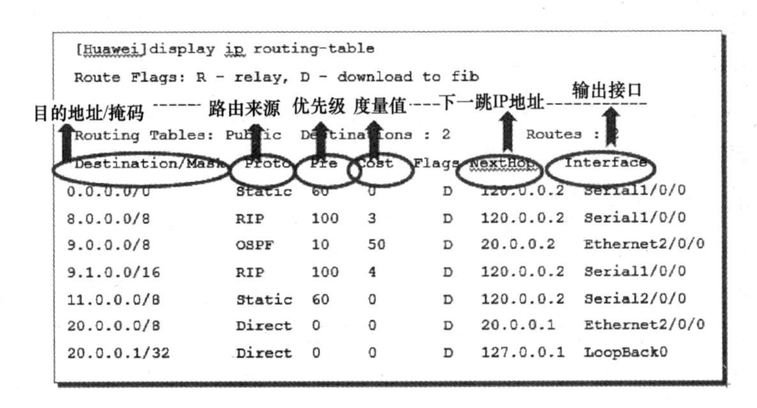

```
[Huawei]display ip routing-table
Route Flags: R - relay, D - download to fib

Routing Tables: Public
         Destinations : 2        Routes : 2

Destination/Mask   Proto   Pre  Cost  Flags NextHop     Interface
0.0.0.0/0          Static  60   0     D     120.0.0.2   Serial1/0/0
8.0.0.0/8          RIP     100  3     D     120.0.0.2   Serial1/0/0
9.0.0.0/8          OSPF    10   50    D     20.0.0.2    Ethernet2/0/0
9.1.0.0/16         RIP     100  4     D     120.0.0.2   Serial1/0/0
11.0.0.0/8         Static  60   0     D     120.0.0.2   Serial2/0/0
20.0.0.0/8         Direct  0    0     D     20.0.0.1    Ethernet2/0/0
20.0.0.1/32        Direct  0    0     D     127.0.0.1   LoopBack0
```


图 4-2　路由表

（2）路由表信息来源

根据来源的不同，路由表中的路由通常可分为以下三类：

◆ 链路层协议发现的路由，也称为接口路由或直连路由。

◆ 由网络管理员手工配置的静态路由。

◆ 动态路由协议发现的路由。

（3）路由的优先级

路由器可以通过多种不同协议学习到去往同一目的网络的路由，当这些路由都符合最长匹配原则时，必须决定哪个路由优先。每个路由协议都有一个协议优先级（取值越小，优先级越高），见表 4–1。当有多个路由信息时，选择最高优先级的路由作为最佳路由。

表 4–1 路由协议优先级

路由类型	Direct	OSPF	Static	RIP
路由协议优先级	0	10	60	100

如图 4–3 所示，路由器通过两种路由协议学习到了网段 10.1.1.0 的路由。虽然 RIP 协议提供了一条看起来更近的路线，但是由于 OSPF 具有更高的优先级，因而成为优选路由，并被加入路由表中。

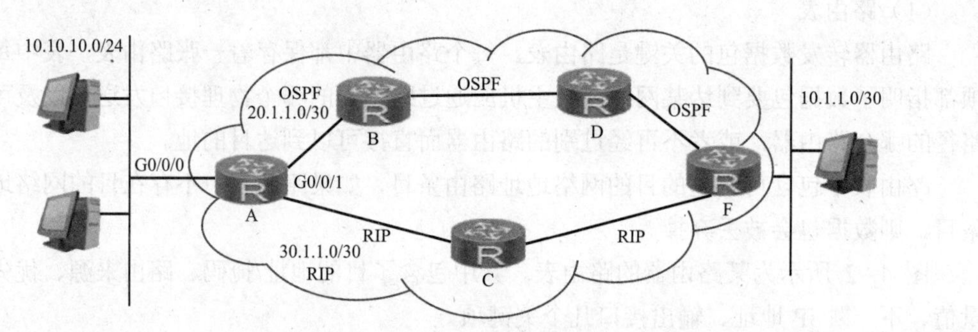

图 4–3 路由通过优先级选路

（4）路由的度量值

如果路由器无法用优先级来判断最优路由，则使用度量值（Metric）来决定需要加入路由表的路由。常用的一些度量值有跳数、带宽、时延、代价、负载、可靠性等。其中，跳数是指到达目的地所通过的路由器数目；带宽是指链路的容量，高速链路开销（度量值）较小。

度量值越小，路由越优先，因此，在图 4–4 中，Metric=1+1=2 的路由是到达目的地的最优路由，其表项可以在路由表中找到。

（5）路由的最长匹配原则

路由器在转发数据时，需要选择路由表中的最优路由。当数据报文到达路由器时，路由器首先提取出报文的目的 IP 地址，然后查找路由表，将报文的目的 IP 地址与路由表中某表项的掩码字段做“与”操作，“与”操作后的结果跟路由表该表项的目的 IP 地址比较，相同则匹配上，否则就没有匹配上。当与所有的路由表项都进行匹配后，路由器会选择一个掩码最长的匹配项，这就是路由的最长匹配原则。

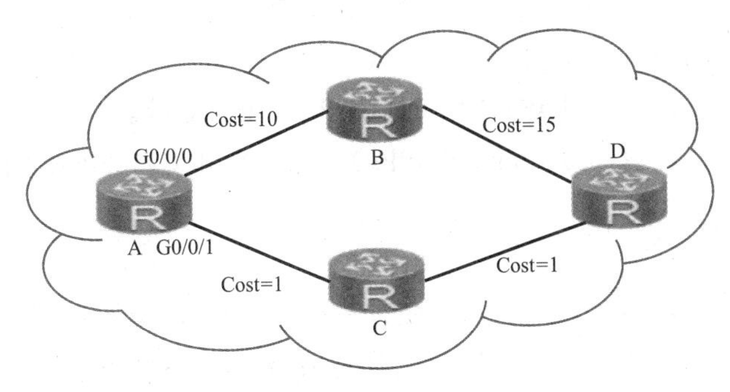

图 4－4　通过度量值进行选路

如图 4－5 所示，路由表中有两个表项可以到达目的网段 192.168.2.0，如果要将报文转发至网段 20.20.20.0，则 192.168.2.0/24 符合最长匹配原则。

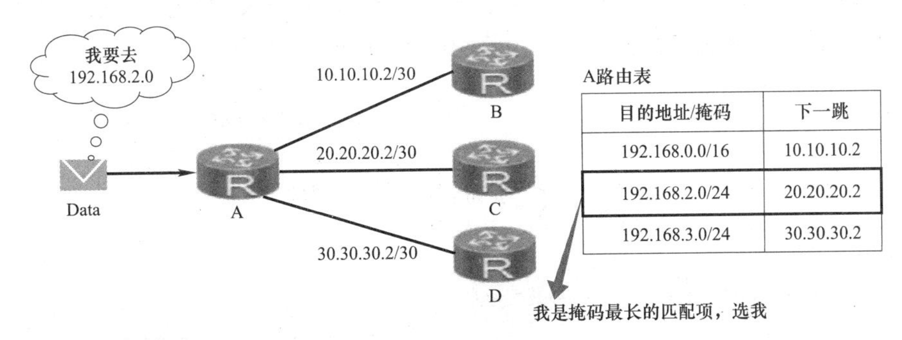

图 4－5　路由最长匹配原则

3. 路由的分类

路由设备之间要相互通信，需通过路由协议来相互学习，以构建一个到达其他设备的路由信息表，然后才能根据路由表实现 IP 数据包的转发。

路由协议的常见分类有：

① 根据不同路由算法分类，可分为以下两种。

◆ 距离矢量路由协议：通过判断数据包从源主机到目的主机所经过的路由器的个数来决定选择哪条路由，如 RIP 等。

◆ 链路状态路由协议：不是根据路由器的数目选择路径，而是综合考虑从源主机到目的主机间的各种情况（如带宽、延迟、可靠性、承载能力和最大传输单元等），最终选择一条最优路径，如 OSPF、IS-IS 等。

② 根据不同的工作范围，可以分为以下两种。

◆ 内部网关协议（IGP）：在一个自治系统内进行路由信息交换的路由协议，如 RIP、OSPF、ISIS 等。

◆ 外部网关协议（EGP）：在不同自治系统间进行路由信息交换的路由协议，如 BGP。

③ 根据手动配置或自动学习两种不同的方式建立路由表，可以分为以下两种。

◆ 静态路由协议：由网络管理人员手动配置路由器的路由信息。

◆ 动态路由协议：路由器自动学习路由信息，动态建立路由表。

④ 根据 IP 协议的版本，路由协议可分成：

◆ IPv4 路由协议：包括 RIP、OSPF、BGP 和 IS-IS 等。

◆ IPv6 路由协议：包括 RIPng、OSPFv3、BGP4+和支持 IPv6 的 IS-IS 等。

4.2.2 静态路由

静态路由

在路由的原理中已经提到，路由的来源有三种：直连路由、静态路由、动态路由。直连路由是路由器从自己的接口配置的 IP 地址获得的与自己直连的网段的路由信息，当在路由器上配置了接口的 IP 地址，并且接口状态为 up 时，路由表中就出现直连路由项。如图 4－6 所示，R1 的 G0/0/0 接口配置了 192.168.10.1/24，当该接口处于 up 状态时，R1 的路由表就会出现该 IP 地址所在的网段 192.168.10.0/24，G0/0/1 接口也是一样，但是没有与 R1 直连的 20.20.20.0/8 不会直接写入路由表，需要静态路由或动态路由将网段添加到路由表中。

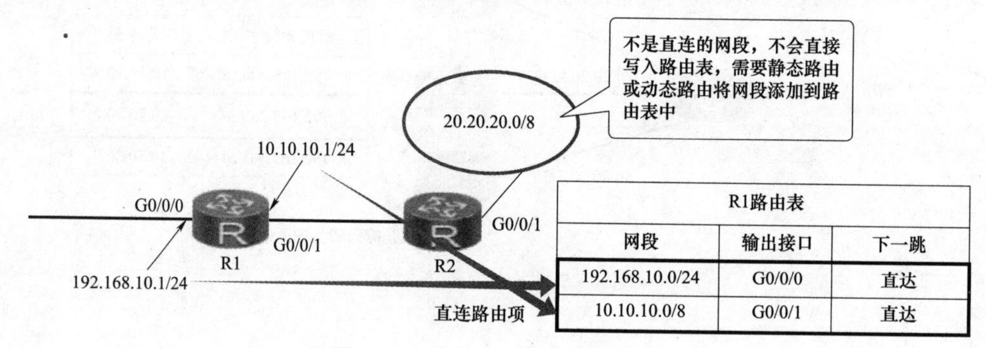

图 4－6　路由表中的直连路由项

1. 普通静态路由

（1）静态路由的概念

静态路由是怎么把路由器没有直连的网段写入路由表中的呢？它是由管理员手动配置的，管理员会通过配置命令，告诉路由器如果要去某个网段应该如何走。如图 4－7 所示，20.20.20.0/8 不是 R1 的直连网段，管理员手动告诉它，必须将数据包从它自己的 G0/0/1 接口发出，转发到 R2 的 10.10.10.2/8 所在的接口，也就是路由表中的下一跳，才能去往 20.20.20.0/8 网段。

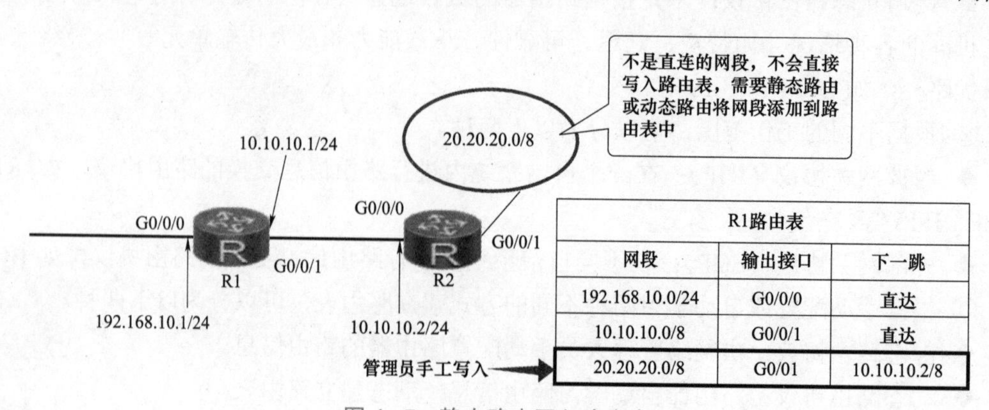

图 4－7　静态路由写入路由表

静态路由的配置

（2）静态路由的配置

管理员需要写什么样的命令才能告诉路由器怎么去它没有直连的网段呢？

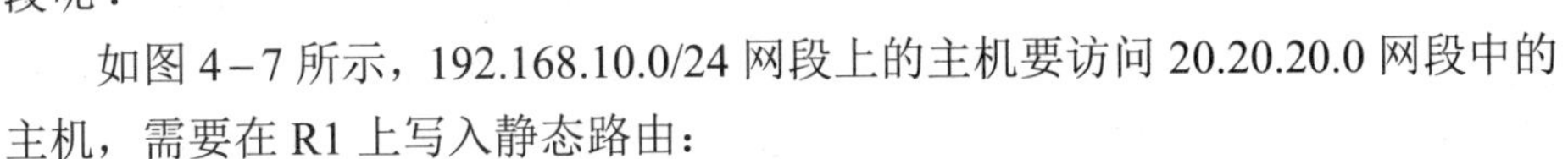

如图 4－7 所示，192.168.10.0/24 网段上的主机要访问 20.20.20.0 网段中的主机，需要在 R1 上写入静态路由：

```
[R1]ip route-static 20.20.20.0 255.0.0.0 10.10.10.2
```

其中，20.20.20.0 是目标网络；255.0.0.0 是目标网络的掩码；10.10.10.2 是下一跳地址。在华为命令体系中，也可以把下一跳换成 R1 路由器自己的输出接口，其中掩码也可以简写。

例：

```
[R1]ip route-static 20.20.20.0 255.0.0.0 Serial 1/0/0
[R1]ip route-static 20.20.20.0 8 Serial 1/0/0
```

需要注意的是，静态路由可以应用在串行网络或以太网中，但在这两种网络中配置成下一跳和配置成输出接口是不一样的。

在串行网络中配置静态路由时，可以只指定下一跳地址或只指定输出接口。因为在华为 ARG3 系列路由器中，串行接口默认封装 PPP 协议，对于这种类型的接口，静态路由的下一跳地址就是与接口相连的对端接口的地址，所以，在串行网络中配置静态路由时，可以只配置输出接口。但是在以太网中，由于以太网是广播类型网络，所以在配置静态路由时，必须指定下一跳地址。

（3）静态路由的应用

静态路由是由管理员手动配置和维护的路由，配置简单，并且无须像动态路由那样占用路由器的 CPU 资源来计算和分析路由更新，这是其优点。

静态路由的缺点在于，当网络拓扑发生变化时，静态路由不会自动适应拓扑改变，而是需要管理员手动进行调整。

静态路由一般适用于结构简单的网络。在复杂网络环境中，一般会使用动态路由协议来生成动态路由。不过，即使是在复杂网络环境中，合理地配置一些静态路由，也可以改进网络的性能。

（4）静态路由的负载分担

当源网络和目的网络之间存在多条链路时，可以通过等价路由来实现流量负载分担。这些等价路由具有相同的目的网络和掩码、优先级和度量值。如图 4－8 所示，RT1 和 RT2 之间有两条链路相连，通过使用等价的静态路由来实现流量负载分担。两台路由器具有相同的目的 IP 地址和子网掩码、优先级（都为 60）、路由开销（都为 0），但下一跳不同。在 RT2 需要转发数据给 RT1 时，就会使用这两条等价静态路由将数据进行负载分担。在 RT1 上也应该配置对应的两条等价的静态路由。

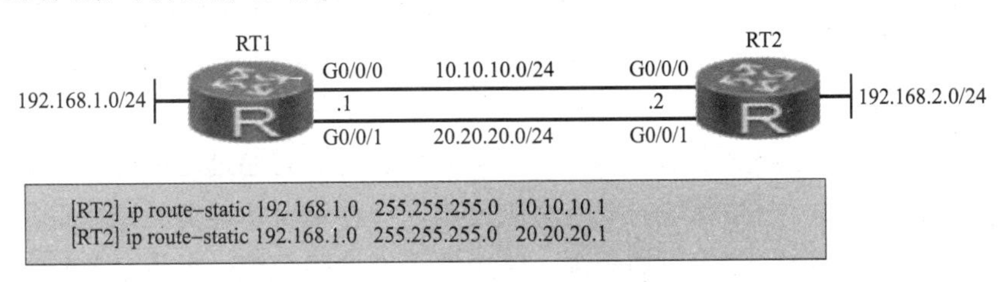

图 4－8　静态路由的负载分担

（5）静态路由的路由备份

在配置多条静态路由时，可以修改静态路由的优先级，使一条静态路由的优先级高于其他静态路由，从而实现静态路由的备份，也叫浮动静态路由。如图 4－9 所示，RT2 上配置了两条静态路由。正常情况下，这两条静态路由是等价的。通过配置 preference 100，使第二条静态路由的优先级低于第一条（值越大，优先级越低）。路由器只把优先级最高的静态路由加入路由表中。当加入路由表中的静态路由出现故障时，优先级低的静态路由才会加入路由表并承担数据转发业务。

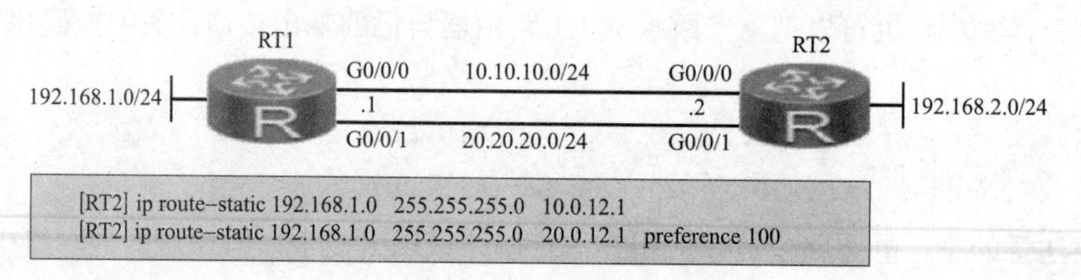

图 4－9 静态路由的路由备份

2. 默认路由

（1）默认路由的概念

默认路由也称作缺省路由，是目的地址和掩码都为全 0 的特殊静态路由。当路由表中没有与报文的目的地址匹配的表项时，设备可以选择默认路由作为报文的转发路径。在路由表中，默认路由的目的网络地址为 0.0.0.0，掩码也为 0.0.0.0。如图 4－10 所示，RT1 使用默认路由转发到达未知目的地址的报文。

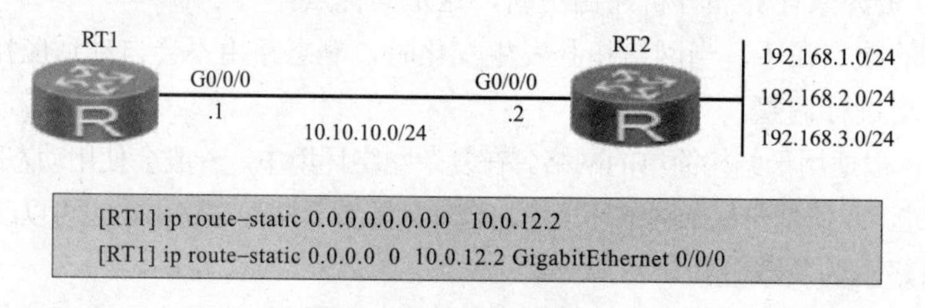

图 4－10 默认静态路由

默认静态路由的默认优先级也是 60。在路由选择过程中，默认路由会被最后匹配。

（2）默认路由的配置

例：

```
[RT1]ip route-static 0.0.0.0 0.0.0.0 10.10.10.2
[RT1]ip route-static 0.0.0.0 0 10.10.10.2 GigabitEthernet 0/0/0
```

4.2.3 动态路由协议

路由协议是路由器之间交互信息的一种语言。路由器之间通过路由协议共享网络状态和网络可达性的一些信息。相互通信的双方必须使用同一种语言才能交互路由信息。路由协议定义了一套路由器之间通信时使用的规则。路由协议维护路由表，提供最佳转发路径。前面已经了解过直连路由和静态路由，事实上，网络设备还可以通过运行动态路由协议来获取路由信息。

1. 动态路由协议介绍

(1) 动态路由协议的概念

网络设备通过运行路由协议而获取到的路由称为动态路由。由于设备运行了路由协议，所以设备的路由表中的动态路由信息能够实时地反映出网络结构的变化。

动态路由协议在路由器之间传送路由信息，允许路由器与其他路由器相互学习、更新和维护路由表信息。如图 4-11 所示，网络中的路由器会相互告知自己的直连网段，并学习对端路由器的直连路由。

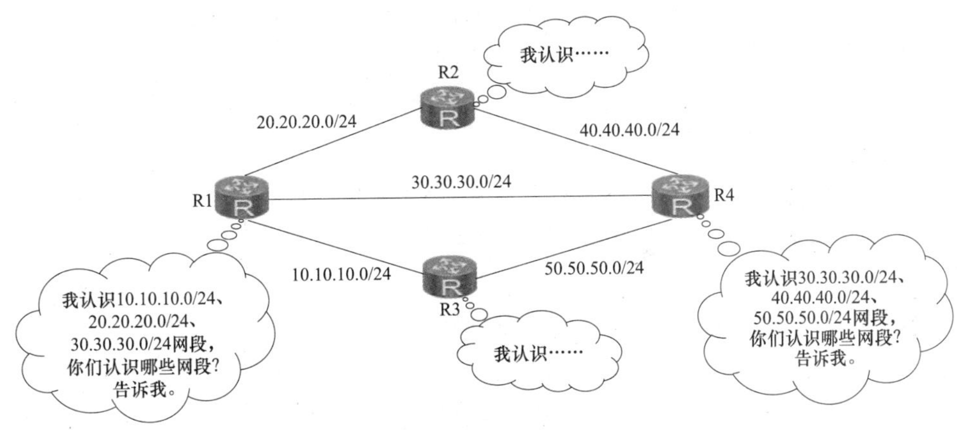

图 4-11　动态路由学习对端路由的直连路由

(2) 动态路由协议分类

动态路由协议分类和路由的分类基本一致，按照管理范围，分为内部网关路由协议和外部网关路由协议；按照路由算法，路由协议可分为距离矢量路由协议和链路状态路由协议，前面已经介绍，这里不再复述。

2. 动态路由协议 RIP

(1) RIP 的概念

RIP（Routing Information Protocol，路由信息协议）是应用较早、较为简单的内部网关路由协议（Interior Gateway Protocol，IGP），配置简单，易于实现和维护，主要用于中小型网络。

动态路由协议——RIP

RIP 共有两个版本。版本 1 属于有类路由协议，路由更新包在通告路由时不带子网掩码，无法支持 VLSM 和 CIDR，基本不再使用。

现在用的主要是版本 2。RIP 版本 2 是无类路由协议，路由更新包通告路由时，带子网掩码，支持 VLSM。

版本 1、版本 2 支持 IPv4，而工作原理基本相同的 RIPng 支持 IPv6，RIPng 也叫下一代 RIP。表 4-2 为 RIPv1 与 RIPv2 的区别。

表 4-2　RIPv1 与 RIPv2 区别

RIPv1	RIPv2
有类路由协议，不支持 VLSM（可变长子网掩码）和 CIDR（无类别域间路由）	支持 VLSM（可变长子网掩码），支持路由聚合与 CIDR（无类别域间路由）
以广播的形式发送更新报文（255.255.255.255）	以广播或组播的形式发送更新报文（224.0.0.9）
不支持认证	支持明文和 MD5 的认证

（2）RIP 路由协议原理

路由器启动时，路由表中只会包含直连路由。运行 RIP 之后，路由器会发送 Request 报文，用来请求邻居路由器的 RIP 路由。运行 RIP 的邻居路由器收到该 Request 报文后，会根据自己的路由表生成 Response 报文进行回复。路由器在收到 Response 报文后，会将相应的路由添加到自己的路由表中。

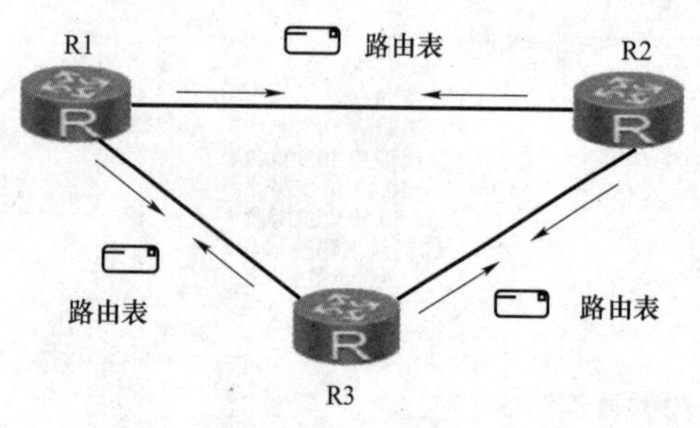

图 4-12　路由器通告自己的路由表信息

RIP 网络稳定以后，每个路由器会周期性地向邻居路由器通告自己的整张路由表中的路由信息，默认周期为 30 s。邻居路由器根据收到的路由信息刷新自己的路由表，如图 4-12 所示。

收到路由条目后，接收方会检查该条目在路由表中是否存在，是否优于原有的路由，是否与原条目来自同一个源地址，决定是更新还是忽略该条目。图 4-13 所示为 RIP 协议中路由表的更新机制。

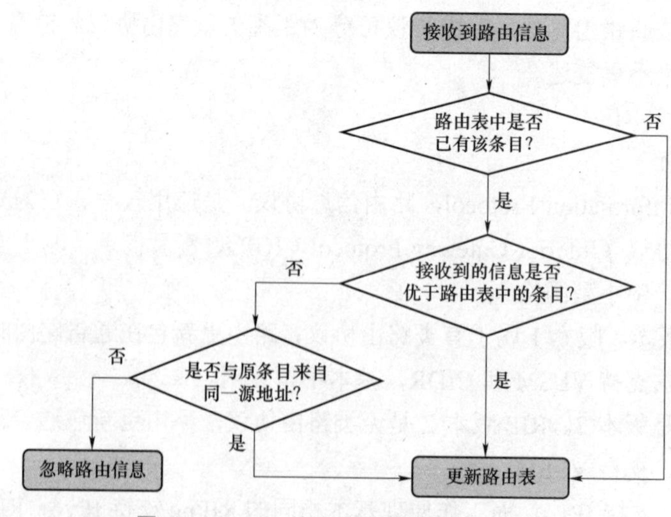

图 4-13　RIP 协议中路由表的更新机制

（3）RIP 的度量值

RIP 使用跳数作为度量值来衡量到达目的网络的距离。在 RIP 中，路由器到与它直接相连网络的跳数为 0，每经过一个路由器后，跳数加 1。为限制收敛时间，RIP 规定，跳数的取值范围为 0～15 之间的整数，大于 15 的跳数被定义为无穷大，即目的网络或主机不可达。

路由器从某一邻居路由器收到路由更新报文时，将根据以下原则更新本路由器的 RIP 路由表：

◆ 对于本路由表中已有的路由项，当该路由项的下一跳是该邻居路由器时，不论度量值是增大还是减小，都更新该路由项；当其度量值相同时，只将其老化定时器清零。路由表中的每一个路由项都对应了一个老化定时器，当路由项在 180 s 内没有任何更新时，定时器超时，该路由项的度量值变为不可达。

◆ 当该路由项的下一跳不是该邻居路由器时，如果度量值减小，则更新该路由项。

◆ 对于本路由表中不存在的路由项，如果度量值小于 16，则在路由表中增加该路由项。

某路由项的度量值变为不可达后，该路由会在 Response 报文中发布四次（120 s），然后从路由表中清除。

（4）RIPv2 计时器

RIPv2 依赖三个计时器来维护路由表，如图 4－14 所示。

◆ 更新时间 30 s：RIP 会每隔 30 s 定期向邻居通告所有 RIP 已知的路由。

◆ 失效时间 180 s：一个路由条目进入路由表后，就会启动失效计时器，如果 180 s 没有再次收到该条目，则宣布该条目失效，但并不清除。

◆ 清除时间 120 s：失效后，只有再经过 120 s 还没有收到，该条目才会清除。

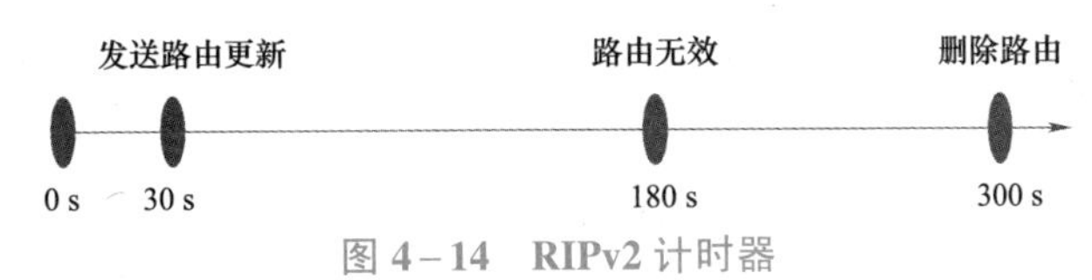

图 4－14　RIPv2 计时器

RIPv2 还使用了触发更新机制来加快收敛，当一个路由条目发生变化时，感知变化的路由器会立刻产生触发更新，只通告该条目。

（5）RIP 协议报文格式

RIP 协议通过 UDP 交换路由信息，端口号为 520。RIPv1 以广播形式发送路由信息，目的 IP 地址为广播地址 255.255.255.255。RIPv1 报文格式如图 4－15 所示。

<table>
<tr><td>Command</td><td>Version</td><td>Must be Zero</td></tr>
<tr><td colspan="2">Address Family Identifier</td><td>Must be Zero</td></tr>
<tr><td colspan="3">IP Address</td></tr>
<tr><td colspan="3">Must be Zero</td></tr>
<tr><td colspan="3">Must be Zero</td></tr>
<tr><td colspan="3">Metric</td></tr>
</table>

图 4－15　RIPv1 报文格式

其报文格式中每个字段的值和作用为：

◆ Command：表示该报文是一个请求报文还是响应报文。只能取 1 或者 2，1 表示该报文是请求报文，2 表示该报文是响应报文。

◆ Version：表示 RIP 的版本信息。对于 RIPv1，该字段的值为 1。

◆ Address Family Identifier：表示地址标识信息，对于 IP 协议，其值为 2。

◆ IP Address：表示该路由条目的目的 IP 地址。这一项可以是网络地址、主机地址。

◆ Metric：标识该路由条目的度量值。取值范围为 1～16。

RIPv2 在 RIPv1 的基础上进行了扩展，但 RIPv2 的报文格式仍然与 RIPv1 的类似。其中不同的字段如图 4－16 所示。

Command	Version	Unused
Address Family Identifier		Route Tag
IP Address		
Subnet Mask		
Next Hop		
Metric		

图 4－16 RIPv2 报文格式

◆ Address Family Identifier：地址簇标识，除了表示支持的协议类型外，还可以用来描述认证信息。

◆ Route Tag：用于标记外部路由。

◆ Subnet Mask：指定 IP 地址的子网掩码，定义 IP 地址的网络或子网部分。

◆ Next Hop：指定通往目的地址的下一跳 IP 地址。

（6）RIP 中的防环

在 RIP 网络中存在这样一种情况：RIP 网络正常运行时，R1 会通过 R2 学习到 10.0.0.0/8 网络的路由，度量值为 1。一旦路由器 R2 的直连网络 10.0.0.0/8 产生故障，R2 会立即检测到该故障，并认为该路由不可达。此时，RTA 还没有收到该路由不可达的信息，于是会继续向 R2 发送度量值为 2 的通往 10.0.0.0/8 的路由信息。R2 会学习此路由信息，认为可以通过 R1 到达 10.0.0.0/8 网络。此后，R2 发送的更新路由表，又会导致 R1 路由表的更新，R1 会新增一条度量值为 3 的 10.0.0.0/8 网络路由表项，从而形成路由环路。这个过程会持续下去，直到度量值为 16，如图 4－17 所示。这就是 RIP 网络中的环路问题。那么如何来解决这样的问题呢？

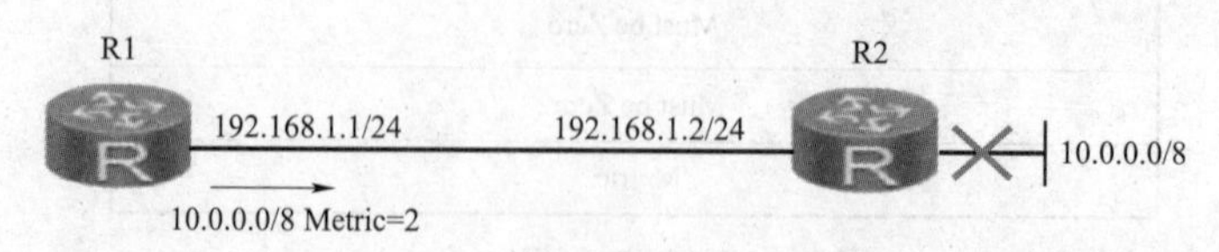

图 4－17 RIP 中的环路问题

方法1：水平分割

路由器从某个接口学习到的路由，不会再从该接口发出去。也就是说，R1从R2学习到的10.0.0.0/8网络的路由，不会再从R1的接收接口重新通告给R2，由此避免了路由环路的产生。

方法2：毒性反转

毒性反转机制可以使错误路由立即超时。配置了毒性反转之后，RIP从某个接口学习到路由之后，发回给邻居路由器时，会将该路由的跳数设置为16。以此方式清除对方路由表中的无用路由。

方法3：触发更新

RIP每30 s会发送一次路由表更新给邻居路由器。当本地路由信息发生变化时，触发更新功能允许路由器立即发送触发更新报文给邻居路由器，来通知路由信息更新，而不需要等待更新定时器超时，从而加速了网络收敛。

（7）RIP路由协议基本配置

在RIP路由协议中，用rip［process-id］命令使能RIP进程。process-id指定了RIP进程ID。如果未指定process-id，命令将使用1作为默认进程ID。

RIP协议配置及V1和V2版本的区别

network < network-address > 命令可用于在RIP中通告网络。network-address必须是一个自然网段的地址，只有处于此网络中的接口，才能进行RIP报文的接收和发送。

例：

```
[R1]rip//使能RIP进程
[R1-rip-1]version 2//配置RIP版本号
[R1-rip-1]network 10.0.0.0//宣告网段
```

3. 动态路由OSPF

（1）OSPF的概念

OSPF（Open Shortest Path First，开放最短路径优先协议）是IETF开发的一种基于链路状态的内部网关路由协议。其适用于大中型网络，还可以和其他协议同时运行来支持地理覆盖很广的网络。OSPF目前有三个版本：

◆ OSPFv1，测试版本，仅在实验平台使用。

◆ OSPFv2，发行版本，目前使用的都是这个版本。

◆ OSPFv3，测试版本，提供对IPv6的路由支持。

动态路由——OSPF（1）

（2）OSPF协议的特点

◆ 可适应大规模网络。OSPF协议最多可支持几百台路由器。

◆ 路由变化收敛速度快。如果网络的拓扑结构发生变化，OSPF立即发送更新报文，使这一变化在自治系统中同步。

◆ 支持可变长子网掩码VLSM。由于OSPF在描述路由时就携带网段的掩码信息，所以OSPF协议不受自然掩码的限制，对VLSM和CIDR提供很好的支持。

动态路由——OSPF（2）

◆ 支持等价路由。OSPF 支持到同一目的地址的多条等价路由。

◆ 支持区域划分。OSPF 协议允许自治系统的网络被划分成区域来管理，区域间传送的路由信息被进一步抽象，从而减少了占用网络的带宽。

◆ 提供路由分级管理。OSPF 使用四类不同的路由，按优先顺序分别是区域内路由、区域间路由、第一类外部路由、第二类外部路由，实现了分级管理。

◆ 支持验证。OSPF 支持基于接口的报文验证，以保证路由计算的安全性。

◆ 支持以组播地址发送协议报文。

◆ 无自环路由。在设计上，由于 OSPF 通过收集到的链路状态用最短路径树算法计算路由；故从算法本身保证了不会生成自环路由。

在设计上，OSPF 保证了无路由环路。同时，OSPF 支持区域的划分，区域内部的路由器使用 SPF 最短路径算法实现区域内部无环路。OSPF 还利用区域间的连接规则保证了区域之间无路由环路。

OSPF 支持触发更新，能够快速检测并通告自治系统内的拓扑变化，还可以解决网络扩容带来的问题。当网络上路由器越来越多，路由信息流量急剧增长时，OSPF 可以将每个自治系统划分为多个区域，并限制每个区域的范围。

OSPF 和 RIPv2 版本一样，也提供认证功能。OSPF 路由器之间的报文可以配置成必须经过认证才能进行交换。

（3）OSPF 协议报文

图 4－18 所示为 OSPF 协议报文格式。OSPF 直接运行在 IP 协议之上，使用 IP 协议号 89。共有 5 种报文类型，每种报文都使用相同的 OSPF 报文头。

图 4－18　OSPF 协议报文格式

◆ Hello 报文：最常用的一种报文，用于发现、维护邻居关系，并在广播和 NBMA（None-Broadcast Multi-Access）类型的网络中选举指定路由器（Designated Router，DR）和备份指定路由器（Backup Designated Router，BDR）。

◆ DD 报文：两台路由器进行 LSDB 数据库同步时，用 DD 报文来描述自己的 LSDB。DD 报文的内容包括 LSDB 中每一条 LSA 的头部（LSA 的头部可以唯一标识一条 LSA）。LSA 头部只占一条 LSA 的整个数据量的一小部分，所以，这样就可以减少路由器之间的协议报文流量。

◆ LSR 报文：两台路由器互相交换过 DD 报文之后，知道对端的路由器有哪些 LSA 是本地 LSDB 所缺少的，这时需要发送 LSR 报文向对方请求缺少的 LSA，LSR 只包含了所需要的 LSA 的摘要信息。

◆ LSU 报文：用来向对端路由器发送所需要的 LSA。

◆ LSACK 报文：用来对接收到的 LSU 报文进行确认。

（4）OSPF 协议中的几个概念

◆ 邻居关系（Neighbor）：OSPF 路由器启动后，从所有启动 OSPF 协议的接口上发出 Hello 数据包。如果两台路由器位于同一条数据链路上，并且双方参数协商一致，那么就彼

此成为邻居（Neighbor）。

◆ 邻接关系（Adjacency）：两台邻居路由器之间构成一条点到点的虚链路，但形成邻居关系的双方不一定都能形成邻接关系，这要根据网络类型而定。只有当双方成功交换 DD 报文，并能交换 LSA 之后，才形成真正意义上的邻接关系。

◆ 链路状态通告（Link State Advertisement，LSA）：每一台路由器都会在所有形成邻接关系的邻居之间发送链路状态通告 LSA。LSA 描述了路由器所有的链路、接口、邻居等信息。OSPF 定义了许多不同的 LSA 类型。

◆ 链路状态数据库（LSDB）：每一台收到来自邻居路由器发出的 LSA 的路由器都会把这些 LSA 信息记录在它的 LSDB 中，并且发送一份 LSA 的复制件给该路由器的其他所有邻居。这样，当 LSA 传播到整个区域后，区域内所有的路由器都会形成同样的 LSDB。

◆ Router ID：是一个 32 位的值，它唯一标识了一个自治系统内的路由器，可以为每台运行 OSPF 的路由器手动配置一个 Router ID，或者指定一个 IP 地址作为 Router ID。如果设备存在多个逻辑接口地址，则路由器使用逻辑接口中最大的 IP 地址作为 Router ID；如果没有配置逻辑接口，则路由器使用物理接口的最大 IP 地址作为 Router ID。

（5）路由协议原理

OSPF 要求每台运行 OSPF 的路由器都了解整个网络的链路状态信息，这样才能计算出到达目的地的最优路径。OSPF 的收敛过程由 LSA 泛洪开始，LSA 中包含了路由器已知的接口 IP 地址、掩码、开销和网络类型等信息。收到 LSA 的路由器都可以根据 LSA 提供的信息建立自己的 LSDB，并在 LSDB 的基础上使用 SPF 算法进行运算，建立起到达每个网络的最短路径树。最后，通过最短路径树得出到达目的网络的最优路由，并将其加入 IP 路由表中。

（6）单区域和多区域 OSPF

OSPF 支持将一组网段组合在一起，这样的一个组合称为一个区域，如图 4－19 所示。划分 OSPF 区域可以缩小路由器的 LSDB 规模，减少网络流量。区域内的详细拓扑信息不向其他区域发送，区域间传递的是抽象的路由信息，而不是详细的描述拓扑结构的链路状态信息。每个区域都有自己的 LSDB，不同区域的 LSDB 是不同的。路由器会为每一个自己所连接到的区域维护一个单独的 LSDB。由于详细链路状态信息不会被发布到区域以外，因此 LSDB 的规模大大缩小了。

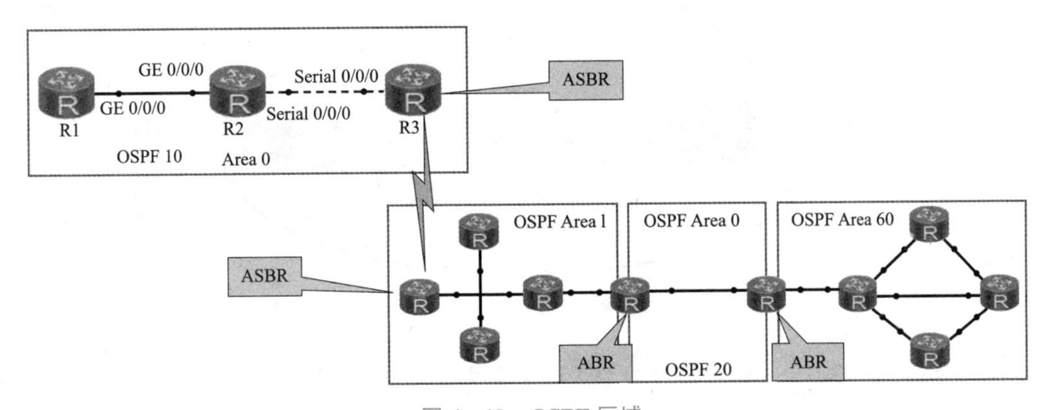

图 4－19　OSPF 区域

在OSPF中建立的多个区域，可以用area ID标识，ID的范围是0～4 294 967 295，其中，area 0为骨干区域，其他都为非骨干区域。为了避免区域间路由环路，非骨干区域之间不允许直接相互发布路由信息。因此，每个区域都必须连接到骨干区域。

OSPF基础配置

运行在区域之间的路由器叫作区域边界路由器（Area Boundary Router，ABR），它包含所有相连区域的LSDB。自治系统边界路由器（Autonomous System Boundary Router，ASBR）是指和其他AS中的路由器交换路由信息的路由器，这种路由器会向整个AS通告AS外部路由信息。

在规模较小的企业网络中，可以把所有的路由器划分到同一个区域中，同一个OSPF区域中的路由器中的LSDB是完全一致的。OSPF区域号可以手动配置，为了便于将来的网络扩展，推荐将该区域号设置为0，即骨干区域。

（7）OSPF路由协议配置

在配置OSPF时，需要首先使能OSPF进程。命令ospf［process id］用来使能OSPF，在该命令中可以配置进程ID；如果没有配置进程ID，则使用1作为默认进程ID。

命令ospf［process id］［router-id<router-id>］既可以使能OSPF进程，也可以用于配置Router ID。在该命令中，router-id代表路由器的router ID。

例：

```
[R1]ospf 1
```

或

```
[R1]ospf router-id 1.1.1.1
```

命令area［area id］用来设定区域。

例：

```
[R1-ospf-1]area 0
```

命令network用于指定运行OSPF协议的接口，在该命令中，需要指定一个反掩码。反掩码中，“0”表示此位必须严格匹配，“1”表示该地址可以为任意值。

例：

```
[R1-ospf-1-area-0.0.0.0]network 192.168.1.0 0.0.0.255
```

在图4-20所示的拓扑中，OSPF协议配置为：

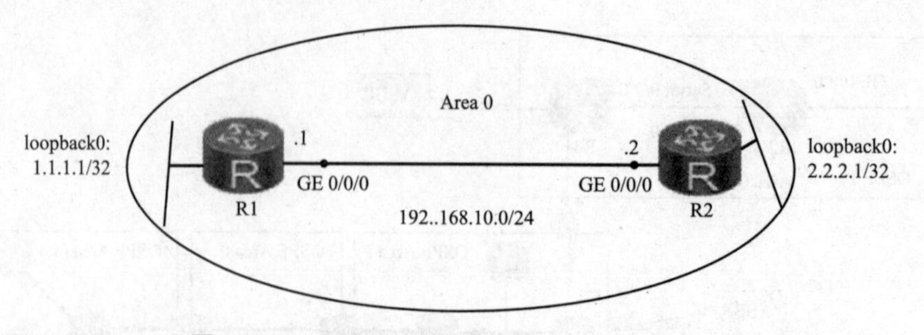

图4-20 OSPF协议配置拓扑

```
[R1]ospf 1 或[R1]ospf router-id 1.1.1.1
[R1-ospf-1]area 0
```

```
[R1-ospf-1-area-0.0.0.0]network 192.168.10.0 0.0.0.255
[R1-ospf-1-area-0.0.0.0]network 1.1.1.1 0.0.0.0
[R2]ospf 1 或[R1]ospf router-id 2.2.2.1
[R2-ospf-1]area 0
[R2-ospf-1-area-0.0.0.0]network 192.168.10.0 0.0.0.255
[R2-ospf-1-area-0.0.0.0]network 2.2.2.1 0.0.0.0
```

4.3 项目实施

任务 1 通过静态路由实现跨网络通信

（一）任务要求

① 根据拓扑图及地址规划表（表 4-3）完成如图 4-21 所示的拓扑连接。

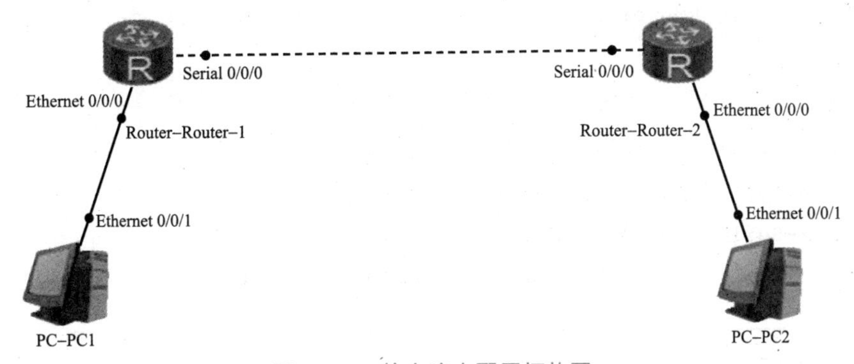

图 4-21 静态路由配置拓扑图

表 4-3 IP 地址规划表

设备名称		接口地址	网关	备注
Router-1	E0/0/0	172.16.1.1/24	—	连接西校区办公网接口
	S0/0/0	172.16.2.1/24	—	接入互联网接口
Router-2	E0/0/0	172.16.2.2/24	—	接入互联网接口
	S0/0/0	172.16.3.1/24	—	连接东校区办公网接口
PC1		172.16.1.2/24	172.16.1.1/24	西校区办公网设备代表
PC2		172.16.3.2/24	172.16.3.1/24	东校区办公网设备代表

② 通过静态路由实现东、西两个校区办公网络设备的互连。

（二）实施步骤

1. 材料准备

① 路由器 Router（2 台）。

② 串口线 Serial（1 根）。

③ 网线（若干）PC（若干）。

④ 配置线缆（1 根）。

2. 实施过程

（1）配置两台路由器的名称、接口 IP 地址

Router－1 的配置：

```
<Huawei>system-view
[Huawei]sysname Router-1
[Router-1]
[Router-1]interface Ethernet 0/0/0
[Router-1-Ethernet0/0/0]ip address 172.16.1.1 255.255.255.0
[Router-1]interface Serial 0/0/0
[Router-1-Serial0/0/0]ip address 172.16.2.1 255.255.255.0
```

Router－2 的配置：

```
<Huawei>system-view
[Huawei]sysname Router-2
[Router-2]
[Router-2]interface Ethernet 0/0/0
[Router-2-Ethernet0/0/0]ip address 172.16.3.1 255.255.255.0
[Router-2]interface Serial 0/0/0
[Router-2-Serial0/0/0]ip address 172.16.2.2 255.255.255.0
```

（2）分别查看两台路由器的直连路由（图 4－22、图 4－23）

```
[Router-1]display ip routing-table
Route Flags: R - relay, D - download to fib
------------------------------------------------------------------------------
Routing Tables: Public
         Destinations : 7        Routes : 7

Destination/Mask    Proto   Pre  Cost      Flags NextHop         Interface

      127.0.0.0/8   Direct  0    0           D   127.0.0.1       InLoopBack0
      127.0.0.1/32  Direct  0    0           D   127.0.0.1       InLoopBack0
    172.16.1.0/24   Direct  0    0           D   172.16.1.1      Ethernet0/0/0
    172.16.1.1/32   Direct  0    0           D   127.0.0.1       Ethernet0/0/0
    172.16.2.0/24   Direct  0    0           D   172.16.2.1      Serial0/0/0
    172.16.2.1/32   Direct  0    0           D   127.0.0.1       Serial0/0/0
    172.16.2.2/32   Direct  0    0           D   172.16.2.2      Serial0/0/0
```

图 4－22　Router－1

```
[Router-2]display ip routing-table
Route Flags: R - relay, D - download to fib
------------------------------------------------------------------------------
Routing Tables: Public
         Destinations : 7        Routes : 7

Destination/Mask    Proto   Pre  Cost      Flags NextHop         Interface

      127.0.0.0/8   Direct  0    0           D   127.0.0.1       InLoopBack0
      127.0.0.1/32  Direct  0    0           D   127.0.0.1       InLoopBack0
    172.16.2.0/24   Direct  0    0           D   172.16.2.2      Serial0/0/0
    172.16.2.1/32   Direct  0    0           D   172.16.2.1      Serial0/0/0
    172.16.2.2/32   Direct  0    0           D   127.0.0.1       Serial0/0/0
    172.16.3.0/24   Direct  0    0           D   172.16.3.1      Ethernet0/0/0
    172.16.3.1/32   Direct  0    0           D   127.0.0.1       Ethernet0/0/0
```

图 4－23　Router－2

（3）配置两台路由器的静态路由

```
[Router-1]ip route-static 172.16.3.0 255.255.255.0 Serial 0/0/0
//设置到子网 172.16.3.0 的静态路由，采用本地出站接口方式
[Router-2]ip route-static 172.16.1.0 255.255.255.0 Serial 0/0/0
//设置到子网 172.16.1.0 的静态路由，采用本地出站接口方式
```

（4）查看 Router-1 上产生的静态路由（图 4-24）

```
[Router-1]display ip routing-table//查看路由表信息
```

```
[Router-1]display ip routing-table
Route Flags: R - relay, D - download to fib
------------------------------------------------------------------------------
Routing Tables: Public
         Destinations : 8        Routes : 8

Destination/Mask    Proto   Pre  Cost      Flags NextHop         Interface

      127.0.0.0/8   Direct  0    0           D   127.0.0.1       InLoopBack0
      127.0.0.1/32  Direct  0    0           D   127.0.0.1       InLoopBack0
     172.16.1.0/24  Direct  0    0           D   172.16.1.1      Ethernet0/0/0
     172.16.1.1/32  Direct  0    0           D   127.0.0.1       Ethernet0/0/0
     172.16.2.0/24  Direct  0    0           D   172.16.2.1      Serial0/0/0
     172.16.2.1/32  Direct  0    0           D   127.0.0.1       Serial0/0/0
     172.16.2.2/32  Direct  0    0           D   172.16.2.2      Serial0/0/0
     172.16.3.0/24  Static  60   0           D   172.16.2.1      Serial0/0/0
```

图 4-24　查看 Router-1 上产生的静态路由

（5）配置 PC 上的 IP 地址

根据表 4-3 所示信息进行配置。

双击拓扑图中的“PC”，选择“基础配置”→“IPv4 配置静态”，配置 PC 的 IP 地址。

（6）使用 ping 命令测试网络连通（图 4-25～图 4-28）

```
ping 172.16.1.1//由于直连网段连接，办公网 PC1 设备能 ping 通目标网关
```

```
PC>ping 172.16.1.1

Ping 172.16.1.1: 32 data bytes, Press Ctrl_C to break
From 172.16.1.1: bytes=32 seq=1 ttl=255 time<1 ms
From 172.16.1.1: bytes=32 seq=2 ttl=255 time=16 ms
From 172.16.1.1: bytes=32 seq=3 ttl=255 time=31 ms
From 172.16.1.1: bytes=32 seq=4 ttl=255 time=15 ms
From 172.16.1.1: bytes=32 seq=5 ttl=255 time=31 ms

--- 172.16.1.1 ping statistics ---
  5 packet(s) transmitted
  5 packet(s) received
  0.00% packet loss
  round-trip min/avg/max = 0/18/31 ms
```

图 4-25　ping 172.16.1.1

```
ping 172.16.2.1//由于直连网络连接，办公网 PC1 设备能 ping 通校园网出口网关
```

```
PC>ping 172.16.2.1

Ping 172.16.2.1: 32 data bytes, Press Ctrl_C to break
From 172.16.2.1: bytes=32 seq=1 ttl=255 time<1 ms
From 172.16.2.1: bytes=32 seq=2 ttl=255 time=32 ms
From 172.16.2.1: bytes=32 seq=3 ttl=255 time=31 ms
From 172.16.2.1: bytes=32 seq=4 ttl=255 time=15 ms
From 172.16.2.1: bytes=32 seq=5 ttl=255 time=16 ms

--- 172.16.2.1 ping statistics ---
  5 packet(s) transmitted
  5 packet(s) received
  0.00% packet loss
  round-trip min/avg/max = 0/18/32 ms
```

图 4-26　ping 172.16.2.1

ping 172.16.3.1//通过三层路由，能ping通东校区校园网出口网关

```
PC>ping 172.16.3.1

Ping 172.16.3.1: 32 data bytes, Press Ctrl_C to break
From 172.16.3.1: bytes=32 seq=1 ttl=254 time=47 ms
From 172.16.3.1: bytes=32 seq=2 ttl=254 time=31 ms
From 172.16.3.1: bytes=32 seq=3 ttl=254 time=47 ms
From 172.16.3.1: bytes=32 seq=4 ttl=254 time=47 ms
From 172.16.3.1: bytes=32 seq=5 ttl=254 time=47 ms

--- 172.16.3.1 ping statistics ---
  5 packet(s) transmitted
  5 packet(s) received
  0.00% packet loss
  round-trip min/avg/max = 31/43/47 ms
```

图 4-27　ping 172.16.3.1

ping 172.16.3.2//通过三层路由，能ping通东校区校园网办公网 PC2 设备

```
PC>ping 172.16.3.2

Ping 172.16.3.2: 32 data bytes, Press Ctrl_C to break
From 172.16.3.2: bytes=32 seq=1 ttl=126 time=63 ms
From 172.16.3.2: bytes=32 seq=2 ttl=126 time=47 ms
From 172.16.3.2: bytes=32 seq=3 ttl=126 time=62 ms
From 172.16.3.2: bytes=32 seq=4 ttl=126 time=79 ms
From 172.16.3.2: bytes=32 seq=5 ttl=126 time=62 ms

--- 172.16.3.2 ping statistics ---
  5 packet(s) transmitted
  5 packet(s) received
  0.00% packet loss
  round-trip min/avg/max = 47/62/79 ms
```

图 4-28　ping 172.16.3.2

任务 2 配置默认路由实现办公网络访问外网

（一）任务要求

① 根据拓扑图及地址规划表（表 4-4）完成如图 4-29 所示的拓扑连接。

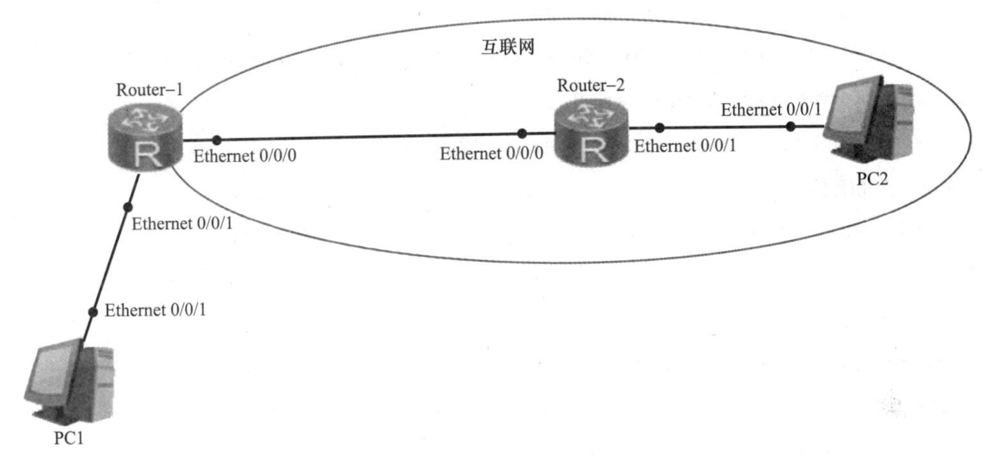

图 4-29 默认路由配置拓扑图

表 4-4 IP 地址规划表

设备名称		接口地址	网关	备注
Router-1	E0/0/1	172.16.1.1/24	—	连接校园网办公网接口
	E0/0/0	172.16.2.1/24	—	接入互联网接口，此处使用以太网口代替
Router-2	E0/0/0	172.16.2.2/24	—	接入互联网接口，此处使用以太网口代替
	E0/0/1	172.16.3.1/24	—	互联网中相关设备接口
PC1		172.16.1.2/24	172.16.1.1/24	校园网办公网设备
PC2		172.16.3.2/24	172.16.3.1/24	互联网相关设备

② 通过默认路由实现校园网办公网络设备与互联网设备的互连。理解默认路由的配置环境。

（二）实施步骤

1. 材料准备

① 路由器 Router（2 台）。

② 串口线 Serial（1 根）。

③ 网线（若干）PC（若干）。

④ 配置线缆（1 根）。

2. 实施过程

（1）配置路由器 Router-1 和 Router-2（根据表 4-4 配置 IP 地址）的接口 IP 地址

Router－1 的配置：

```
<Huawei>system-view
[Huawei]sysname Router-1
[Router-1]
[Router-1]interface Ethernet0/0/1
[Router-1-Ethernet0/0/0]ip address 172.16.2.1 255.255.255.0
[Router-1]interface Ethernet 0/0/0
[Router-1-Ethernet0/0/1]ip address 172.16.1.1 255.255.255.0
```

Router－2 的配置：

```
<Huawei>system-view
[Huawei]sysname Router-2
[Router-2]
[Router-2]interface Ethernet 0/0/0
[Router-2-Ethernet0/0/0]ip address 172.16.2.2 255.255.255.0
[Router-2]interface Ethernet 0/0/1
[Router-2-Ethernet0/0/1]ip address 172.16.3.1 255.255.255.0
```

（2）查看 Router－1 的路由信息（图 4－30）

```
[Router-1]display ip routing-table//查看路由器路由表
```

```
[Router-1]display ip routing-table
Route Flags: R - relay, D - download to fib
------------------------------------------------------------------------------
Routing Tables: Public
         Destinations : 6        Routes : 6

Destination/Mask    Proto   Pre  Cost      Flags NextHop         Interface

      127.0.0.0/8   Direct  0    0           D   127.0.0.1       InLoopBack0
      127.0.0.1/32  Direct  0    0           D   127.0.0.1       InLoopBack0
     172.16.1.0/24  Direct  0    0           D   172.16.1.1      Ethernet0/0/0
     172.16.1.1/32  Direct  0    0           D   127.0.0.1       Ethernet0/0/0
     172.16.2.0/24  Direct  0    0           D   172.16.2.1      Ethernet0/0/1
     172.16.2.1/32  Direct  0    0           D   127.0.0.1       Ethernet0/0/1
```

图 4－30　查看 Router－1 的路由信息

（3）配置 Router－3 和 Router－2 的默认路由

```
[Router-1]ip route-static 0.0.0.0 0.0.0.0 172.16.2.2
//配置默认路由，采用下一跳方式
[Router-2]ip route-static 0.0.0.0 0.0.0.0 172.16.2.1
```

（4）查看 Router－3 和 Router－2 产生的默认路由信息（图 4－31、图 4－32）

```
[Router-1]display ip routing-table//查看路由器路由表
```

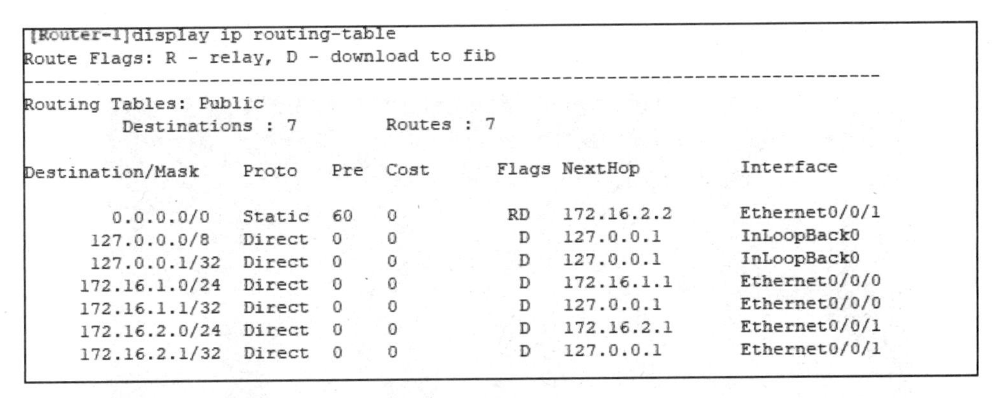

```
[Router-1]display ip routing-table
Route Flags: R - relay, D - download to fib
------------------------------------------------------------------------------
Routing Tables: Public
         Destinations : 7        Routes : 7

Destination/Mask    Proto   Pre  Cost      Flags NextHop         Interface

      0.0.0.0/0   Static  60   0           RD   172.16.2.2      Ethernet0/0/1
    127.0.0.0/8   Direct  0    0            D   127.0.0.1       InLoopBack0
    127.0.0.1/32  Direct  0    0            D   127.0.0.1       InLoopBack0
  172.16.1.0/24   Direct  0    0            D   172.16.1.1      Ethernet0/0/0
  172.16.1.1/32   Direct  0    0            D   127.0.0.1       Ethernet0/0/0
  172.16.2.0/24   Direct  0    0            D   172.16.2.1      Ethernet0/0/1
  172.16.2.1/32   Direct  0    0            D   127.0.0.1       Ethernet0/0/1
```

图 4－31　查看 Router－1 产生的路由信息

```
[Router-2]display ip routing-table
Route Flags: R - relay, D - download to fib
------------------------------------------------------------------------------
Routing Tables: Public
         Destinations : 7        Routes : 7

Destination/Mask    Proto   Pre  Cost      Flags NextHop         Interface

      0.0.0.0/0   Static  60   0           RD   172.16.2.1      Ethernet0/0/0
    127.0.0.0/8   Direct  0    0            D   127.0.0.1       InLoopBack0
    127.0.0.1/32  Direct  0    0            D   127.0.0.1       InLoopBack0
  172.16.2.0/24   Direct  0    0            D   172.16.2.2      Ethernet0/0/0
  172.16.2.2/32   Direct  0    0            D   127.0.0.1       Ethernet0/0/0
  172.16.3.0/24   Direct  0    0            D   172.16.3.1      Ethernet0/0/1
  172.16.3.1/32   Direct  0    0            D   127.0.0.1       Ethernet0/0/1
```

图 4－32　查看 Router－2 产生的路由信息

（5）配置 PC 的 IP 地址

根据表 4－4 所示信息进行配置。

双击拓扑图中的“PC”，选择“基础配置”→“IPv4 配置静态”，配置 PC 的 IP 地址。

（6）使用 ping 命令测试网络连通（图 4－33～图 4－36）

ping 172.16.1.1//由于直连网段连接，办公网 PC1 设备能 ping 通网关

```
PC>ping 172.16.1.1

Ping 172.16.1.1: 32 data bytes, Press Ctrl_C to break
From 172.16.1.1: bytes=32 seq=1 ttl=255 time=31 ms
From 172.16.1.1: bytes=32 seq=2 ttl=255 time=15 ms
From 172.16.1.1: bytes=32 seq=3 ttl=255 time=15 ms
From 172.16.1.1: bytes=32 seq=4 ttl=255 time=32 ms
From 172.16.1.1: bytes=32 seq=5 ttl=255 time=16 ms

--- 172.16.1.1 ping statistics ---
  5 packet(s) transmitted
  5 packet(s) received
  0.00% packet loss
  round-trip min/avg/max = 15/21/32 ms
```

图 4－33　ping 172.16.1.1

ping 172.16.2.1//由于直连网段连接，办公网 PC1 设备能 ping 通校园网出口网关

```
PC>ping 172.16.2.1

Ping 172.16.2.1: 32 data bytes, Press Ctrl_C to break
From 172.16.2.1: bytes=32 seq=1 ttl=255 time=32 ms
From 172.16.2.1: bytes=32 seq=2 ttl=255 time=46 ms
From 172.16.2.1: bytes=32 seq=3 ttl=255 time=32 ms
From 172.16.2.1: bytes=32 seq=4 ttl=255 time=16 ms
From 172.16.2.1: bytes=32 seq=5 ttl=255 time=31 ms

--- 172.16.2.1 ping statistics ---
  5 packet(s) transmitted
  5 packet(s) received
  0.00% packet loss
  round-trip min/avg/max = 16/31/46 ms
```

图 4-34　ping 172.16.2.1

ping 172.16.3.1//通过默认路由，能 ping 通互联网出口网关

```
PC>ping 172.16.3.1

Ping 172.16.3.1: 32 data bytes, Press Ctrl_C to break
From 172.16.3.1: bytes=32 seq=1 ttl=254 time=78 ms
From 172.16.3.1: bytes=32 seq=2 ttl=254 time=47 ms
From 172.16.3.1: bytes=32 seq=3 ttl=254 time=47 ms
From 172.16.3.1: bytes=32 seq=4 ttl=254 time=63 ms
From 172.16.3.1: bytes=32 seq=5 ttl=254 time=62 ms

--- 172.16.3.1 ping statistics ---
  5 packet(s) transmitted
  5 packet(s) received
  0.00% packet loss
  round-trip min/avg/max = 47/59/78 ms
```

图 4-35　ping 172.16.3.1

ping 172.16.3.2//通过默认路由，能 ping 通互联网中的 PC2 设备

```
PC>ping 172.16.3.2

Ping 172.16.3.2: 32 data bytes, Press Ctrl_C to break
From 172.16.3.2: bytes=32 seq=1 ttl=126 time=125 ms
From 172.16.3.2: bytes=32 seq=2 ttl=126 time=78 ms
From 172.16.3.2: bytes=32 seq=3 ttl=126 time=47 ms
From 172.16.3.2: bytes=32 seq=4 ttl=126 time=94 ms
From 172.16.3.2: bytes=32 seq=5 ttl=126 time=62 ms

--- 172.16.3.2 ping statistics ---
  5 packet(s) transmitted
  5 packet(s) received
  0.00% packet loss
  round-trip min/avg/max = 47/81/125 ms
```

图 4-36　ping 172.16.3.2

任务 3　通过 RIPv2 路由协议实现跨网络通信

（一）任务要求

① 根据拓扑图及地址规划表（表 4-5）完成如图 4-37 所示的拓扑连接。

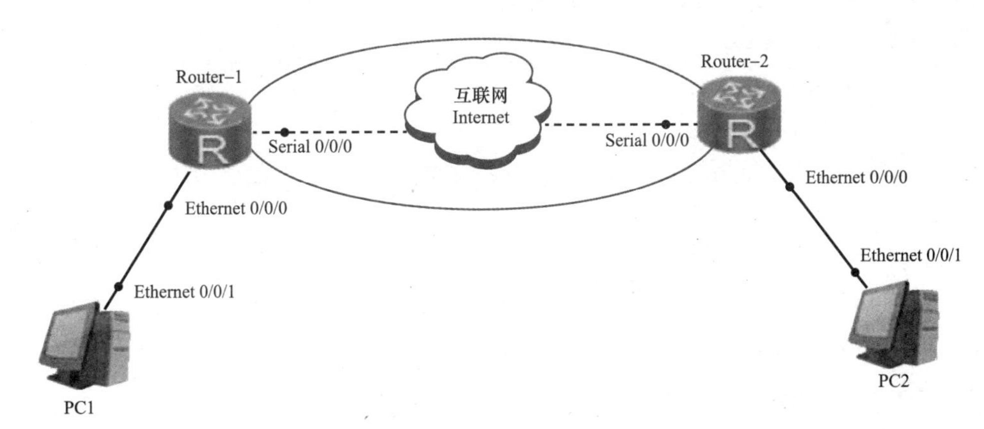

图 4-37　RIPv2 路由协议配置拓扑图

表 4-5　IP 地址规划表

设备名称		接口地址	网关	备注
Router-1	E0/0/0	172.16.1.1/24	—	西校区办公网接口
	S0/0/0	192.168.1.1/24	—	接入互联网接口
Router-2	S0/0/0	192.168.1.2/24	—	接入互联网接口
	E0/0/0	172.16.3.1/24	—	东校区办公网接口
PC1		172.16.1.2/24	172.16.1.1/24	西校区办公网接口
PC2		172.16.3.2/24	172.16.3.1/24	东校区办公网接口

② 通过 RIPv2 路由协议实现校园网两个校区办公网络设备的互连。

（二）实施步骤

1. 材料准备

① 路由器 Router（2 台）。

② 网线（若干）PC（若干）。

③ 配置线缆（1 根）。

2. 实施过程

（1）配置 Router-1 的名称、接口 IP 地址

```
<Huawei>system-view
[Huawei]sysname Router-1
```

```
[Router-1]interface Serial 0/0/0
[Router-1-Serial0/0/0]ip address 192.168.1.1 255.255.255.0
[Router-1]interface Ethernet 0/0/0
[Router-1-Ethernet0/0/0]ip address 172.16.1.1 255.255.255.0
```

（2）配置 Router-2 的名称、接口 IP 地址

```
<Huawei>system-view
[Huawei]sysname Router-2
[Router-2]interface Serial 0/0/0
[Router-2-Serial0/0/0]ip address 192.168.1.2 255.255.255.0

[Router-2]interface Ethernet 0/0/0
[Router-2-Ethernet0/0/0]ip address 172.16.3.1 255.255.255.0
```

（3）查看 Router-1 产生的直连路由（图 4-38）

```
[Router-1]display ip routing-table
```

```
[Router-1]display ip routing-table
Route Flags: R - relay, D - download to fib
------------------------------------------------------------------------------
Routing Tables: Public
         Destinations : 7        Routes : 7

Destination/Mask    Proto   Pre  Cost      Flags NextHop         Interface

      127.0.0.0/8   Direct  0    0           D   127.0.0.1       InLoopBack0
      127.0.0.1/32  Direct  0    0           D   127.0.0.1       InLoopBack0
     172.16.1.0/24  Direct  0    0           D   172.16.1.1      Ethernet0/0/0
     172.16.1.1/32  Direct  0    0           D   127.0.0.1       Ethernet0/0/0
    192.168.1.0/24  Direct  0    0           D   192.168.1.1     Serial0/0/0
    192.168.1.1/32  Direct  0    0           D   127.0.0.1       Serial0/0/0
    192.168.1.2/32  Direct  0    0           D   192.168.1.2     Serial0/0/0
```

图 4-38 查看 Router-1 产生的直连路由

查看路由表，发现 Router-1 没有到达 Router-2 下边网络路由（PC2）。这时如果路由器未产生直连路由，使用［Router-1］display ip interface brief 命令查看路由器接口配置状态。

（4）配置 Router-1 和 Router-2 的 RIPv2 动态路由

```
[Router-1]rip 1                          //启用 RIP 路由协议,进程号为 1
[Router-1-rip-1]version 2                //定义 RIP 协议版本 2
[Router-1-rip-1]network 172.16.0.0       //发布直连网络
[Router-1-rip-1]network 192.168.1.0

[Router-2]rip 1
```

```
[Router-2-rip-1]version 2
[Router-2-rip-1]network 192.168.1.0
[Router-2-rip-1]network 172.16.0.0
```

（5）查看两台路由器产生的动态路由（图 4-39、图 4-40）

```
[Router-1]display ip routing-table
Route Flags: R - relay, D - download to fib
------------------------------------------------------------------------------
Routing Tables: Public
         Destinations : 8        Routes : 8

Destination/Mask    Proto   Pre  Cost      Flags NextHop         Interface

      127.0.0.0/8   Direct  0    0           D   127.0.0.1       InLoopBack0
      127.0.0.1/32  Direct  0    0           D   127.0.0.1       InLoopBack0
     172.16.1.0/24  Direct  0    0           D   172.16.1.1      Ethernet0/0/0
     172.16.1.1/32  Direct  0    0           D   127.0.0.1       Ethernet0/0/0
     172.16.3.0/24  RIP     100  1           D   192.168.1.2     Serial0/0/0
    192.168.1.0/24  Direct  0    0           D   192.168.1.1     Serial0/0/0
    192.168.1.1/32  Direct  0    0           D   127.0.0.1       Serial0/0/0
    192.168.1.2/32  Direct  0    0           D   192.168.1.2     Serial0/0/0
```

图 4-39　查看 Router-1 产生的动态路由

```
[Router-2]display ip routing-table
Route Flags: R - relay, D - download to fib
------------------------------------------------------------------------------
Routing Tables: Public
         Destinations : 8        Routes : 8

Destination/Mask    Proto   Pre  Cost      Flags NextHop         Interface

      127.0.0.0/8   Direct  0    0           D   127.0.0.1       InLoopBack0
      127.0.0.1/32  Direct  0    0           D   127.0.0.1       InLoopBack0
     172.16.1.0/24  RIP     100  1           D   192.168.1.1     Serial0/0/0
     172.16.3.0/24  Direct  0    0           D   172.16.3.1      Ethernet0/0/0
     172.16.3.1/32  Direct  0    0           D   127.0.0.1       Ethernet0/0/0
    192.168.1.0/24  Direct  0    0           D   192.168.1.2     Serial0/0/0
    192.168.1.1/32  Direct  0    0           D   192.168.1.1     Serial0/0/0
    192.168.1.2/32  Direct  0    0           D   127.0.0.1       Serial0/0/0
```

图 4-40　查看 Router-2 产生的动态路由

查看路由器，发现产生到达 PC1 和 PC2 网络的动态路由。

（6）配置 PC 的 IP 地址信息

根据表 4-5 中所示的 IP 地址规划表配置。

双击拓扑图中的“PC”，选择“基础配置”→“IPv4 配置静态”，配置 PC 的 IP 地址。

（7）使用 ping 命令测试网络连通（图 4-41～图 4-44）

```
ping 172.16.1.1//由于直连网段连接，办公网 PC1 设备能 ping 通目标网关
```

```
PC>ping 172.16.1.1

Ping 172.16.1.1: 32 data bytes, Press Ctrl_C to break
From 172.16.1.1: bytes=32 seq=1 ttl=255 time=47 ms
From 172.16.1.1: bytes=32 seq=2 ttl=255 time=31 ms
From 172.16.1.1: bytes=32 seq=3 ttl=255 time=32 ms
From 172.16.1.1: bytes=32 seq=4 ttl=255 time=31 ms
From 172.16.1.1: bytes=32 seq=5 ttl=255 time=31 ms

--- 172.16.1.1 ping statistics ---
  5 packet(s) transmitted
  5 packet(s) received
  0.00% packet loss
  round-trip min/avg/max = 31/34/47 ms
```

图 4-41　ping 172.16.1.1

```
ping 192.168.1.1//由于直连网络连接，办公网 PC1 能 ping 通校园网出口网关
```

```
PC>ping 192.168.1.1

Ping 192.168.1.1: 32 data bytes, Press Ctrl_C to break
From 192.168.1.1: bytes=32 seq=1 ttl=255 time=15 ms
From 192.168.1.1: bytes=32 seq=2 ttl=255 time=16 ms
From 192.168.1.1: bytes=32 seq=3 ttl=255 time=31 ms
From 192.168.1.1: bytes=32 seq=4 ttl=255 time=32 ms
From 192.168.1.1: bytes=32 seq=5 ttl=255 time=31 ms

--- 192.168.1.1 ping statistics ---
  5 packet(s) transmitted
  5 packet(s) received
  0.00% packet loss
  round-trip min/avg/max = 15/25/32 ms
```

图 4-42　ping 192.168.1.1

```
ping 172.16.3.1//通过动态路由，能 ping 通东校区校园网出口网关
```

```
PC>ping 172.16.3.1

Ping 172.16.3.1: 32 data bytes, Press Ctrl_C to break
From 172.16.3.1: bytes=32 seq=1 ttl=254 time=47 ms
From 172.16.3.1: bytes=32 seq=2 ttl=254 time=62 ms
From 172.16.3.1: bytes=32 seq=3 ttl=254 time=47 ms
From 172.16.3.1: bytes=32 seq=4 ttl=254 time=63 ms
From 172.16.3.1: bytes=32 seq=5 ttl=254 time=47 ms

--- 172.16.3.1 ping statistics ---
  5 packet(s) transmitted
  5 packet(s) received
  0.00% packet loss
  round-trip min/avg/max = 47/53/63 ms
```

图 4-43　ping 172.16.3.1

```
ping 172.16.3.2//通过动态路由，能 ping 通东校区校园网办公网 PC2 设备
```

```
PC>ping 172.16.3.2

Ping 172.16.3.2: 32 data bytes, Press Ctrl_C to break
From 172.16.3.2: bytes=32 seq=1 ttl=126 time=62 ms
From 172.16.3.2: bytes=32 seq=2 ttl=126 time=63 ms
From 172.16.3.2: bytes=32 seq=3 ttl=126 time=63 ms
From 172.16.3.2: bytes=32 seq=4 ttl=126 time=78 ms
From 172.16.3.2: bytes=32 seq=5 ttl=126 time=63 ms

--- 172.16.3.2 ping statistics ---
  5 packet(s) transmitted
  5 packet(s) received
  0.00% packet loss
  round-trip min/avg/max = 62/65/78 ms
```

图 4-44　ping 172.16.3.2

任务 4　通过 OSPF 路由协议实现跨网络通信

（一）任务要求

① 根据拓扑图及地址规划表（表 4-6）完成图 4-45 所示的拓扑连接。

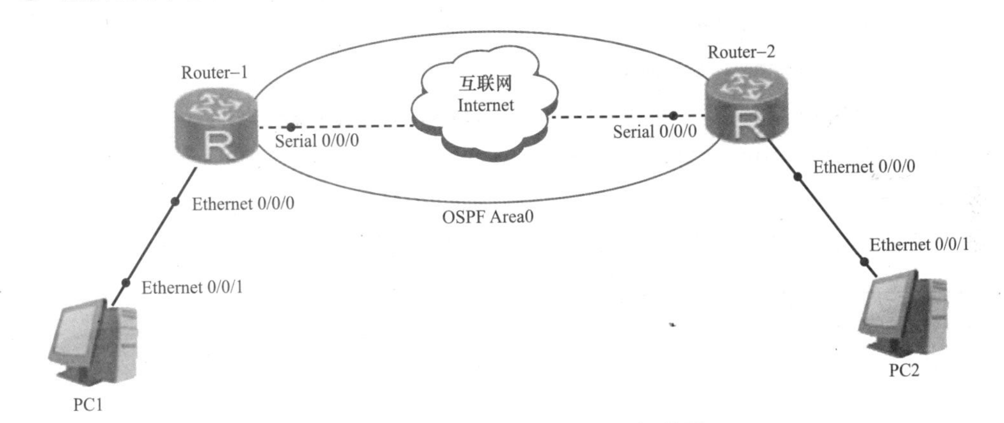

图 4-45　OSPF 路由协议配置拓扑图

表 4-6　IP 地址规划表

设备名称		接口地址	网关	备注
Router-1	E0/0/0	172.16.1.1/24	—	西校区办公网接口
	S0/0/0	192.168.1.1/24	—	接入互联网接口
Router-2	S0/0/0	192.168.1.2/24	—	接入互联网接口
	E0/0/0	172.16.3.1/24	—	东校区办公网接口
PC1		172.16.1.2/24	172.16.1.1/24	西校区办公网接口
PC2		172.16.3.2/24	172.16.3.1/24	东校区办公网接口

② 通过 OSPF 路由协议实现校园网两个校区办公网络设备的互连。

（二）实施步骤

1. 材料准备

① 路由器 Router（2 台）。

② 网线（若干）PC（若干）。

③ 配置线缆（1 根）。

2. 实施过程

（1）配置 Router-1 的名称、接口 IP 地址

```
<Huawei>system-view
[Router]sysname Router-1
[Router-1]interface Serial 0/0/0
[Router-1-Serial0/0/0]ip address 192.168.1.1 255.255.255.0
[Router-1]interface Ethernet 0/0/0
[Router-1-Ethernet0/0/0]ip address 172.16.1.1 255.255.255.0
```

（2）配置 Router-2 的名称、接口 IP 地址

```
<Huawei>system-view
[Huawei]sysname Router-2
[Router-2]interface Serial 0/0/0
[Router-2-Serial0/0/0]ip address 192.168.1.2 255.255.255.0
[Router-2]interface Ethernet 0/0/0
[Router-2-Ethernet0/0/0]ip address 172.16.3.1 255.255.255.0
```

（3）查看 Router-1 产生的直连路由（图 4-46）

```
[Router-1]display ip routing-table
Route Flags: R - relay, D - download to fib
------------------------------------------------------------------------------
Routing Tables: Public
         Destinations : 7        Routes : 7

Destination/Mask    Proto   Pre  Cost      Flags NextHop         Interface

      127.0.0.0/8   Direct  0    0           D   127.0.0.1       InLoopBack0
      127.0.0.1/32  Direct  0    0           D   127.0.0.1       InLoopBack0
     172.16.1.0/24  Direct  0    0           D   172.16.1.1      Ethernet0/0/0
     172.16.1.1/32  Direct  0    0           D   127.0.0.1       Ethernet0/0/0
    192.168.1.0/24  Direct  0    0           D   192.168.1.1     Serial0/0/0
    192.168.1.1/32  Direct  0    0           D   127.0.0.1       Serial0/0/0
    192.168.1.2/32  Direct  0    0           D   192.168.1.2     Serial0/0/0

[Router-1]
```

图 4-46 查看 Router-1 产生的直连路由

（4）配置 Router-1 和 Router-2 的单区域 OSPF 动态路由

```
[Router-1]ospf 1                     //启用 OSPF 路由器协议，进程号为 1
[Router-1-ospf-1]area 0              //设置区域号为 0
```

```
[Router-1-ospf-1-area-0.0.0.0]network 192.168.0.0 0.0.255.255
//对外发布直连网段信息，并宣告该接口所在骨干（area 0）区域号
[Router-1-ospf-1-area-0.0.0.0]network 172.16.0.0 0.0.255.255

[Router-2]ospf 1
[Router-2-ospf-1]area 0
[Router-2-ospf-1-area-0.0.0.0]network 192.168.0.0 0.0.255.255
[Router-2-ospf-1-area-0.0.0.0]network 172.16.0.0 0.0.255.255
```

（5）查看两台路由器产生的动态路由（图 4－47、图 4－48）

```
[Router-1]display ip routing-table
Route Flags: R - relay, D - download to fib
------------------------------------------------------------------------------
Routing Tables: Public
         Destinations : 8        Routes : 8

Destination/Mask    Proto   Pre  Cost      Flags NextHop         Interface

      127.0.0.0/8   Direct  0    0           D   127.0.0.1       InLoopBack0
      127.0.0.1/32  Direct  0    0           D   127.0.0.1       InLoopBack0
     172.16.1.0/24  Direct  0    0           D   172.16.1.1      Ethernet0/0/0
     172.16.1.1/32  Direct  0    0           D   127.0.0.1       Ethernet0/0/0
     172.16.3.0/24  OSPF    10   1563        D   192.168.1.2     Serial0/0/0
    192.168.1.0/24  Direct  0    0           D   192.168.1.1     Serial0/0/0
    192.168.1.1/32  Direct  0    0           D   127.0.0.1       Serial0/0/0
    192.168.1.2/32  Direct  0    0           D   192.168.1.2     Serial0/0/0
```

图 4－47　查看 Router－1 产生的动态路由

```
[Router-2]display ip routing-table
Route Flags: R - relay, D - download to fib
------------------------------------------------------------------------------
Routing Tables: Public
         Destinations : 8        Routes : 8

Destination/Mask    Proto   Pre  Cost      Flags NextHop         Interface

      127.0.0.0/8   Direct  0    0           D   127.0.0.1       InLoopBack0
      127.0.0.1/32  Direct  0    0           D   127.0.0.1       InLoopBack0
     172.16.1.0/24  OSPF    10   1563        D   192.168.1.1     Serial0/0/0
     172.16.3.0/24  Direct  0    0           D   172.16.3.1      Ethernet0/0/0
     172.16.3.1/32  Direct  0    0           D   127.0.0.1       Ethernet0/0/0
    192.168.1.0/24  Direct  0    0           D   192.168.1.2     Serial0/0/0
    192.168.1.1/32  Direct  0    0           D   192.168.1.1     Serial0/0/0
    192.168.1.2/32  Direct  0    0           D   127.0.0.1       Serial0/0/0
```

图 4－48　查看 Router－2 产生的动态路由

（6）配置 PC 的 IP 地址信息

根据表 4－6 中所示的 IP 地址规划表配置。

双击拓扑图中的“PC”，选择“基础配置”→“IPv4 配置静态”，配置 PC 的 IP 地址。

（7）使用 ping 命令测试网络连通（图 4－49～图 4－52）

```
ping 172.16.1.1//由于直连网段连接，办公网 PC1 设备能 ping 通目标网关
```

```
PC>ping 172.16.1.1

Ping 172.16.1.1: 32 data bytes, Press Ctrl_C to break
From 172.16.1.1: bytes=32 seq=1 ttl=255 time=47 ms
From 172.16.1.1: bytes=32 seq=2 ttl=255 time=31 ms
From 172.16.1.1: bytes=32 seq=3 ttl=255 time=32 ms
From 172.16.1.1: bytes=32 seq=4 ttl=255 time=31 ms
From 172.16.1.1: bytes=32 seq=5 ttl=255 time=31 ms

--- 172.16.1.1 ping statistics ---
  5 packet(s) transmitted
  5 packet(s) received
  0.00% packet loss
  round-trip min/avg/max = 31/34/47 ms
```

图 4-49　ping 172.16.1.1

```
ping 192.168.1.1//由于直连网络连接，办公网 PC1 设备能 ping 通校园网出口网关
```

```
PC>ping 192.168.1.1

Ping 192.168.1.1: 32 data bytes, Press Ctrl_C to break
From 192.168.1.1: bytes=32 seq=1 ttl=255 time=15 ms
From 192.168.1.1: bytes=32 seq=2 ttl=255 time=16 ms
From 192.168.1.1: bytes=32 seq=3 ttl=255 time=31 ms
From 192.168.1.1: bytes=32 seq=4 ttl=255 time=32 ms
From 192.168.1.1: bytes=32 seq=5 ttl=255 time=31 ms

--- 192.168.1.1 ping statistics ---
  5 packet(s) transmitted
  5 packet(s) received
  0.00% packet loss
  round-trip min/avg/max = 15/25/32 ms
```

图 4-50　ping 192.168.1.1

```
ping 172.16.3.1//通过动态路由，能 ping 通东校区校园网出口网关
```

```
PC>ping 172.16.3.1

Ping 172.16.3.1: 32 data bytes, Press Ctrl_C to break
From 172.16.3.1: bytes=32 seq=1 ttl=254 time=47 ms
From 172.16.3.1: bytes=32 seq=2 ttl=254 time=62 ms
From 172.16.3.1: bytes=32 seq=3 ttl=254 time=47 ms
From 172.16.3.1: bytes=32 seq=4 ttl=254 time=63 ms
From 172.16.3.1: bytes=32 seq=5 ttl=254 time=47 ms

--- 172.16.3.1 ping statistics ---
  5 packet(s) transmitted
  5 packet(s) received
  0.00% packet loss
  round-trip min/avg/max = 47/53/63 ms
```

图 4-51　ping 172.16.3.1

```
ping 172.16.3.2//通过动态路由，能 ping 通东校区校园网办公网 PC2 设备
```

```
PC>ping 172.16.3.2

Ping 172.16.3.2: 32 data bytes, Press Ctrl_C to break
From 172.16.3.2: bytes=32 seq=1 ttl=126 time=62 ms
From 172.16.3.2: bytes=32 seq=2 ttl=126 time=63 ms
From 172.16.3.2: bytes=32 seq=3 ttl=126 time=63 ms
From 172.16.3.2: bytes=32 seq=4 ttl=126 time=78 ms
From 172.16.3.2: bytes=32 seq=5 ttl=126 time=63 ms

--- 172.16.3.2 ping statistics ---
  5 packet(s) transmitted
  5 packet(s) received
  0.00% packet loss
  round-trip min/avg/max = 62/65/78 ms
```

图 4－52　ping 172.16.3.2

任务 5　配置多区域 OSPF 路由协议实现跨网络通信

（一）任务要求

① 根据拓扑图及地址规划表（表 4－7）完成图 4－53 所示的拓扑连接。

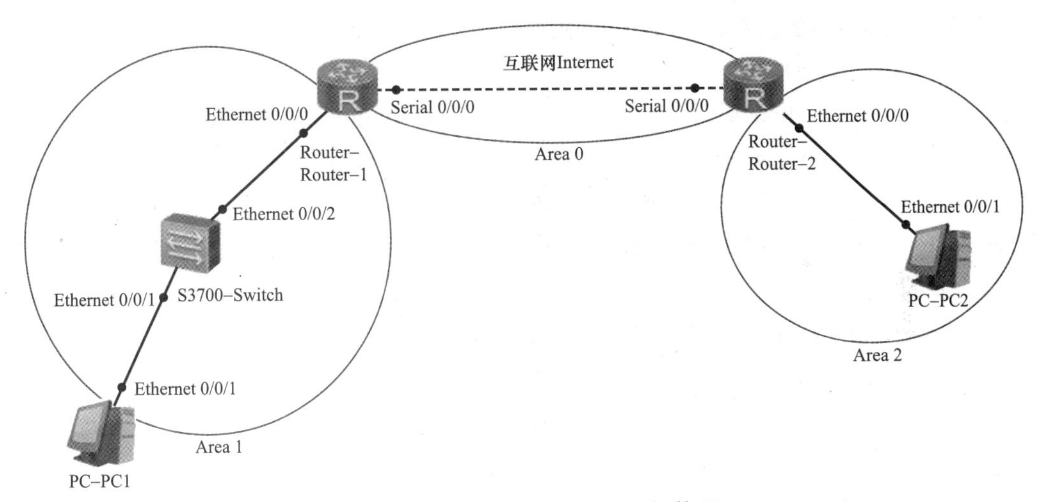

图 4－53　OSPF 路由协议配置拓扑图

表 4－7　IP 地址规划表

设备名称		接口地址	网关	备注
Router－1	E0/0/0	172.16.1.1/24	—	西校区办公网接口
	S0/0/0	192.168.1.1/24	—	接入互联网接口
Router－2	E0/0/0	192.168.1.2/24	—	接入互联网接口
	S0/0/0	172.16.3.1/24	—	东校区办公网接口
Switch	E0/0/2	—	—	连接 Router－1
	E0/0/1	—	—	连接 PC1
PC1		172.16.1.2/24	172.16.1.1/24	西校区办公网接口
PC2		172.16.3.2/24	172.16.3.1/24	东校区办公网接口

② 通过多区域 OSPF 路由协议实现校园网两个校区办公网络设备的互连。

（二）实施步骤

1. 材料准备

① 路由器 Router（2 台）。

② 网线（若干）PC（若干）。

③ 配置线缆（1 根）。

2. 实施过程

（1）配置 Router-1 的名称、接口 IP 地址

```
<Huawei>system-view
[Huawei]sysname Router-1
[Router-1]interface Serial 0/0/0
[Router-1-Serial0/0/0]ip address 192.168.1.1 255.255.255.0
[Router-1]interface Ethernet 0/0/0
[Router-1-Ethernet0/0/0]ip address 172.16.1.1 255.255.255.0
```

（2）配置 Router-2 的名称、接口 IP 地址

```
<Huawei>system-view
[Huawei]sysname Router-2
[Router-2]interface Serial 0/0/0
[Router-2-Serial0/0/0]ip address 192.168.1.2 255.255.255.0
[Router-2]interface Ethernet 0/0/0
[Router-2-Ethernet0/0/0]ip address 172.16.3.1 255.255.255.0
```

（3）查看 Router-1 产生的直连路由（图 4-54）

```
[Router-1]display ip routing-table
Route Flags: R - relay, D - download to fib
------------------------------------------------------------------------------
Routing Tables: Public
        Destinations : 7        Routes : 7

Destination/Mask    Proto   Pre  Cost       Flags NextHop         Interface

      127.0.0.0/8   Direct  0    0            D   127.0.0.1       InLoopBack0
      127.0.0.1/32  Direct  0    0            D   127.0.0.1       InLoopBack0
     172.16.1.0/24  Direct  0    0            D   172.16.1.1      Ethernet0/0/0
     172.16.1.1/32  Direct  0    0            D   127.0.0.1       Ethernet0/0/0
    192.168.1.0/24  Direct  0    0            D   192.168.1.1     Serial0/0/0
    192.168.1.1/32  Direct  0    0            D   127.0.0.1       Serial0/0/0
    192.168.1.2/32  Direct  0    0            D   192.168.1.2     Serial0/0/0
```

图 4-54 查看 Router-1 产生的直连路由

（4）配置 Router-1 和 Router-2 的多区域 OSPF 动态路由

```
[Router-1]ospf 1                 //启用 OSPF 路由器协议，进程号为 1
[Router-1-ospf-1]area 0          //设置区域号为 0
```

```
[Router-1-ospf-1-area-0.0.0.0]network 192.168.0.0 0.0.255.255
//对外发布直连网段信息，并宣告该接口所在骨干（Area 0）区域号
[Router-1-ospf-1-area-0.0.0.0]quit
[Router-1-ospf-1]area 1
[Router-1-ospf-1-area-0.0.0.0]network 172.16.1.0 0.0.0.255
//对外发布直连网段信息，并宣告该接口所在骨干（Area 1）区域号

[Router-2]ospf 1
[Router-2-ospf-1]area 0
[Router-2-ospf-1-area-0.0.0.0]network 192.168.0.0 0.0.255.255
//对外发布直连网段信息，并宣告该接口所在骨干（Area 0）区域号

[Router-2-ospf-1]area 2
[Router-2-ospf-1-area-0.0.0.0]network 172.16.3.0 0.0.0.255
//对外发布直连网段信息，并宣告该接口所在骨干（Area 2）区域号
```

（5）查看两台路由器产生的动态路由（图 4-55、图 4-56）

```
[Router-1]display ip routing-table
```

```
[Router-1]display  ip routing-table
Route Flags: R - relay, D - download to fib
------------------------------------------------------------------------------
Routing Tables: Public
         Destinations : 8        Routes : 8

Destination/Mask    Proto   Pre  Cost      Flags NextHop         Interface

      127.0.0.0/8   Direct  0    0           D   127.0.0.1       InLoopBack0
      127.0.0.1/32  Direct  0    0           D   127.0.0.1       InLoopBack0
     172.16.1.0/24  Direct  0    0           D   172.16.1.1      Ethernet0/0/0
     172.16.1.1/32  Direct  0    0           D   127.0.0.1       Ethernet0/0/0
     172.16.3.0/24  OSPF    10   1563        D   192.168.1.2     Serial0/0/0
    192.168.1.0/24  Direct  0    0           D   192.168.1.1     Serial0/0/0
    192.168.1.1/32  Direct  0    0           D   127.0.0.1       Serial0/0/0
    192.168.1.2/32  Direct  0    0           D   192.168.1.2     Serial0/0/0
```

图 4-55　查看 Router-1 产生的动态路由

```
[Router-2]display  ip routing-table
Route Flags: R - relay, D - download to fib
------------------------------------------------------------------------------
Routing Tables: Public
         Destinations : 8        Routes : 8

Destination/Mask    Proto   Pre  Cost      Flags NextHop         Interface

      127.0.0.0/8   Direct  0    0           D   127.0.0.1       InLoopBack0
      127.0.0.1/32  Direct  0    0           D   127.0.0.1       InLoopBack0
     172.16.1.0/24  OSPF    10   1563        D   192.168.1.1     Serial0/0/0
     172.16.3.0/24  Direct  0    0           D   172.16.3.1      Ethernet0/0/0
     172.16.3.1/32  Direct  0    0           D   127.0.0.1       Ethernet0/0/0
    192.168.1.0/24  Direct  0    0           D   192.168.1.2     Serial0/0/0
    192.168.1.1/32  Direct  0    0           D   192.168.1.1     Serial0/0/0
    192.168.1.2/32  Direct  0    0           D   127.0.0.1       Serial0/0/0
```

图 4-56　查看 Router-2 产生的动态路由

（6）配置 PC 的 IP 地址信息

根据表 4－7 中所示的 IP 地址规划表配置。

双击拓扑图中的“PC”，选择“基础配置”→“IPv4 配置静态”，配置 PC 的 IP 地址。

（7）使用 ping 命令测试网络连通（图 4－57～图 4－60）

```
ping 172.16.1.1//由于直连网段连接，办公网 PC1 设备能 ping 通目标网关
```

```
PC>ping 172.16.1.1

Ping 172.16.1.1: 32 data bytes, Press Ctrl_C to break
From 172.16.1.1: bytes=32 seq=1 ttl=255 time=47 ms
From 172.16.1.1: bytes=32 seq=2 ttl=255 time=31 ms
From 172.16.1.1: bytes=32 seq=3 ttl=255 time=32 ms
From 172.16.1.1: bytes=32 seq=4 ttl=255 time=31 ms
From 172.16.1.1: bytes=32 seq=5 ttl=255 time=31 ms

--- 172.16.1.1 ping statistics ---
  5 packet(s) transmitted
  5 packet(s) received
  0.00% packet loss
  round-trip min/avg/max = 31/34/47 ms
```

图 4－57　ping 172.16.1.1

```
ping 192.168.1.1//由于直连网络连接，办公网 PC1 设备能 ping 通校园网出口网关
```

```
PC>ping 192.168.1.1

Ping 192.168.1.1: 32 data bytes, Press Ctrl_C to break
From 192.168.1.1: bytes=32 seq=1 ttl=255 time=15 ms
From 192.168.1.1: bytes=32 seq=2 ttl=255 time=16 ms
From 192.168.1.1: bytes=32 seq=3 ttl=255 time=31 ms
From 192.168.1.1: bytes=32 seq=4 ttl=255 time=32 ms
From 192.168.1.1: bytes=32 seq=5 ttl=255 time=31 ms

--- 192.168.1.1 ping statistics ---
  5 packet(s) transmitted
  5 packet(s) received
  0.00% packet loss
  round-trip min/avg/max = 15/25/32 ms
```

图 4－58　ping 192.168.1.1

```
ping 172.16.3.1//通过动态路由，能 ping 通东校区校园网出口网关
```

```
PC>ping 172.16.3.1

Ping 172.16.3.1: 32 data bytes, Press Ctrl_C to break
From 172.16.3.1: bytes=32 seq=1 ttl=254 time=47 ms
From 172.16.3.1: bytes=32 seq=2 ttl=254 time=62 ms
From 172.16.3.1: bytes=32 seq=3 ttl=254 time=47 ms
From 172.16.3.1: bytes=32 seq=4 ttl=254 time=63 ms
From 172.16.3.1: bytes=32 seq=5 ttl=254 time=47 ms

--- 172.16.3.1 ping statistics ---
  5 packet(s) transmitted
  5 packet(s) received
  0.00% packet loss
  round-trip min/avg/max = 47/53/63 ms
```

图 4-59 ping 172.16.3.1

```
ping 172.16.3.2//通过动态路由，能ping通东校区校园网办公网 PC2 设备
```

```
PC>ping 172.16.3.2

Ping 172.16.3.2: 32 data bytes, Press Ctrl_C to break
From 172.16.3.2: bytes=32 seq=1 ttl=126 time=62 ms
From 172.16.3.2: bytes=32 seq=2 ttl=126 time=63 ms
From 172.16.3.2: bytes=32 seq=3 ttl=126 time=63 ms
From 172.16.3.2: bytes=32 seq=4 ttl=126 time=78 ms
From 172.16.3.2: bytes=32 seq=5 ttl=126 time=63 ms

--- 172.16.3.2 ping statistics ---
  5 packet(s) transmitted
  5 packet(s) received
  0.00% packet loss
  round-trip min/avg/max = 62/65/78 ms
```

图 4-60 ping 172.16.3.2

4.4 思政链接

金桥工程

改革开放以后，我国通信网络和信息系统的建设取得了长足的进步，但是与发达国家相比，我国在网络能力、信息资源开发和应用等方面仍存在很大的差距。随着我国经济体制改革的深化和市场机制的建立，跨部门跨地区的信息通信与交换将日益频繁，信息网络成为现代社会重要的基础设施。为了抓住机遇发展信息化，提高我国国民经济的综合国力。1993年，由中国科协发起并组织实施了以经济建设为中心、推动科技成果转化、促进科技与经济

相结合的科技服务活动“金桥工程”。

金桥工程是国民经济信息化的基础设施，是“天地一体化”的网络结构，天网（卫星网）和地网（光纤网）在统一网管系统下实行互连互通，具有互操作性，互为补充，互为备用。金桥工程初期是从国情出发在全国范围内建设一条“信息中速国道”（传输速率为 2 Mb/s）。金桥网与各个部门已建的专用信息通信网实行互连；对未建专用信息通信网的部门，金桥网可提供虚拟网，虚拟网实行各自管理。金桥网与中国公用分组交换网、数字数据网及公众电话网互连互通，并实行国际联网。

金桥工程为国家宏观经济调控和决策服务，也为经济和社会信息资源共享及建设电子信息市场创造了条件。金桥工程中建立的信息交换平台，为实现网络增值服务提供条件，其支持各种信息应用系统和服务系统特性，也推动了我国电子信息产业的发展。

金桥工程体现了党和政府对群众性科技活动的支持、忠实履行科协工作宗旨和充分发挥团体综合优势、科学技术服务于经济社会发展的广泛需求，得到了广大科技工作者的积极响应，使这项活动成为有广泛群众基础、有很大社会影响、促进科技成果转化、促进科技与经济结合、为企业服务、为“三农”服务的龙头工程。

4.5 对接认证

一、单选题

1. 浮动静态路由的实现方法是（　　）。

A. 对比路由优先级值，数值最小的路由会被放入路由表

B. 对比路由优先级值，数值最大的路由会被放入路由表

C. 对比路由开销值，数值最小的路由会被放入路由表

D. 对比路由开销值，数值最大的路由会被放入路由表

2. 对 192.168.16.0/24、192.168.17.0/24、192.168.18.0/24、192.168.19.0/24 四个子网进行汇总后的网络是（　　）。

A. 192.168.16.0/20　　B. 192.168.16.0/21

C. 192.168.16.0/22　　D. 192.168.16.0/23

3. 以下针对路由优先级和路由度量值的说法中，错误的是（　　）。

A. 路由优先级用来从多种不同路由协议之间选择最终使用的路由

B. 路由度量值用来从同一种路由协议获得的多条路由中选择最终使用的路由

C. 默认的路由优先级和路由度量值都可以由管理员手动修改

D. 路由优先级和路由度量值都是选择路由的参数，但适用于不同的场合

4. 下列路由是静态路由的是（　　）。

A. 路由器为本地接口生成的路由

B. 路由器上静态配置的路由

C. 路由器通过路由协议学来的路由

D. 路由器从多条路由中选出的最优路由

5. 当路由器分别通过下列方式获取到了去往同一个子网的路由时，这台路由器在默认情况下会选择（　　）。

A. 静态配置的路由

B. 静态配置的路由（优先级的值修改为 50）

C. RIP 路由

D. OSPF 路由

6. 在华为路由器上查看 IP 路由表的命令是（　　）。

A. display routing-table　　B. display ip route table

C. display route table　　D. display ip routing-table

7. 在 OSPF 中，除了普通区域外，还可以设置多种特殊区域，如骨干区域，以下区域属于骨干区域的是（　　）。

A. stub　　B. Area 0　　C. NSSA　　D. Area 1

8. 一台运行了 OSPF 的路由器，其物理接口 IP 地址分别为 1.1.1.1/24、5.5.5.5/24；loopback 0 的 IP 地址为 3.3.3.3/24，loopback 1 的 IP 地址为 4.4.4.4/24，该路由器的 Router ID 值是（　　）。

A. 1.1.1.1　　B. 3.3.3.3　　C. 4.4.4.4　　D. 5.5.5.5

9. 通过修改参数（　　）可以实现浮动静态路由。

A. nexthop　　B. preference　　C. Destination　　D. Mask

二、多选题

1. 下列有关静态路由的说法中，正确的是（　　）。

A. 静态路由是指管理员手动配置在路由器上的路由

B. 静态路由的路由优先级值为 60，管理员可以调整这个默认值

C. 路由器可以同时使用路由优先级相同的静态路由

D. 路由器可以同时使用路由优先级不同的静态路由

2. 在静态路由的配置中，下一跳参数可以配置为（　　）。

A. 本地路由器接口 ID　　B. 对端路由器接口 ID

C. 本地路由器接口 IP 地址　　D. 对端路由器接口 IP 地址

3. 默认路由的格式是（　　）。

A. 0.0.0.0 0.0.0.0　　B. 0.0.0.0 0

C. 255.255.255.255 255.255.255.255　　D. 255.255.255.255 32

4. 路由信息的三种来源分别是（　　）。

A. 默认路由　　B. 直连路由

C. 静态路由　　D. 动态路由

三、实践操作

学校总部有电信学院、机电学院等多个二级院部，校外实训基地有教学部和实践部两个部门。网络拓扑图如图 4-61 所示。

具体要求如下：

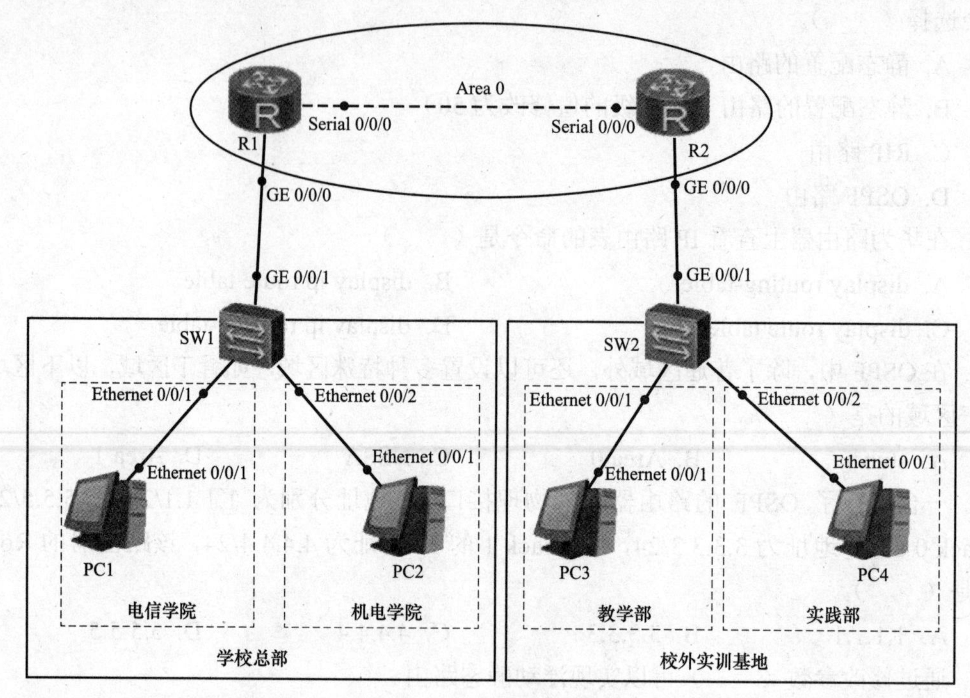

图 4-61　某学校网络拓扑图

① 电信学院用户 VLAN 为 10，IP 地址为 192.168.10.0/24，网关在路由器 R1 上。

② 机电学院用户的 VLAN 为 20，IP 地址为 192.168.20.0/24，网关在路由器 R1 上。

③ 实践教学基地教学部用户的 VLAN 为 30，IP 为 172.16.30.0/24，网关在路由器 R2 上。

④ 实践教学基地实践部用户的 VLAN 为 40，IP 为 172.16.40.0/24，网关在路由器 R2 上。

⑤ 总部与分部路由器直连的地址分别为 10.1.10.0/30。在路由器上配置 OSPF 和单臂路由，实现总部与分部四个部门之间互相通信。

1. 请根据以上拓扑和要求，完成表 4-8～表 4-11 中内容的规划。

表 4-8　VLAN 规划

VLAN-ID	VLAN 命名	网段	用途

表 4－9　设备管理规划

所属区域	设备类型	型号	设备命名	登录密码

表 4－10　端口互连规划

本端设备	本端端口	端口配置	对端设备	对端端口

表 4－11　IP 规划

设备命名	端口	IP 地址	用途

2. 完成实验后，请使用 display current-configuration 查看交换机 SW1、SW2、R1、R2 的配置内容并复制到文本文档保存，命名为 SW1.txt、SW2.txt、SW3.txt、SW4.txt。

3. 完成实验后，请使用 display ospf routing 路由器 R1 的路由配置信息；使用 display ip routing 命令查看 R1 和 R2 所有路由表信息；使用总部电信学院 PC 进行 ping 测试，测试与其他 3 个部门 PC 的连通性。

项目5 部署无线局域网，让连通随心所欲

5.1 项目介绍

5.1.1 项目概述

传统有线局域网主要依赖铜缆或光缆构成有线网络，但有线网络在某些场合要受到布线的限制，而且布线、改线工程量大，线路容易损坏，网中的各节点也不可移动。特别是当要把相隔较远的节点连接起来时，敷设专用通信线路的布线施工难度之大、费用之高、耗时之长，令人生畏。这些问题都对正在迅速扩大的网络接入需求形成了严重的瓶颈阻塞，限制了用户联网。

5.1.2 项目背景

小志所在的网络管理中心计划给新建的实训楼部署无线网络，企业指导老师要求小志首先熟悉无线局域网的基础知识及无线网络架构。

5.1.3 学习目标

【知识目标】

理解无线网络的定义。

了解无线网络的发展史、分类及特点。

熟悉常见的无线传输技术及 WLAN 技术。

熟悉 WLAN 技术及其工作频段和应用场景。

熟悉 WLAN 的组网设备及组网方式。

【能力目标】

学会 AD-HOC 无线对等网络部署。

能够分析识别 WLAN 组网方式。

学会家庭及小型办公无线网络部署。

【素养目标】

在对无线网络知识的学习和应用中感受国家的逐步强盛，建立起民族自豪感。

感受无线网络技术发展中的自力更生精神和自主创新思维方式。

从无线网络技术的发展历程中体会创造意识和安全意识，激发科技强国意识。

从无线网络技术的发展历程中体会四个自信和勤于学习、刻苦钻研的劳模精神。

5.1.4 核心技术

无线射频技术、FAT AP 部署、FIT AP 部署。

5.2 相关知识

5.2.1 认识无线局域网及设备

有线网络使用双绞线、光缆等传输介质来传输信息数据，在光缆铺设方面存在着铺设费用高、不灵活、施工时间长等问题，在某些特定的区域或环境，更存在线缆铺设困难与工程成本高的难题，极大地限制了有线网络的覆盖面，那么，怎样才能使人们随时随地使用通信网络呢？

1. 无线网络概述

（1）无线网络定义

无线网络是指使用无线电波、激光、红外线技术或者是射频等相关技术建设的近距离或者较远距离的无线连接网络。无线网络能实现各种通信设备互连。无线网络技术涵盖的范围很广，既包括允许用户建立远距离无线连接的全球语音和数据网络，也包括为近距离无线连接进行优化的红外线及射频技术。

无线网络技术概述

（2）无线网络发展历程

◆ 无线网络的初步应用，可以追溯到第二次世界大战期间，当时美国陆军采用无线电信号做资料的传输。他们研发出了一套无线电传输科技，并且采用相当高强度的加密技术，得到美军和盟军的广泛使用。他们也许没有想到，这项技术会在 50 年后的今天改变了我们的生活。

◆ 许多学者从中得到灵感，在 1971 年时，夏威夷大学的研究员创造了第一个基于封包式技术的无线电通信网络。这被称作 ALOHAnet 的网络，可以算是相当早期的无线局域网络（WLAN）。它包括了 7 台计算机，它们采用双向星形拓扑横跨四座夏威夷的岛屿，中心计算机放置在瓦胡岛上。从这时开始，无线网络正式诞生了。

◆ 1990 年，IEEE 正式启用了 802.11 项目，无线网络技术逐渐走向成熟。IEEE 802.11（WiFi）标准诞生以来，先后有 802.11a、802.11b、802.11g、802.11e、802.11f、802.11h、802.11i、802.11j 等标准制定或者酝酿，目前 802.11n 应用已经非常普遍，802.11n 技术可以提供用户高速度、高质量的 WLAN 服务。

◆ 2003年以来，无线网络市场热度迅速飙升，已经成为IT市场中新的增长亮点。由于人们对网络速度及方便使用性的期望越来越大，于是与电脑及移动设备结合紧密的 WiFi、CDMA/GPRS、蓝牙等技术越来越受到人们的追捧。与此同时，在相应配套产品大量面世之后，构建无线网络所需要的成本下降了，一时间，无线网络成为我们生活的主流。

随着3G、4G（LTE）等高速移动网络的面市，移动网络成为生活中不可缺少的一部分，很多商店、餐馆等公共场所也提供了WiFi无线热点。

（3）无线网络分类

根据网络覆盖范围的不同，可以将无线网络划分为无线广域网、无线局域网、无线城域网和无线个人局域网。

◆ WPAN（Wireless Personal Area Network），提供个人区域无线连接，一般是点对点连接和小型网络的连接。WPAN的主要特点是易用、低费用、便携等；主要技术为蓝牙技术，工作在2.4 GHz频段。

◆ WLAN（Wireless Local Area Network），使用频段：2.4 GHz和5 GHz。WLAN的主要特点是支持多用户，设计更加灵活。涉及的主要技术是802.11a/b/g/n。

◆ WMAN（Wireless Metro Area Network），主要用于骨干连接和用户覆盖。WMAN一般使用的频段需要申请，公用的频段也可以，但是有干扰。WMAN主要采用的技术是WiMax（802.16）。

◆ WWAN（Wireless Wide Area Network），主要用于无线覆盖。其特点是带宽小，基于时长或者流量来收费。WWAN使用的主要技术有2G/3G、卫星传输等。

随着无线技术的发展，不同种类的无线网络之间的界限越来越模糊，有相互融合的趋势。

（4）无线网络的特点

◆ 可移动性强，能突破时空的限制。无线网络是通过发射无线电波来传递网络信号的，只要处于发射的范围之内，人们就可以利用相应的接收设备来实现对相应网络的连接。这极大地摆脱了空间和时间方面的限制，是传统网络无法做到的。

◆ 网络扩展性能相对较强。与有线网络不一样的是，无线网络突破了有线网络的限制，其可以随时通过无线信号进行接入，其网络扩展性能相对较强，可以有效实现网络工作的扩展和配置的设置等。用户在访问信息时，也会变得更加高效和便捷。无线网络不仅扩展了人们对使用网络的空间范围，而且提升了网络的使用效率。

◆ 设备安装简易、成本低廉。通常来说，安装有线网络的过程是较为复杂烦琐的，有线网络除了要布置大量的网线和网线接头外，其后期的维护费用非常高。而无线网络则无须布设大量的网线，安装一个无线网络发射设备即可，同时，这也为后期网络维护创造了非常便利的条件，极大地降低了网络前期安装和后期维护的成本费用。

（5）无线传输技术

◆ Ir DA：一种利用红外线进行点到点通信的技术。其特点是视距无障碍传输，传输速率可达16 Mb/s；成本低、寿命短。常见的有红外线测温器、红外线笔等，如图5-1所示。

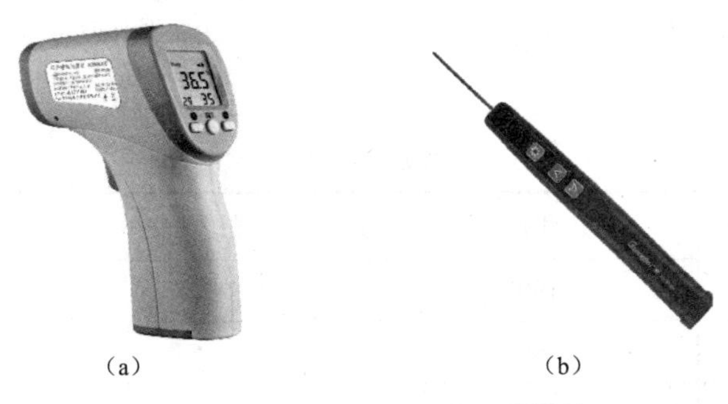

（a）　　　　　　　　（b）

图 5－1　红外线测温器（a）和红外线笔（b）

◆ 蓝牙：工作于 2.4 GHz 频段上，理想连接范围是 10 cm～10 m，支持 72 Kb/s/57.6 Kb/s 的不对称连接或 43.2 Kb/s 的对称连接。最常见的是蓝牙耳机，如图 5－2 所示。

◆ Home RF：家庭无线网络，是 IEEE 802.11 与 DECT（数字无绳电话标准）的结合，工作在 2.4 GHz 频段，100 m 内提供的最大接入速率为 2 Mb/s。图 5－3 所示为常见的数字无绳电话。

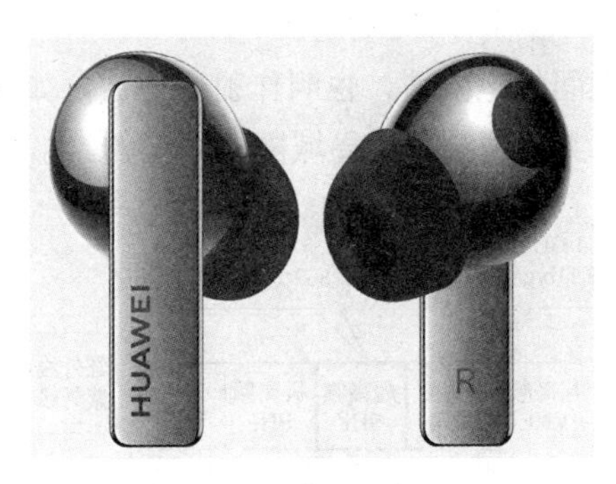

图 5－2　蓝牙耳机

图 5－3　数字无绳电话

◆ WiFi：无线高保真（Wireless Fidelity），使用无线技术如 IEEE 802.11a/b/g/n 等为局域网提供无线连接。

◆ GSM、UMTS、LTE：主要应用于移动网络数据传输，使用频段有 900 MHz、1 800 MHz、1 900 MHz、2 100 MHz 等，用于无线广域网的覆盖。

2. WLAN 技术

（1）WLAN 技术概述

WLAN 是计算机网络与无线通信技术相结合的产物。其发展目标是：

◆ 更高带宽：802.11a/g 速率达到 54 Mb/s，802.11n 可达 600 Mb/s（采用 MIMO 技术），802.11ac Wave2 可达到 3.47 Gb/s。

◆ 更广覆盖范围：从 802.11a/g 的 100 m 到 802.11n 的 500～1 000 m。

◆ 更强的障碍物穿透能力：可以使用于多堵墙壁的商务住宅、复杂房间结构的写字楼等环境中。

◆ 从单纯的 Fat AP 模式转为集中控制的 AC-Fit AP 模式。

表 5－1 中就是 IEEE 802.11 系列标准技术的演进。纵观 802.11 系列标准的发展，会发现大概 5 年左右推出新一代 802.11 技术，而一代新技术的可用速率会比前一代标准提高 5 倍左右。

表 5－1 IEEE 802.11 发展历程

版本	年份	频段/GHz	速率
802.11	1997	2.4	2 Mb/s
802.11a	1999	5	54 Mb/s
802.11b	1999	2.4	11 Mb/s
802.11g	2003	2.4	54 Mb/s
802.11n	2009	2.4、5	600 Mb/s
802.11ac Wave1	2013	5	1.3 Gb/s
802.11 ac Wave2	2015	5	3.47 Gb/s

（2）WLAN 技术所在频段

无线电波是频率介于 3 Hz 和约 300 GHz 之间的电磁波，也叫作射频电波，如图 5－4 所示，而 WLAN 就是利用电磁波完成数据交互，实现传统有线局域网的功能的。

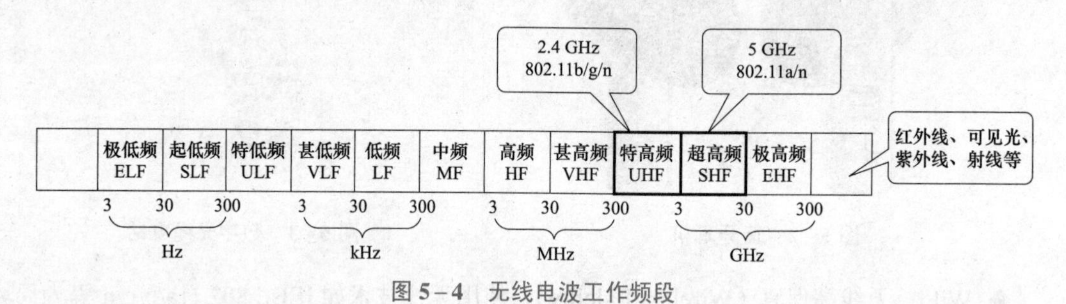

图 5－4 无线电波工作频段

WLAN 技术被 IEEE 802.11b/g/n 定义工作在 2.4 GHz 频段中。2.4 GHz 频段被划分为 14 个交叠的、错列的 20 MHz 无线载波信道，它们的中心频率间隔分别为 5 MHz。802.11a/n/ac 工作在有更多信道的 5 GHz 频段中。

◆ 2.4 GHz 频段

2.4 GHz 是全世界公开、通用的无线频段。在 2.4 GHz 频段下工作，可以获得更大的使用范围和更强的抗干扰能力，目前广泛应用于家用及商用领域。它整体的频宽胜于其他 ISM 频段，这就提高了整体数据传输速率，允许系统共存，允许双向传输，并且抗干扰性强，传输距离远（短距离无线技术范围）。随着越来越多的技术选择了 2.4 GHz 频段，使得该频段日益拥挤。2.4 GHz 频段的特性如下：

- 支持 802.11b/g/n。
- 802.11b 每个信道需要占用 22 MHz。

- 802.11g、802.11n 每个信道需要占用 20 MHz。
- 802.11n 完全兼容 802.11b 和 802.11g。

图 5－5 所示为 802.11b 频段带宽示意图。

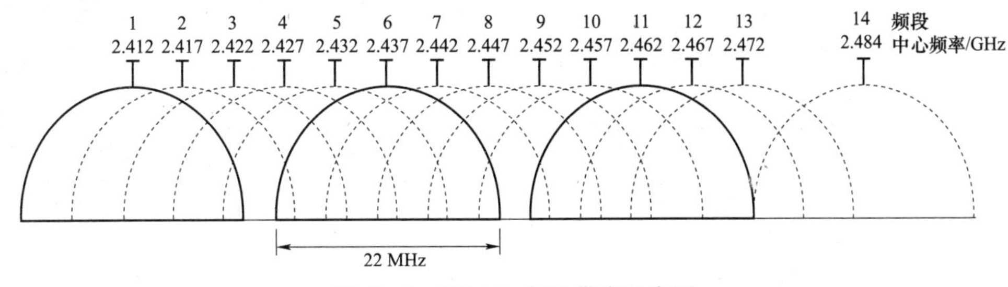

图 5－5　802.11b 频段带宽示意图

◆ 5 GHz 频段

2.4 GHz 频段的带宽范围是 83.5 MHz，5 GHz 频段比 2.4 GHz 频段宽得多，在这个频段内可以使用的带宽范围为 325 MHz。但是关于对 5 GHz 频段的定义，每个国家是不一样的，在 5 GHz 频段工作的协议为 802.11a/n，在 5 GHz 频段下，每个信道占用 20 MHz 的带宽来传输数据。由于 802.11a 与 802.11n 都工作在 5 GHz 频段下，所以 802.11n 协议同样也是向下兼容 802.11a 的。在我国，5 GHz 频段是从 5.725 GHz 到 5.825 GHz 的频段，共 5 个信道。5 GHz 频段如图 5－6 所示，特性如下：

- 支持 802.11a/n/ac。
- 802.11a/n 每个信道需要占用 20 MHz。
- 802.11ac 每个信道支持 20 MHz、40 MHz、80 MHz。

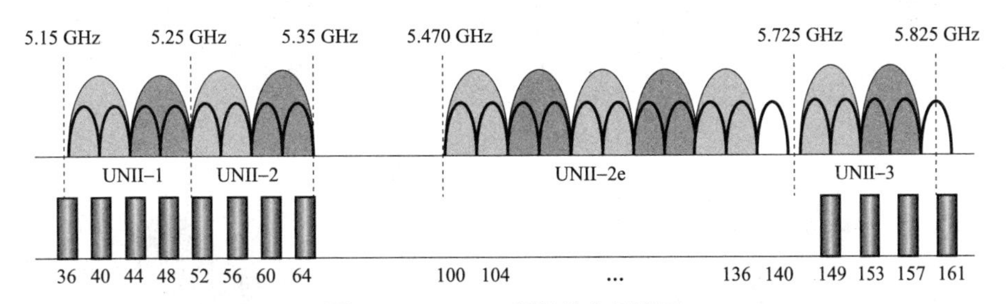

图 5－6　5 GHz 频段带宽示意图

（3）WLAN 应用场景

作为有线网络的无线延伸，WLAN 可以广泛应用在社会生活的各个领域。社区、游乐园、旅馆、机场车站等游玩区域实现旅游休闲上网；政府办公大楼、校园、企事业等单位实现移动办公，方便开会及上课等；在医疗、金融证券等方面，实现医生对病人的远程在线问诊，也可以实现金融证券室外网上交易。

尤其是难以布线的环境，如老式建筑、沙漠区域、岛屿，以及频繁变化的环境，如各种临时需要宽带接入的场景、流动工作站等，建立 WLAN 是理想的选择。

5.2.2 组建家用或商用小型无线网络

1. WLAN 设备介绍

WLAN 组网方式及设备介绍

(1) 无线工作站（STA）

每一个连接到无线网络中的终端（如笔记本电脑、PDA 及其他可以联网的用户设备）都可称为一个站点。站点（Station，STA）在 WLAN 中一般为客户端，可以是装有无线网卡的计算机，也可以是有 WiFi 模块的智能手机，可以是移动的，也可以是固定的，如图 5-7 所示。

图 5-7 无线工作站

(2) 无线网卡

无线网卡的作用和以太网中的网卡的作用基本相同，它作为无线局域网的接口，能够实现无线局域网各客户机间的连接与通信。图 5-8 所示为常见的无线网卡。

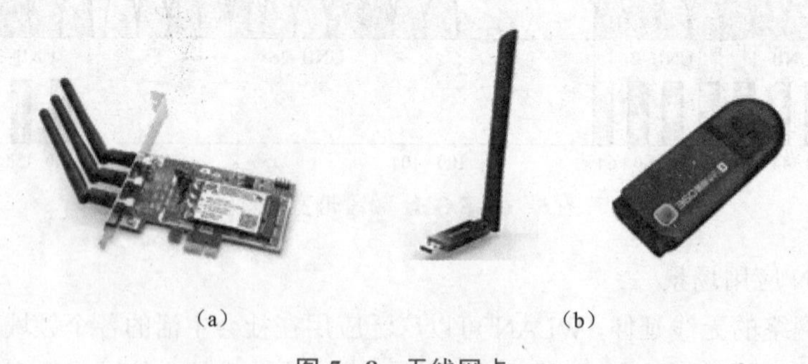

(a) (b)

图 5-8 无线网卡

(a) 内置无线网卡；(b) 外置无线网卡

(3) 天线

当无线网络中各网络设备相距较远时，随着信号的减弱，传输速率会明显下降，以致无法实现无线网络的正常通信，此时就要借助于无线天线对所接收或发送的信号进行增强。常见的天线类型有室外天线、室内天线、吸盘式天线等，如图 5-9 所示。

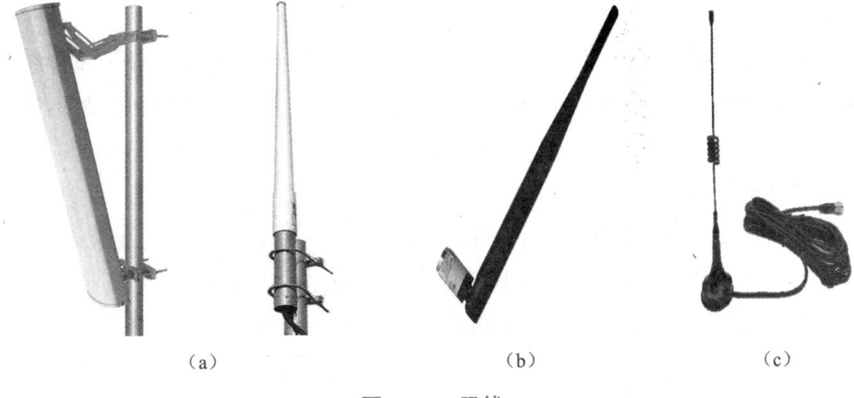
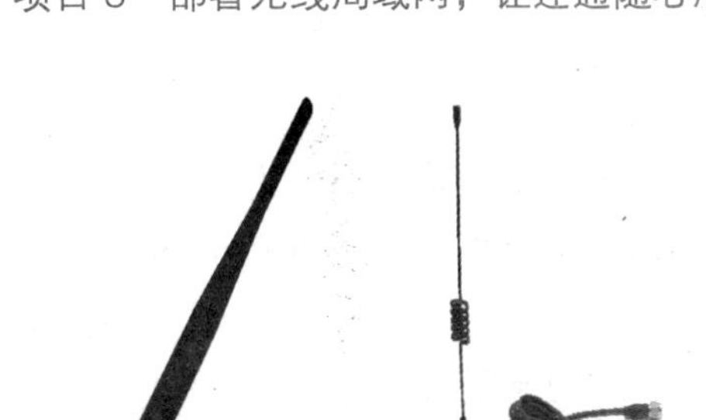

（a）　　（b）　　（c）

图 5-9　天线

（a）室外天线；（b）室内天线；（c）吸盘式天线

（4）无线接入点（AP）

AP 是 Access Point 的简称，无线 AP 就是无线局域网的接入点、无线网关，它的作用类似于有线网络中的集线器。AP 是一个无线网络的创建者，是网络的中心节点。一般家庭或办公室使用的无线路由器就一个 AP。图 5-10 所示是常见的无线 AP。

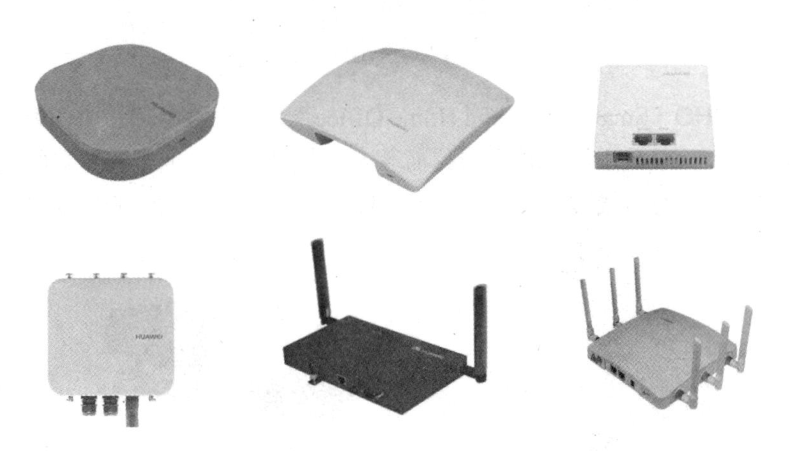

图 5-10　各种无线 AP

（5）无线控制器

无线控制器（Wireless Access Point Controller）是一种网络设备，用来集中化控制无线 AP。无线控制器是一个无线网络的核心，负责管理无线网络中的所有无线 AP。对 AP 的管理包括下发配置、修改相关配置参数、射频智能管理、接入安全控制等。其外观如图 5-11 所示。

图 5-11　华为无线控制器 AC6005

2. WLAN 的组网方式

无线局域网络的架构主要分为基于控制器的 AP 架构（瘦 AP，Fit AP）和传统的独立 AP 架构（胖 AP，Fat AP）。随着近几年 WLAN 技术及市场的发展，瘦 AP 正在迅速替代胖 AP 模式。

（1）胖 AP 的典型组网

胖 AP 典型的例子是无线路由器。无线路由器与纯 AP 不同，除无线接入功能外，一般具备 WAN、LAN 两个接口，多支持 DHCP 服务器、DNS 和 MAC 地址克隆，以及 VPN 接入、防火墙等安全功能。所有的设置参数都直接在 AP 上进行配置，包括认证、漫游、安全等，如图 5-12 所示。

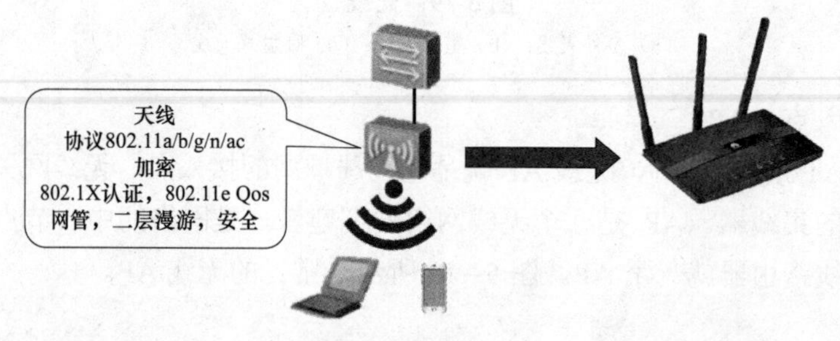

图 5-12　胖 AP 模式

在家庭或者 SOHO（Small Office and Home Office，居家办公）环境中，由于所需要的无线网络覆盖范围小，一般采用胖 AP 组网。而胖 AP 可以不仅实现无线覆盖的要求，还可以同时作为路由器，实现对有线网络的路由转发。图 5-13 所示为家庭或者 SOHO 无线组网常见模式。

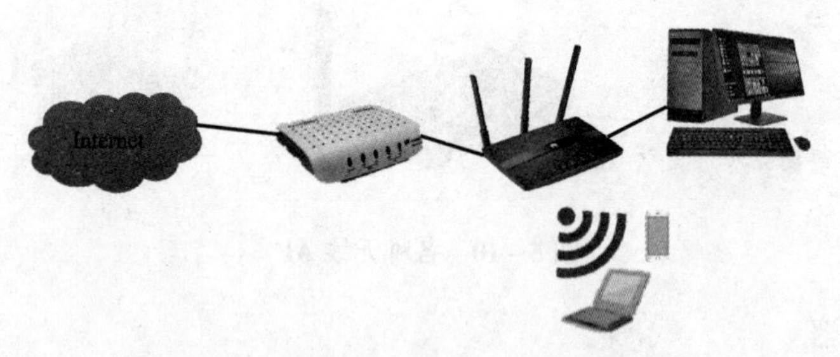

图 5-13　家庭或者 SOHO 无线组网模式

在企业网络或者其他大型场所中，所需要的无线覆盖范围比较大，若采用胖 AP 组网，则可以将 AP 接入交换机端，数据通过交换机的转发，到达企业核心网。在企业核心网也可以架设网管系统，便于对 AP 的统一管理。图 5-14 所示为企业网络的常见组网模式。

（2）瘦 AP 组网方式介绍

无线控制器+瘦 AP 控制架构，即瘦 AP 模式对设备的功能进行了重新划分。其中，无线控制器负责无线网络的接入控制、转发和统计，AP 的配置监控、漫游管理，AP 的网管代理、安全控制；瘦 AP 负责 802.11 报文的加解密、802.11 的物理层功能、接受无线控制器的管理、RF 空口的统计等简单功能。

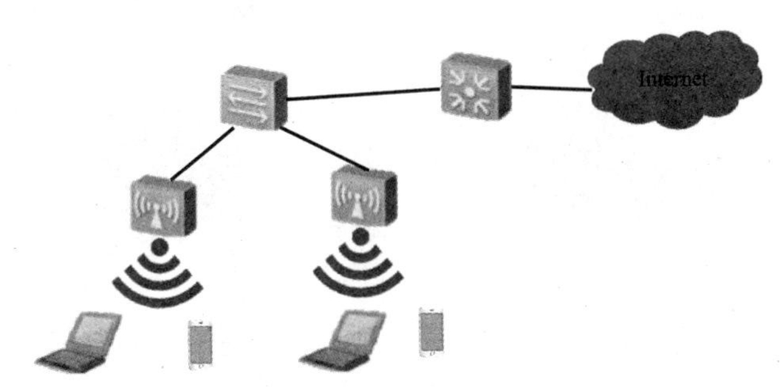

图 5-14　企业网络的组网模式

其组网方式根据 AP 与 AC 之间的网络架构，可分为二层组网和三层组网。

◆ 二层组网：瘦 AP 和无线控制器同属于一个二层广播域，瘦 AP 和 AC 之间通过二层交换机互连。

◆ 三层组网：瘦 AP 和无线控制器属于不同的 IP 网段。瘦 AP 和 AC 之间的通信需要通过路由器或者三层交换机三层转发来完成。

根据 AC 在网络中的位置，可分为直连式组网和旁挂式组网。

◆ 直连式组网：AC 同时扮演 AC 和汇聚交换机的角色，AP 的数据业务和管理业务都由 AC 集中转发和处理。

◆ 旁挂式组网：AC 旁挂在 AP 与上行网络的直连网络上，AP 的业务数据可以不经 AC 而直接到达上行网络。

图 5-15 所示为瘦 AP 不同的组网方式。

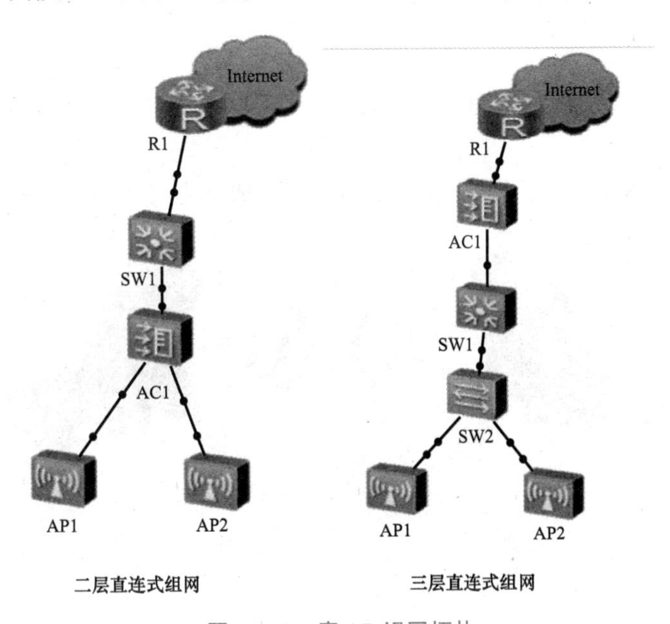

图 5-15　瘦 AP 组网拓扑

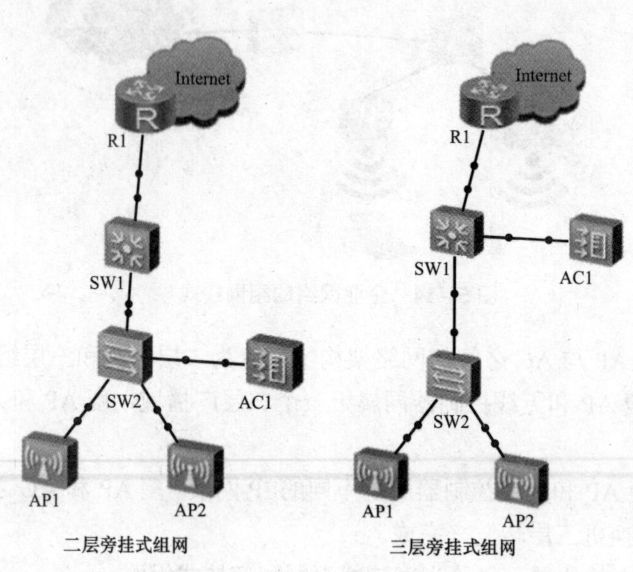

图 5-15 瘦 AP 组网拓扑（续）

5.3 项目实施

任务 1 Ad-Hoc 无线对等网络部署

（一）任务要求

① 开启笔记本电脑的无线对等网功能，使用笔记本电脑的无线网卡临时组建无线对等网络。

② 通过组建如图 5-16 所示的无线对等网络，完成小志与同事间相关文档的共享。

图 5-16 Ad-Hoc 无线对等网

（二）实施步骤

1. 材料准备

两台笔记本电脑，或两台装有无线网卡的台式电脑。

2. 实施过程

① 在 Win10 系统中单击“开始”菜单，输入“CMD”，打开命令提示符（CMD），如图 5-17 所示。

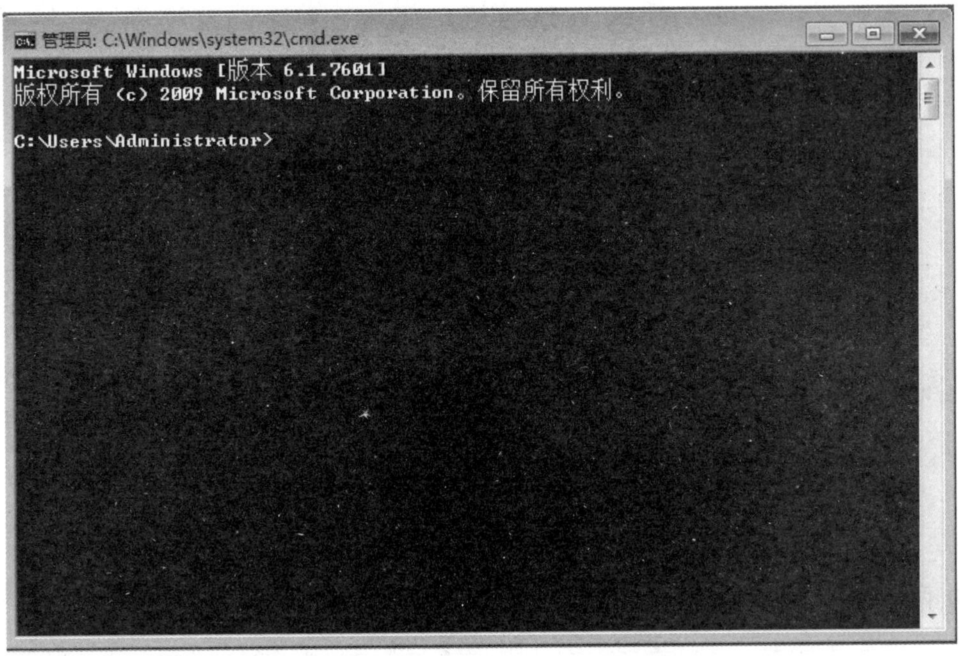

图 5－17　命令提示符（CMD）界面

② 将一台笔记本电脑上的无线对等网开启（默认是关闭的），如图 5－18 所示。在命令提示符界面中输入开启无线对等网的命令：

```
netsh wlan start hostednetwork
```

```
C:\Users\Administrator>netsh wlan start hostednetwork
已启动承载网络。
```

图 5－18　开启无线对等承载网络

③ 设置无线对等网的 SSID 及加密参数等，如图 5－19 所示。输入以下命令：

```
netsh wlan set hostednetwork mode = allow  ssid = xz313 - key = dzxx@123
```

```
C:\Users\Administrator>netsh wlan set hostednetwork mode=allow ssid=xz313 key=dz
xx@123
承载网络模式已设置为允许。
已成功更改承载网络的 SSID。
已成功更改托管网络的用户密钥密码。
```

图 5－19　设置无线对等承载网络参数

④ 另一台 PC2 笔记本电脑搜索并连接 PC1 的无线网络，如图 5－20 所示。

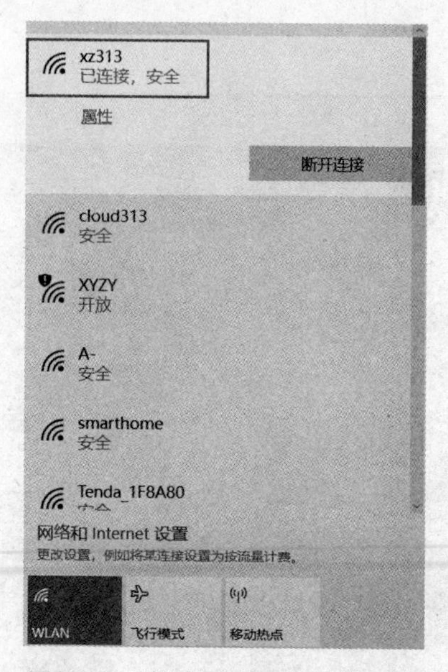

图 5-20　搜索到 PC1 的无线网络

⑤ 两台笔记本电脑的 IP 地址设置在相同网段，如图 5-21 所示。

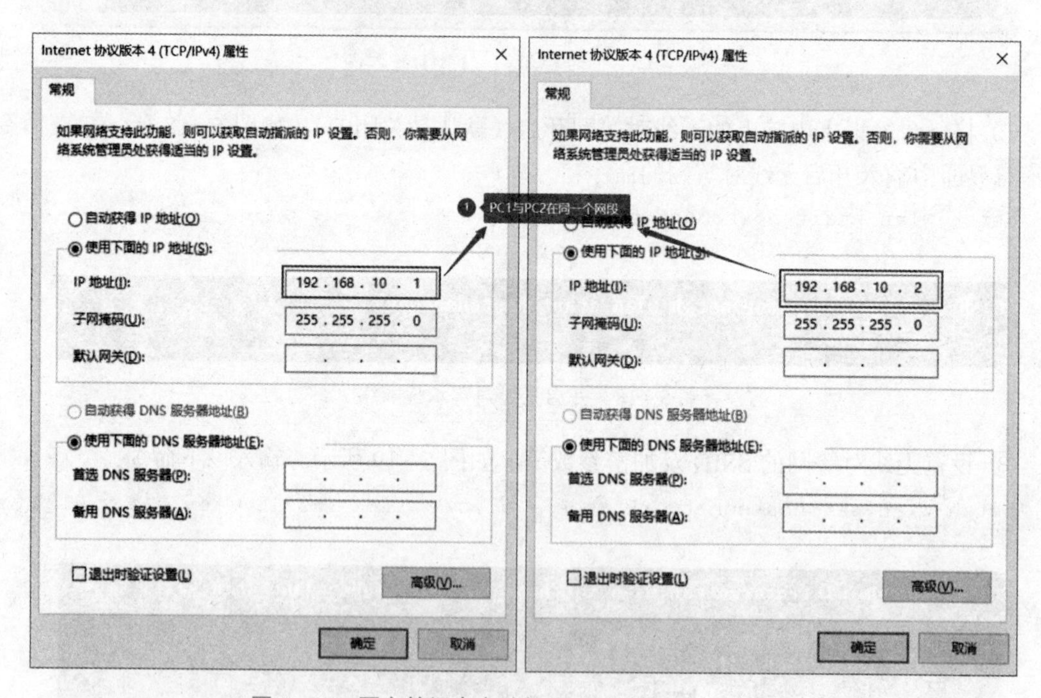

图 5-21　两台笔记本电脑的 IP 地址设置在相同网段

⑥ 在 PC1 中安装 FTP 软件，此处使用的软件是“简单 FTP Server”，其界面如图 5-22 所示，在“共享目录”处选择共享目录位置，启动 FTP 服务。

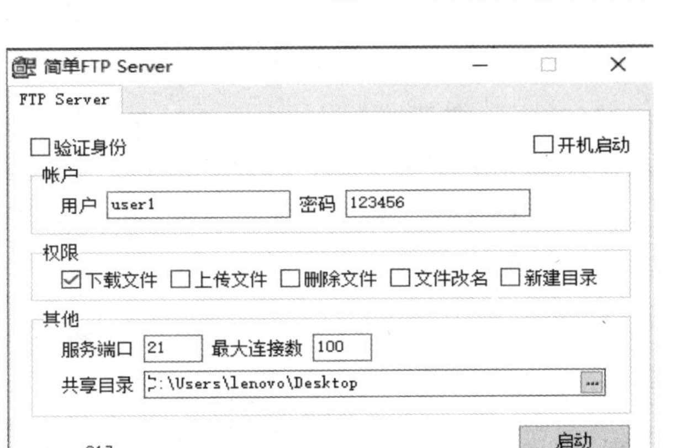

图 5-22　简单 FTP 界面

⑦ PC2 笔记本电脑通过 FTP 方式访问 PC1 的文件并下载。

任务 2　办公室无线局域网络部署

（一）任务要求

目前学校的校外实训基地还没有实现无线系统的统一部署，通过现有有线网络由家用无线路由器组建办公室无线网络，满足实训基地教师的无线、有线上网需求。

（二）实施步骤

1. 材料准备

① 网线若干。

② 家用无线路由器一个。

2. 实施过程

（1）硬件连接

家用的无线路由器有 1 个 WAN 端口、4 个 LAN 端口。WAN 端口用于连接办公室的有线网络接口，LAN 端口用于连接办公室台式电脑，如图 5-23 所示。

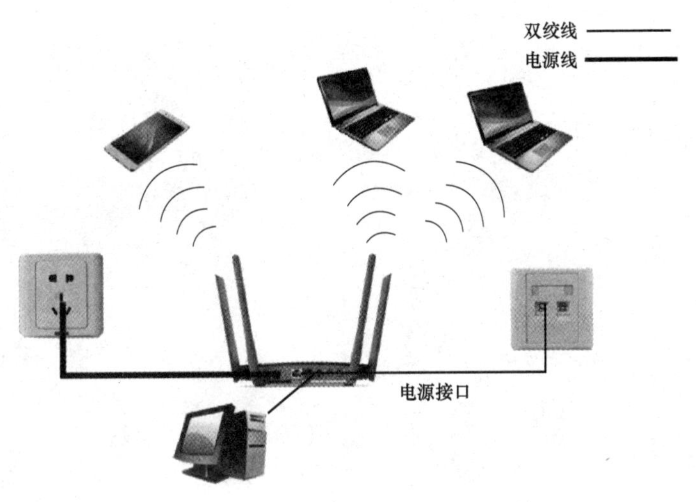

图 5-23　办公室小型无线网络连接

（2）无线路由器的设置

① 设置本地计算机的 IP 地址。宽带路由器的出厂 IP 地址一般都为 192.168.1.1，所以在配置的时候需要保证配置的计算机 IP 地址和宽带路由器在同一个网段中。比如，设置计算机的 IP 地址为 192.168.1.100，子网掩码为 255.255.255.0，默认网关为 192.168.1.1，如图 5－24 所示。

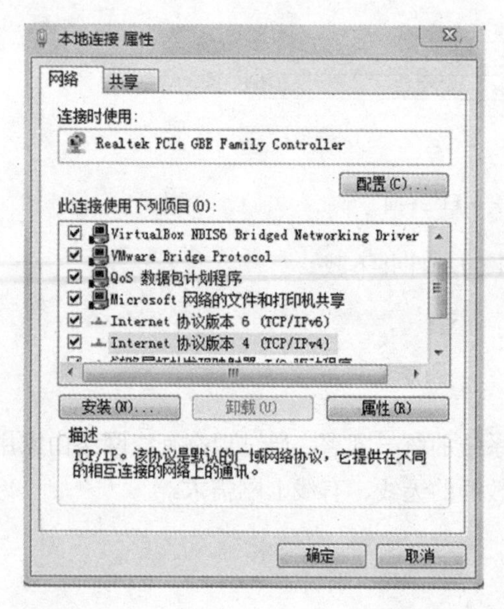

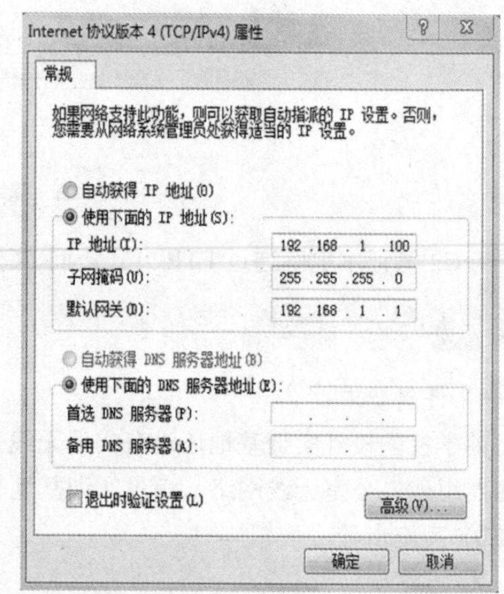

图 5－24　IP 地址配置

② 设置路由器。首先双击 IE 浏览器图标，在地址栏内输入 IP 地址 192.168.1.1。按 Enter 键后，便可以进入当前路由器的配置界面了。图 5－25 所示为 TP-Link 的配置登录界面，不同的厂商，其产品界面不同，但操作基本一致。

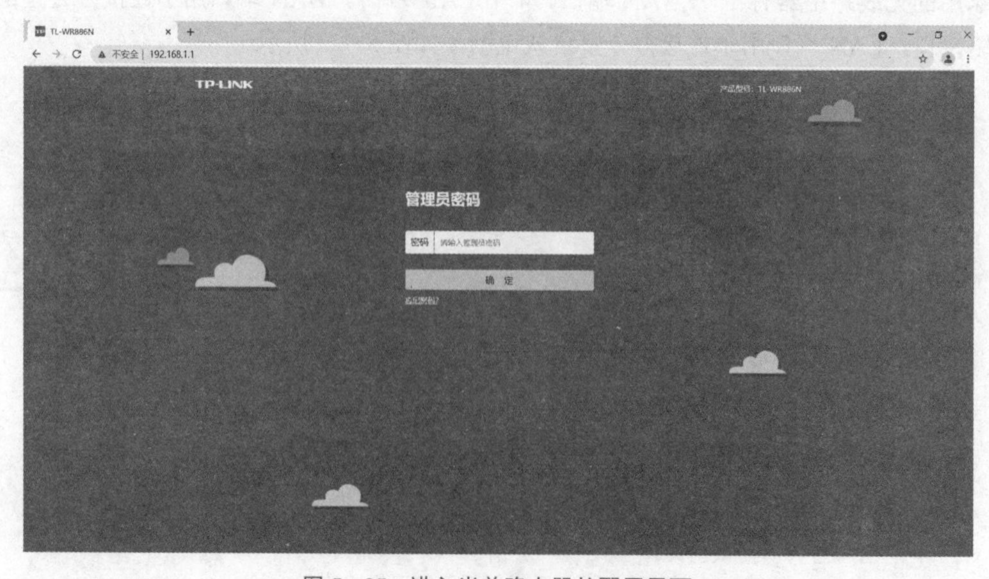

图 5－25　进入当前路由器的配置界面

③ 第一次配置时，无线路由器会要求输入管理员密码，如 TP-Link 的产品，默认用户名为“admin”，默认密码也为“admin”。如果是其他厂商设备，可以查看产品说明书，找到初始用户名和密码。

④ 输入密码后，单击“确定”按钮，在首页选择“路由设置”，进入路由设置界面，选择“上网设置”，如图 5－26 所示。在右边的“基本设置”界面设置上网方式。一般办公室场景中组建无线网络时，会选择“固定 IP 地址”或“自动获取 IP 地址”；如果是组建家庭无线网络，一般选择宽带拨号上网。此例中选择“自动获取 IP 地址”。

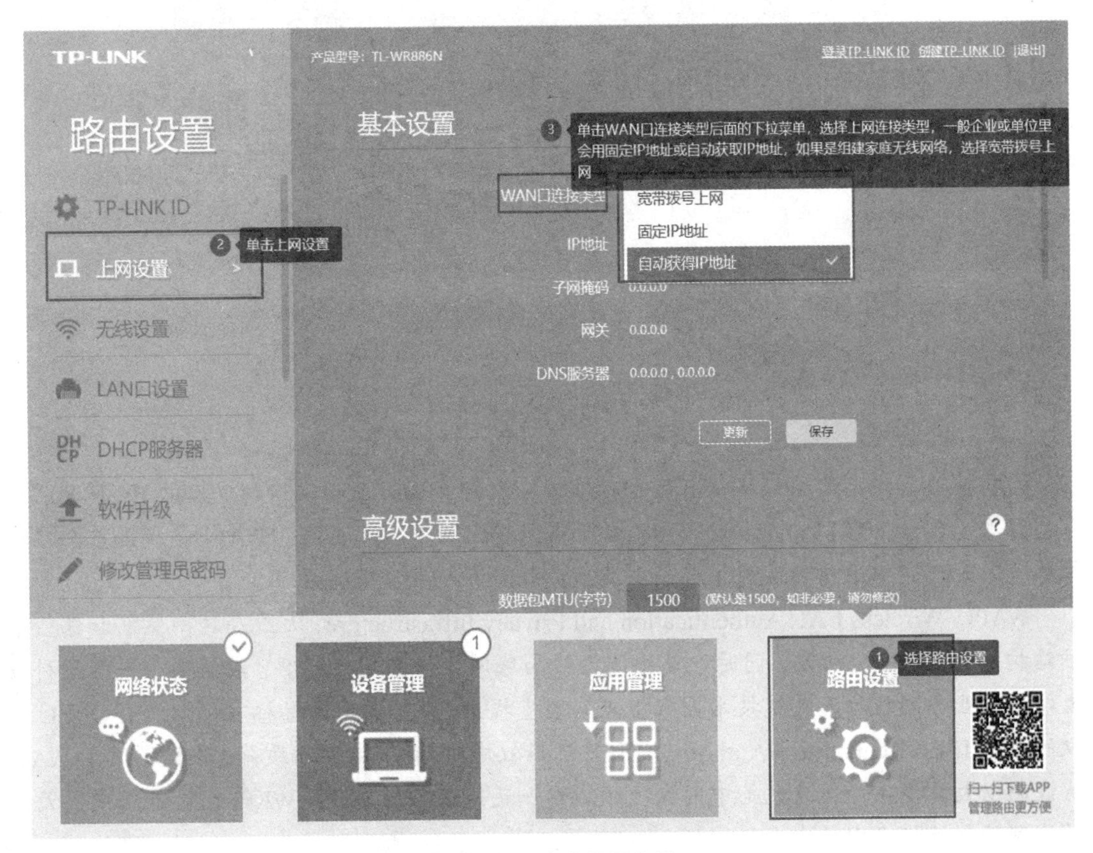

图 5－26　路由设置向导

⑤ 单击“保存”按钮后，单击左侧“无线设置”，开始进行无线设置，如图 5－27 所示。选择无线功能开启，设置无线名称（SSID）及密码。完成后保存。

⑥ 其他想接入该无线路由器的手机、笔记本电脑等设备，只需打开 WLAN 开关，找到该路由器的 SSID，然后输入设置的密码就可以上网了。

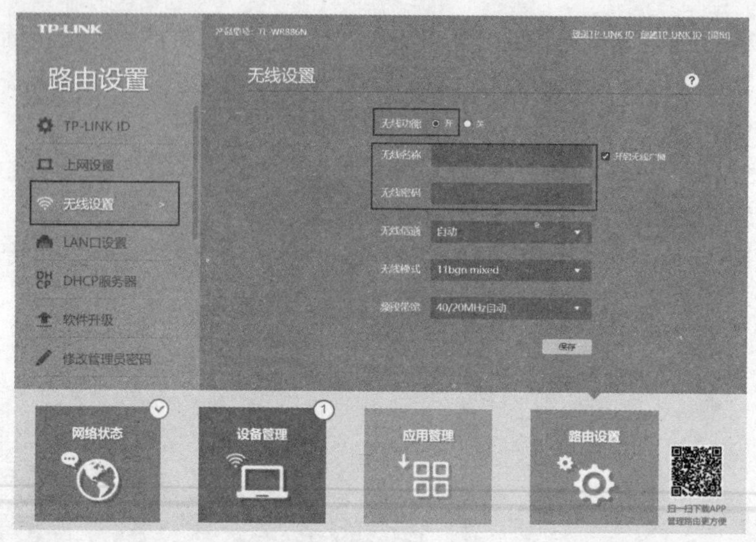

图 5-27 设置无线名称（SSID）及密码

5.4 思政链接

WAPI

当前全球无线局域网领域仅有两个标准，分别是美国行业标准组织提出的 IEEE 802.11 系列标准（包括 802.11a/b/g/n/ac 等），以及中国提出的 WAPI 标准。WAPI 是我国首个在计算机宽带无线网络通信领域自主创新并拥有知识产权的安全接入技术标准。

WAPI（Wireless LAN Authentication and Privacy Infrastructure，无线局域网鉴别和保密基础结构）是一种安全协议，同时也是中国无线局域网安全强制性标准，最早由西安电子科技大学综合业务网理论及关键技术国家重点实验室提出。目前已由国际标准化组织 ISO/IEC 授权的机构 IEEE Registration Authority（IEEE 注册权威机构）正式批准发布，分配了用于 WAPI 协议的以太类型字段，这也是中国在该领域唯一获得批准的协议。WAPI 同时也是中国无线局域网强制性标准中的安全机制。

WAPI 系统中包含以下部分：

1. WAI 鉴别及密钥管理

WAI（WAPI 无线局域网鉴别基础结构）不仅具有更加安全的鉴别机制、更加灵活的密钥管理技术，而且实现了整个基础网络的集中用户管理，从而满足更多用户和更复杂的安全性要求。

2. WPI 数据传输保护

WPI（WAPI 无线局域网保密基础结构）对 MAC 子层的 MPDU 进行加、解密处理，分别用于 WLAN 设备的数字证书、密钥协商和传输数据的加解密，从而实现设备的身份鉴别、链路验证、访问控制和用户信息在无线传输状态下的加密保护。

（节选自《百度百科》）

5.5 对接认证

一、单选题

1. 无线局域网工作的协议标准是（　　）。

A. IEEE 802.3　　B. IEEE 802.4　　C. IEEE 802.11　　D. IEEE 802.5

2. 无线信号的强度单位为（　　）。

A. W　　B. mW　　C. dB　　D. dBm

3. 以下协议工作在 5.8 GHz 频段的是（　　）。

A. IEEE 802.11a　　B. IEEE 802.11b　　C. IEEE 802.11g　　D. 以上都不是

4. 中国在 2.4 GHz 频段支持的信道个数有（　　）。

A. 11　　B. 13　　C. 3　　D. 5

5. 以下选项中，（　　）频段范围属于中国支持的 5 GHz 频段。

A. 5.15～5.25 GHz　　B. 5.25～5.35 GHz

C. 5.725～5.825 GHz　　D. 5.725～5.850 GHz

二、多选题

1. 无线局域网的工作频段有（　　）。

A. 0.9 GHz　　B. 2.4 GHz　　C. 3.6 GHz　　D. 5.8 GHz

2. 以下协议支持 2.4 GHz 频段的有（　　）。

A. 802.11a　　B. 802.11b　　C. 802.11g　　D. 802.11n

三、实践操作

学校实践教学基地需要部署一台无线 AP，为实践教学基地办公室的教师提供无线网络接入，其网络拓扑如图 5-28 所示。

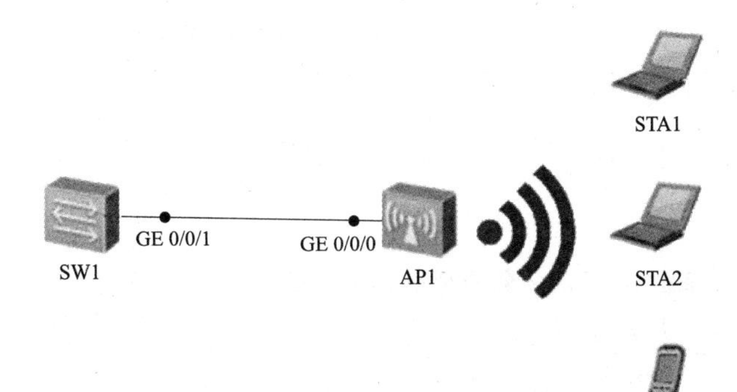

图 5-28　网络拓扑

具体要求如下：

（1）无线网络接入的 IP 网络地址为 192.168.XX.0/24。

（2）无线网络的 SSID 为 SXJD，密码为 Sxjd@123。

项目6 防范网络安全威胁，保障家国安全

6.1 项目介绍

6.1.1 项目概述

随着计算机技术的飞速发展，计算机网络已经成为社会发展的重要组成并广泛应用于政治、经济、军事、科学及人们生活的各个方面，它改变了人们的工作、生活、通信方式，但也带来了一个广泛而突出的问题——网络安全。

6.1.2 项目背景

小志所在的网络中心经常接到同事电话，自己的电脑开不了机了、自己电脑上的文件丢失了……，请求网络中心帮忙。企业老师告诉小志，要想准确判断遇到的各种网络安全问题，必须全面了解什么是网络安全，以及计算机网络所面临的安全威胁和防御方法。小志在企业老师的指导下，对计算机网络安全知识进行了梳理。

6.1.3 学习目标

【知识目标】

了解网络安全的概念和网络安全的现状。

了解常见的网络攻击及防御方法。

熟悉计算机病毒的特征及防范方法。

熟悉常用网络安全软件。

【能力目标】

学会常见网络攻击的识别及防御方法。

学会对计算机病毒的防范和查杀。

能够熟练掌握常见安全软件的使用方法。

【素养目标】

通过网络安全知识的学习，初步具备网络安全意识和国家安全意识。

树立网络安全中的竞争成长意识和安全底线意识。

建立维护网络安全是全社会共同责任的观念。

6.1.4 核心技术

网络安全防范、常见安全软件使用。

6.2 相关知识

6.2.1 熟悉网络安全知识

1. 网络安全概述

随着科学技术的飞速发展，人们的工作、生活、娱乐、购物、交流都已经离不开网络的支持，同时，“互联网+”时代也促使各行各业的运营方式发生改变，但是，网络的开放性、自由性使个人和企业的信息和保密数据面临破坏、窃取等各种风险，网络安全成为使用网络过程中最突出的问题。习总书记《在全国网络安全和信息化工作会议上的讲话》提出，“没有网络安全就没有国家安全，就没有经济社会稳定运行”。

什么是网络安全

（1）什么是网络安全

安全在日常生活中的定义是，为防范间谍活动或蓄意破坏、犯罪、攻击而采取的措施，将安全的一般含义限定在计算机网络范畴，即网络安全。我们日常听到的账号信息及密码；研究成果、项目文档；私密的信息如身份证号、电话号码、车牌号码等被盗用；虚拟财产如游戏账号、QQ 账号等被盗用；真实的钱财如网络银行账号、股票基金账户等丢失，都是网络安全问题。

（2）网络安全与信息安全

网络安全是指通过采用各种技术和管理措施，使网络系统中的硬件、软件及其数据受到保护并连续可靠地正常运行，不因偶然或恶意的原因遭受到破坏、更改、泄露，以确保网络数据的可用性、完整性和保密性。

信息安全是指确保以电磁信号为主要形式的、在计算机网络化（开放互连）系统中进行自动通信、处理和利用的信息内容，在各个物理位置、逻辑区域、存储和传输介质中，处于动态和静态过程中的机密性、完整性、可用性、可审查性和抗抵赖性，与人、网络、环境有关的技术安全、结构安全和管理安全的总和。

信息安全包括两个方面：信息的存储安全和信息的传输安全。确保网络系统的信息安全是网络安全的目标。

（3）计算机网络面临的安全威胁

从广义上讲，给计算机中的软件、硬件、数据等信息带来不安全威胁的因素很多，包括人为因素、自然因素和偶发因素。

人为因素指一些缺乏责任心的内部人员或不法之徒利用计算机网络存在的漏洞，或者潜入计算机房，盗用计算机系统资源，非法获取重要数据、篡改系统数据、破坏硬件设备、编制计算机病毒等。人为因素是对网络安全威胁最大的因素。

自然因素指因为一些不可抗拒的自然灾害如洪灾、火灾、地震等导致的软硬件损坏及服务器、网络、通信线路故障等。

偶发因素指因为一些不可预知的偶然发生的故障导致数据丢失等，如因突然断电、静电、电磁干扰导致的硬件损坏等。

（4）计算机网络的不安全因素

计算机网络的不安全因素主要表现在以下几个方面：

保密性：保护数据内容不被泄露给非授权用户、实体供其利用的特性。

完整性：数据未经授权不能进行改变的特性。即信息在存储或传输过程中保持不被修改、不被破坏和丢失的特性。

可用性：可被授权实体访问并按需求使用的特性，即当需要时能否存取所需的信息。例如，网络环境下拒绝服务、破坏网络和有关系统的正常运行等，都属于对可用性的攻击。

可控性：对信息的传播及内容具有控制能力。

可审查性：出现安全问题时提供依据与手段，包括身份认证、鉴别等。

2. 常见的网络攻击方式与防御方法

（1）常见的网络攻击方式

近年来，网络攻击事件频发，互联网上的木马、蠕虫、勒索软件层出不穷，这对网络安全乃至国家安全形成了严重的威胁。迄今为止，网络上存在着无数的安全威胁与攻击行为，对于网络攻击的分类，也存在着不同的一些分类方法，我们依据攻击的性质、手段、结果等将其分为窃取信息攻击、非法访问攻击、拒绝服务攻击、社交攻击、计算机病毒攻击、不良信息资源、信息战等。

① 窃取信息攻击：所谓窃取机密信息攻击，是指未经授权的攻击者非法访问网络、窃取信息，一般通过在不安全的传输通道上截取正在传输的信息或利用协议或网络的弱点来实现。常见的窃取信息攻击有网络踩点、扫描攻击、信息流监视、会话劫持等。

② 非法访问攻击：即信息资源等通过口令破解、IP 欺骗、DNS 欺骗、重发、非法使用、特洛伊木马等方式被非法用户入侵。

③ 拒绝服务攻击：拒绝服务攻击（Denial of Server，DoS）一般是通过使计算机功能或性能崩溃来实现的一种攻击行为，典型的拒绝服务攻击一般有两种：资源耗尽和资源过载。即对资源的合理请求大大超过了资源本身的支持能力时，就会造成拒绝服务攻击。常见的有死亡之 ping、UDP 洪水攻击、泪滴攻击（teardrop）、Land 攻击、Smurf 攻击、电子邮件炸弹等。

④ 社交攻击：采用说服、欺骗、引导等手段，让网络内部人员提供必要的信息，从而获得对信息系统的访问权限。这也是利用人性的缺陷发起的攻击。

⑤ 计算机病毒攻击：病毒是对软件、硬件设备和网络系统的最大威胁之一。常常是通

过一段可执行的程序代码对其他程序进行修改，以感染这些程序，使它们成为含有该病毒程序的一个复制。

除了以上的攻击之外，还有诸如不良信息资源对网络的攻击、国家间的信息战等。

（2）针对网络攻击的防御方法

面对五花八门、层出不穷的网络攻击，进行安全防御是一个长期且艰巨的过程。在网络攻击发生的各个阶段，针对不同的网络攻击方式，都应该有不同的防范措施，做到层层防范，才能最大限度地保障网络安全。

网络攻击的阶段主要有信息侦查阶段、载荷投递与攻击阶段、系统控制阶段、内网探测阶段、内网扩散阶段、数据泄露阶段，针对不同的阶段，都应该有相应的防御方法。

网络攻击及防御方法见表 6－1。

表 6－1　网络攻击及防御方法

攻击阶段	具体表现	防御方法
信息侦查	通过扫描系统的开放端口和服务找到可攻击的入口	系统加固，封堵可疑 IP
载荷投递与攻击	利用漏洞耗尽资源，引起系统中断或无限重启	升级系统版本和软件版本至最新版本，及时打补丁；合理配置需要的服务
系统控制	通过获取权限或口令攻击	进行用户权限最小化；避免使用 root 用户
内网探测	通过对会话的遍历攻击	通过 STUN（简单穿越）协议进行过滤
内网扩散	常见的是通过木马病毒后门行为攻击	对站点文件进行查杀，以删除恶意木马和后门
数据泄密	敏感信息泄露	系统加固、系统应用权限设置、站点检测修补漏洞、增加安全策略

6.2.2　计算机病毒与防范

1. 什么是计算机病毒

（1）计算机病毒的定义

计算机病毒（Computer Virus）是编制者在计算机程序中插入的破坏计算机功能或者数据的代码，能影响计算机使用、能自我复制的一组计算机指令或者程序代码。

这些指令或者程序代码一般都是人为制造的，具有破坏性，又有传染性和潜伏性，会对计算机信息或系统起破坏作用。计算机病毒也不是独立存在的，而是隐蔽在其他可执行的程序之中，计算机中病毒后，轻则影响机器运行速度，重则死机，使系统破坏。因此，病毒会给用户带来很大的损失。

全球第一个计算机病毒在 1988 年 11 月 2 日由麻省理工学院的学生 Robert Tappan Morris 撰写，病毒被取名为 Morris。该病毒仅 99 行程序代码，最初用意是写一个可以自我复制的软件，但程序的循环没有处理好，放到网络上数小时，就有数以千计的 UNIX 服务器受到感染且不断执行、复制 Morris，最后导致这些服务器死机。

（2）计算机病毒的特征

任何病毒只要侵入计算机系统，都会对系统及应用程序产生不同程度的影响。轻者降低计算机工作效率，占用系统资源；重者导致数据丢失、系统崩溃。计算机病毒是一段可执行程序，但它不是一段完整的程序，而是一段寄生在其他可执行程序上的程序，只有其他程序运行的时候，病毒才起破坏作用。病毒一旦进入计算机，就会搜索符合条件的环境，确定目标后，再置身其中，在某一条件下开始自我繁殖。所以，总结起来，计算机病毒具有如下特征：

◆ 隐蔽性。计算机病毒具有较强的隐蔽性，使其不易被发现，往往以隐含文件或程序代码的方式存在，在普通的病毒查杀中，难以实现及时、有效地查杀，使得计算机安全防范处于被动状态，造成严重的安全隐患。

◆ 破坏性。病毒入侵计算机，往往具有极大的破坏性，能够破坏数据信息，甚至造成大面积的计算机瘫痪，对计算机用户造成较大损失。如常见的木马、蠕虫病毒等，可以大范围入侵计算机，带来很大的安全隐患。

◆ 传染性。计算机病毒的一大特征是传染性，能够通过 U 盘、网络等途径入侵计算机。在入侵之后，往往可以实现病毒扩散，感染计算机，进而造成大面积瘫痪。随着网络技术的不断发展，病毒在短时间之内能够实现较大范围的恶意入侵。

◆ 寄生性。计算机病毒还具有寄生性，需要在宿主中寄生才能生存，才能更好地发挥其功能，破坏宿主的正常机能。一般情况下，计算机病毒都是寄生在其他正常程序或数据中，利用一定的媒介实现传播，一旦达到某种设置条件，病毒就会被激活，并不断进行复制，修改宿主程序，使其破坏作用得以发挥。

◆ 可执行性。计算机病毒与其他合法程序一样，是一段可执行程序，但它不是一个完整的程序，而是寄生在其他可执行程序上，因此它享有一切程序所能得到的权力，具有可执行性。

◆ 可触发性。指病毒因某个事件或数值的出现，诱使病毒实施感染或进行攻击的特征。

◆ 主动攻击性。病毒对系统的攻击是主动的，计算机系统无论采取多么严密的保护措施，都不可能彻底地排除病毒对系统的攻击，而保护措施只是一种预防的手段而已。

2. 计算机病毒的分类

依据不同的分类方式，计算机病毒有不同的分类方法。

（1）按照病毒依附的媒体分类

◆ 网络病毒：通过计算机网络感染可执行文件的计算机病毒。

◆ 文件病毒：主攻计算机内文件的病毒。这种病毒主要感染文件为可执行性文件（扩展名为.com、.exe 等）和文本文件（扩展名为.doc、.xls 等）。前者通过运行实施传染，后者则通过 Word 或 Excel 等软件调用其文档中的“宏”启动病毒指令实施感染和破坏。已感染病毒的文件执行速度会减慢，甚至完全无法执行。有些文件被感染后，一旦执行，就会遭到删除。感染病毒的文件被执行后，病毒通常会趁机对下一个文件进行感染。

◆ 引导型病毒：是一种主攻感染驱动扇区和硬盘系统引导扇区的病毒。这类病毒隐藏

在硬盘或软盘的引导区，当计算机从感染了引导区病毒的硬盘或者软盘启动，或者当计算机从受感染的磁盘中读取数据时，引导区病毒就会开始发作。一旦加载系统，启动时病毒会将自己加载在内存中，然后就开始感染其他被执行的文件。早期出现的大麻病毒、小球病毒就属于此类。

（2）按照病毒传染的方式分类

◆ 驻留型病毒：驻留内存，并一直处于激活状态。

◆ 非驻留型病毒：在达到某个激活条件时，才会激活并感染计算机。

（3）按照病毒的破坏能力分类

◆ 无害型：除了传染时减少磁盘的可用空间外，对系统没有其他影响。

◆ 无危险型：这类病毒会使计算机的操作系统出现严重错误。

◆ 危险型：这类病毒使计算机在系统操作中造成严重的错误。

◆ 非常危险型：这类病毒可以删除程序、破坏数据、消除系统内存区和操作系统中一些重要的信息。

（4）按照病毒特有的算法分类

◆ 伴随型病毒：这一类病毒并没有改变本身，它们根据算法产生 EXE 文件的伴随体，具有同样的名字和不同的扩展名。当加载文件时，伴随体优先被执行到，再由伴随体加载执行原来的 EXE 文件。

◆ 蠕虫型病毒：主要通过计算机网络进行传播，不改变文件和资料信息，利用网络从一台机器的内存传播到其他机器的内存，计算网络地址，将自身的病毒通过网络发送。这种病毒一般除了内存外，不占用其他的资源。

◆ 变型病毒：又被称为幽灵病毒。这类病毒使用了一个复杂的算法，使自己每传播一份，都具有不同的内容和长度。它们一般由一段混有无关指令的解码算法和被变化过的病毒体组成。

3. 计算机病毒的防范措施

计算机技术及网络技术的飞速发展使得病毒无时无刻不在伺机入侵，但计算机病毒也不是不可控制的，可以从下面几个方面来减少计算机病毒带来的破坏：

◆ 使用正版软件，及时给系统及软件打补丁，并将应用软件升级到最新版本，避免病毒入侵到系统或者通过其他应用软件漏洞来进行病毒的传播。

◆ 从可靠渠道下载软件，不要执行从网络下载后未经杀毒处理的软件；不要随便浏览或登录陌生的网站，加强自我保护。

◆ 安装可靠、有效的防病毒软件，每天升级杀毒软件病毒库，定时对计算机进行病毒查杀。

◆ 上网时要开启杀毒软件的全部监控，培养良好的上网习惯，例如，慎重打开不明邮件及附件，以及可疑网站，尽可能使用较为复杂的密码等。

◆ 了解一些病毒知识，注意自己的计算机有无异常情况，如有异常情况，及时杀毒。

◆ 培养自觉的信息安全意识。在使用移动存储设备时，尽可能不要共享这些设备，因为移动存储也是计算机进行传播的主要途径，也是计算机病毒攻击的主要目标。在对信息安全要求比较高的场所，应将电脑上面的USB接口封闭，同时，有条件的情况下，应该做到专机专用。

6.2.3 网络安全意识与安全小技巧

1. 我们身边的网络安全威胁

（1）信息泄露

有意或无意中发生的信息泄露：大多是用户出于自愿自动提交给某网站的，而这些网站则是在有意或无意的情况下将其泄露出去的。像用户账号和密码、个人信息（身份证、家庭住址、工作单位、电话号码、车牌号码、家庭情况等）、用户的喜好及个人偏好等信息。

（2）网络欺诈

网络欺诈一般有网页钓鱼、邮件欺诈、短信欺诈。

◆ 网页钓鱼：多是伪造网上银行、在线交易系统、证券交易系统网站引诱用户访问并盗取相关的账号及密码。

◆ 邮件欺诈：虚假的中奖信息、虚假的销售信息、伪造管理员询问用户的账号和密码。

◆ 短信欺诈：多数是试图诱导用户进行银行转账操作。

随着应用和技术的发展，新兴的应用成为欺诈的主要手段，如即时聊天工具，微信、微博，社交网站等。

图6-1所示是2020年排名前5位的安全威胁和网站钓鱼的统计。

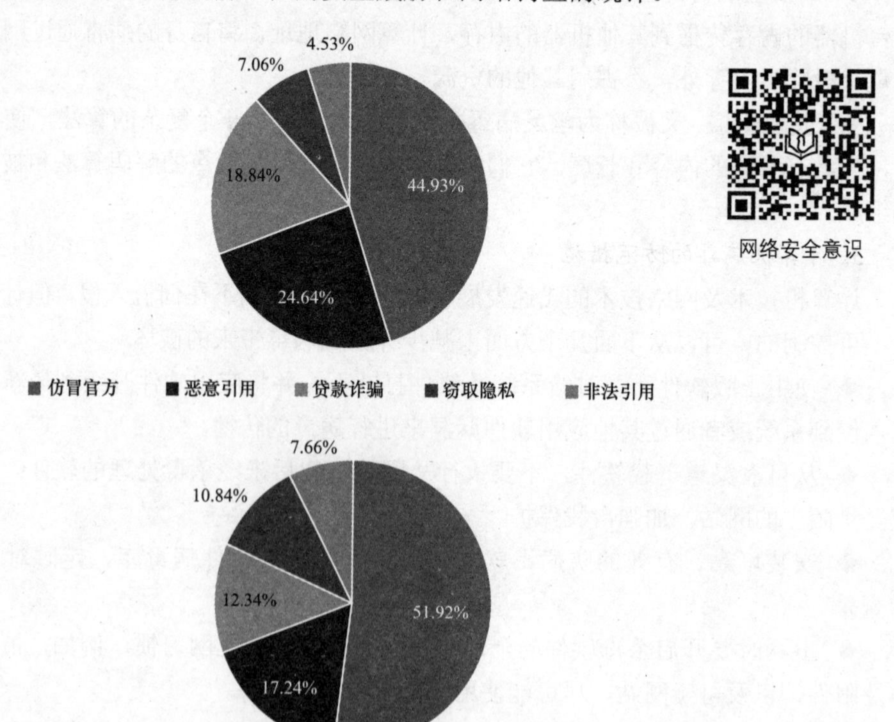

图6-1 2020年排名前5位的安全威胁和网站钓鱼统计

（3）病毒

病毒的感染途径有：

◆ 网络浏览：用户访问了存在挂马链接的网页，或是存在系统漏洞，安全软件没有起作用。

◆ 电子邮件：邮件主题及内容伪造成各式各样，病毒副本存在于邮件附件中。

◆ 移动存储介质：利用系统自动运行的即插即用设备自动运行并传播。

◆ 即时聊天：通过即时通信软件发送病毒程序或是有挂马程序的网页，引诱用户单击。如“这是我最近的照片，快接收”。

另外，还有网络下载、共享等。

（4）APT 攻击

APT 攻击，即高级可持续威胁攻击，也称为定向威胁攻击，指某组织对特定对象展开的持续有效的攻击活动。其是有目的、有针对性的全程人为参与的攻击，一般是不达目的誓不罢休。其主要特征有：

◆ 针对性强。APT 攻击的目标明确，多数为拥有丰富数据/知识产权的目标，所获取的数据通常为商业机密、国家安全数据、知识产权等。

◆ 组织严密。APT 攻击成功可带来巨大的商业利益，因此，攻击者通常以组织形式存在，由熟练黑客形成团体，分工协作，长期预谋策划后进行攻击。他们在经济和技术上都拥有充足的资源，具备长时间专注 APT 研究的条件和能力。

◆ 持续时间长。APT 攻击具有较强的持续性，经过长期的准备与策划，攻击者通常在目标网络中潜伏几个月甚至几年，通过反复渗透，不断改进攻击路径和方法，发动持续攻击，如零日漏洞攻击等。

◆ 高隐蔽性。APT 攻击根据目标的特点，能绕过目标所在网络的防御系统，极其隐藏地盗取数据或进行破坏。在信息收集阶段，攻击者常利用搜索引擎、高级爬虫和数据泄露等持续渗透，使被攻击者很难察觉；在攻击阶段，基于对目标嗅探的结果，设计开发极具针对性的木马等恶意软件，绕过目标网络防御系统，隐蔽攻击。

◆ 间接攻击。APT 攻击不同于传统网络攻击的直接攻击方式，通常利用第三方网站或服务器作跳板，布设恶意程序或木马向目标进行渗透攻击。恶意程序或木马潜伏于目标网络中，可由攻击者在远端进行遥控攻击，也可由被攻击者无意触发启动攻击。

（5）无线安全威胁

现在很多的公共场所都提供免费的 WiFi，而移动用户为节省流量，也会使用免费的 WiFi，但是公共场合 WiFi 存在很大的安全隐患，最容易遭到恶意攻击。其实不管是企业、家庭还是运营商的无线网络，都存在种种安全隐患和威胁。无线上网可能带来的风险有：

◆ 无线设备滥用带来的风险。包括破坏内部网络的私密性及无线设备被人控制导致数据被监听等。

◆ 蹭网带来的风险。信息可能被非法收集，数据被监听，还有可能会被推送恶意的攻击程序等。

◆ App 的下载安装可能感染木马程序，导致终端被人控制。这种风险可能带来很大的经济损失或是泄露大量个人隐私，比如自己移动终端的联系人信息、地理位置，甚至是隐私照片等。

2. 如何降低网络安全风险

面对五花八门的网络安全威胁，需要从你我做起，降低网络安全风险。那么具体该怎么做呢？

首先，要加强安全技术防范，包括：

◆ 安装补丁程序。及时为操作系统、应用软件安装补丁，尤其是浏览器、Java 运行环境、Flash 播放器、文档编辑软件等要及时更新。

◆ 使用防火墙。防火墙是必须使用的，用户可以根据自己的喜好选择系统自带的防火墙，一般系统自带的防火墙配置简单，功能也不错；其次是防病毒软件自带的防火墙，其功能较强，与防病毒软件联动，效果也很显著；再就是专用的防火软件。系统上可以同时装多个防火墙，但一定要保证有一个及以上处于工作状态。

◆ 安装防病毒软件。根据自己的使用习惯和系统的性能选择合适的杀毒软件，如果是办公用设备，请遵循企业的安全策略选择相应的防病毒软件；不管是收费的还是免费的，请尽量使用正版杀毒软件；杀毒软件一定要保持在工作状态，并且及时更新最新的病毒库；一台机器上原则上不要安装两种杀毒软件；安全卫士等只是辅助安全软件，不能完全替代防毒软件的功能。

其次，要有良好的网络安全意识和习惯，在平时使用电脑、笔记本、手机、平板时要设密码、打补丁；安装杀毒软并及时升级病毒库；不随便下载程序运行；不访问一些来历不明的网页链接；不使用的情况下尽量关闭机器；经常备份重要数据。

3. 网络安全小技巧

（1）使用加密保护你的文件

可以使用 Office 的加密功能保护单个文档，也可以使用压缩软件加密文档或文件夹。

网络安全小技巧

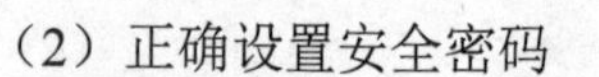

（2）正确设置安全密码

在设置密码时，要注意以下原则：

◆ 密码应该不少于 8 个字符。

◆ 密码设置最好不要使用名字、生日、电话号码等。

◆ 同时包含多种类型的字符，比如大写字母、小写字母、数字、标点符号等。

◆ 设置的密码一定要让自己记住。

（3）软件安装管理

◆ 每种功能的软件尽量选择一种自己熟悉的安装，不要重复安装。

◆ 尽量选择规模较大的软件公司出品的第三方软件。

◆ 尽量使用正版的第三方软件。

◆ 随时关注相关软件的官方网站，发现最新版本时，要及时安装。安装新版本前，有可能需要卸载旧版本。

◆ 发现第三方软件提示要更新时，请尽快更新。

◆ 确认长时间不需要使用的软件请尽快卸载。

（4）收发邮件安全

邮件在网络上是明文传输的，因此，如果通过邮件发送公司机密/敏感信息、个人隐私信息或信用卡数据等，此类数据需要保护，即加密后才能发送。如果不能确认你的邮件是合法并安全的，则不要发送。在接收邮件时，不要打开陌生人发来的邮件附件，也不要单击邮件中的链接。

另外，还要注意：

◆ 不随意在各种网站上留个人信息。

◆ 不轻易在网站上留工作单位邮箱或重要私人邮箱。

◆ 在留下个人信息前，仔细阅读网站的隐私保护声明。

◆ 如果留下邮件地址不是获取服务的必需条件，不要留下自己的邮件地址。

◆ 创建不重要的邮件账号，用于一些网站注册和邮件列表。

（5）恰当使用无线网络

无线网络给用户带来了很大的便利，但是也带来很多风险。如果不使用无线网络，带无线功能的笔记本和手机设备在工作区域应该关闭无线功能，避免攻击者通过设备的无线功能接入内网；不要在单位内部使用你自己的无线设备。如果需要，可以使用被公司 IT 部门批准并安全配置的无线设备；不要使用不受信任的无线网络，使用公有的无线网络传输隐私信息时，一定要加密传输；不要随意将移动终端连接到内部网络的设备上，即使仅仅是充电；不要随便安装不受信任的 App；移动终端上存储的隐私信息尽可能加密存储。

（6）谨慎使用移动存储介质

避免工作移动存储介质和私人移动存储介质交叉使用，对于安全要求较高的设备，应该仅允许使用特定的移动存储介质；敏感信息如果要存储在移动介质上，请加密后再存储，并妥善保管该介质。

总之，守护网络安全，网络安全意识是关键。《中华人民共和国网络安全法》由中华人民共和国第十二届全国人民代表大会常务委员会第二十四次会议于 2016 年 11 月 7 日通过，并已于 2017 年 6 月 1 日起施行。我们每个人要充分认识到网络安全的重要性，严格遵守国家网络安全法规、遵守企业的安全制度。

6.3 项目实施

任务　Windows 10 系统的基本安全配置

（一）任务要求

随着 Windows 10 新版本的广泛使用，用户对系统的安全性也越来越关注，微软在一次次的版本更新中对系统安全性也做了很好的加固。

① 要求通过对 Windows 10 系统的设备安全性配置来提高个人计算机的系统安全性。

② 设置 Windows 10 自带的防护功能，防护系统安全。

（二）实施步骤

1. 材料准备

一台装有 Windows 10 系统的电脑。

2. 实施过程

（1）配置 Windows 10 系统的设备安全性

① 在“开始”菜单中选择“设置”，并单击打开 Windows 设置界面，如图 6-2 所示。

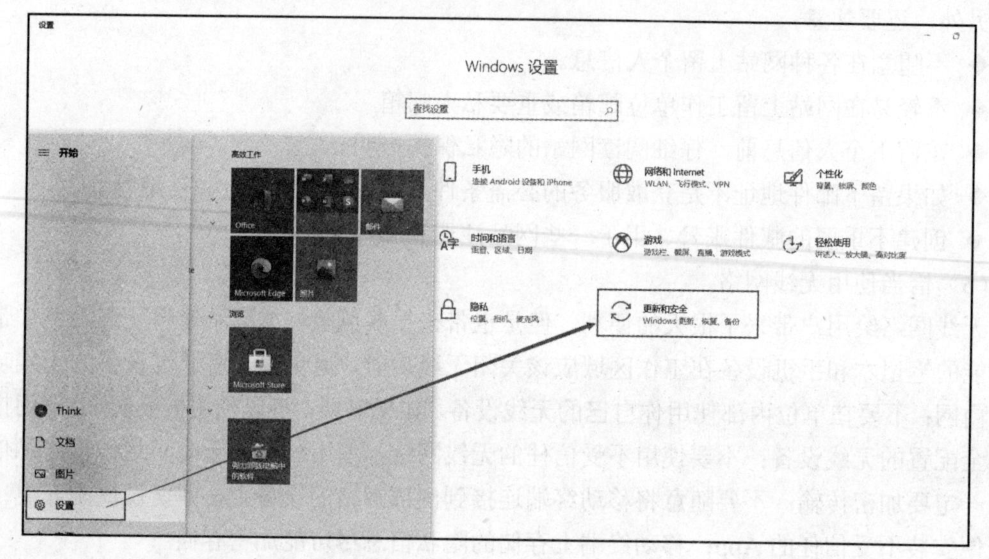

图 6-2 打开 Windows 设置界面

② 单击“更新和安全”，单击左侧的“Windows 安全中心”，如图 6-3 所示。

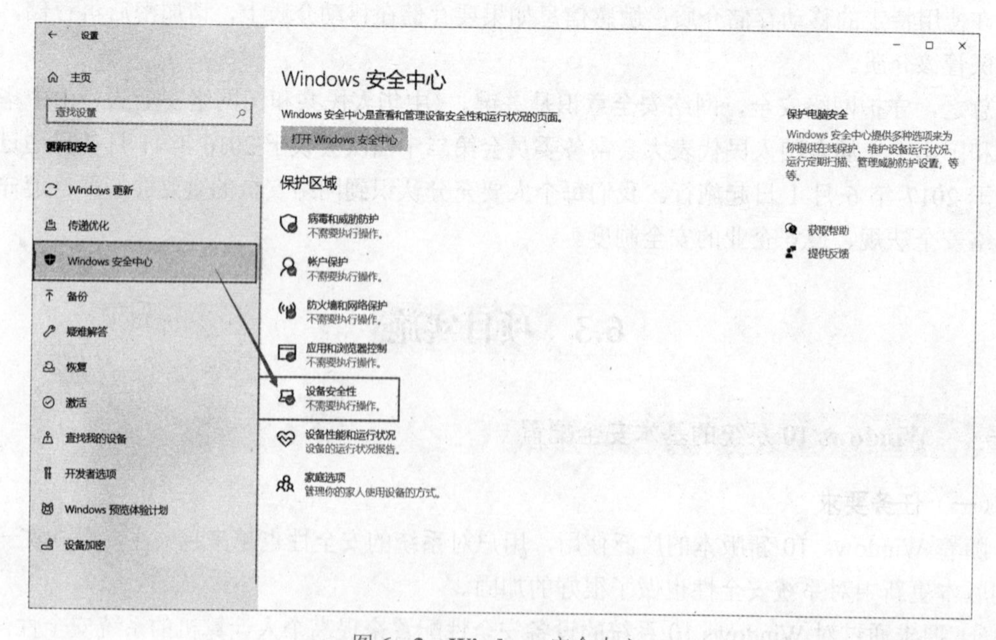

图 6-3 Windows 安全中心

③ 选择“保护区域”的“设备安全性”并打开，选择“内核隔离”进行设置，如图 6-4 所示，防止攻击将恶意代码插入高安全性进程中。

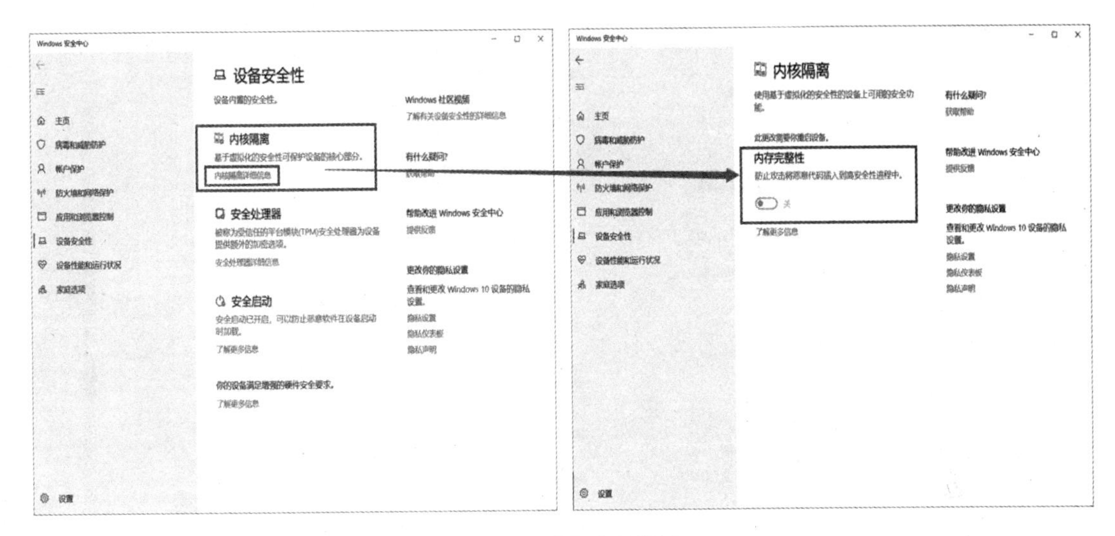

图 6-4　设置内核隔离

④ 返回“设备安全性”界面，选择“安全处理器”并打开，如图 6-5 所示，可以查看电脑芯片的详细信息，以确认电脑的安全处理器功能。

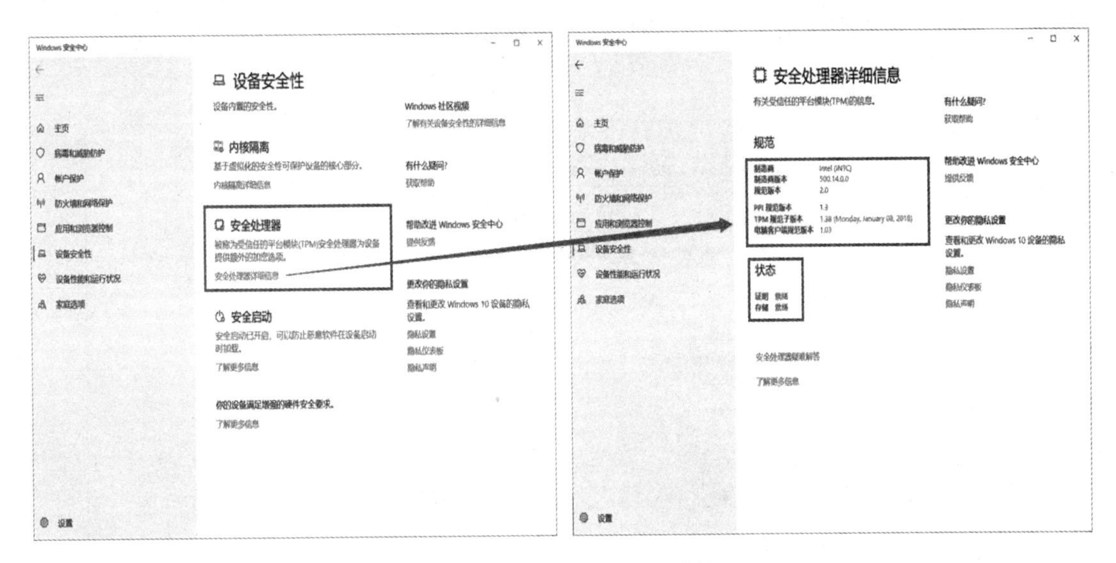

图 6-5　查看安全处理器详情

（2）更改 Windows 10 安全和维护设置

① 右击桌面的“此电脑”，选择“属性”，进入后，在左下角选择“安全和维护”，单击“打开”按钮后进入“安全和维护”界面，如图 6-6 所示。展开“安全”和“维护”，可以查看系统当前安全和维护的监视状态。

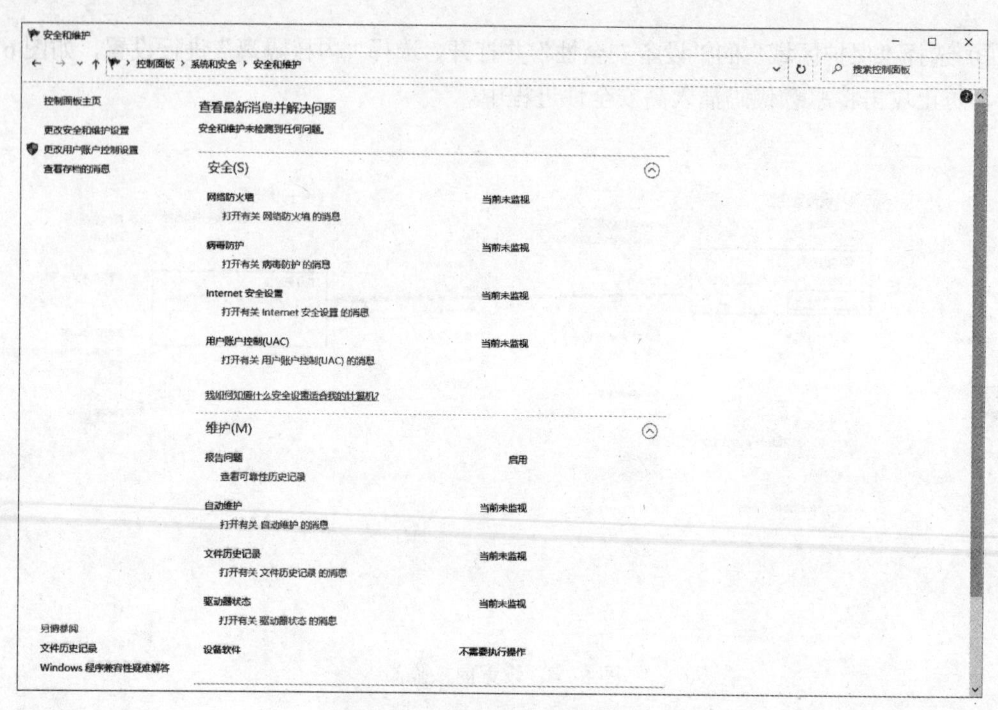

图 6-6　安全和维护监视状态

② 单击左侧的“更改安全和维护设置”，可以设置 Windows 安全问题检查的消息提醒，如图 6-7 所示。可以根据需求选择。该设置也可以通过控制面板中的“系统和安全”进行设置，这里不再复述。

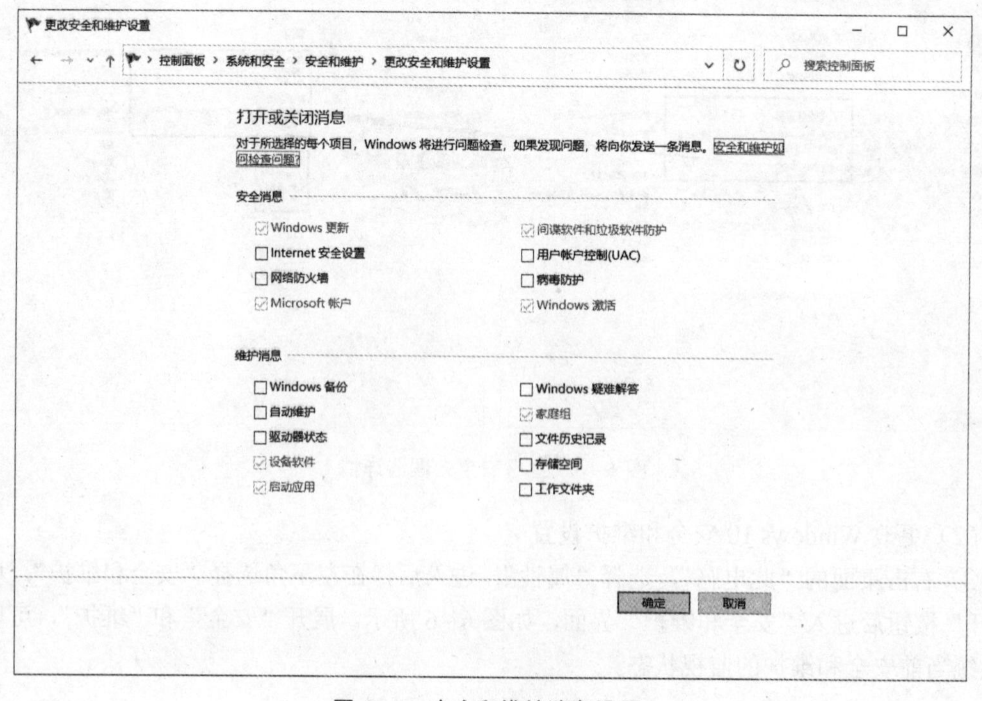

图 6-7　安全和维护消息设置

（3）设置 Windows 10 安全中心

① 打开控制面板，选择“系统和安全”中的“管理工具”，在管理工具中找到“服务”并单击打开，进入“服务”界面，如图 6-8 所示。

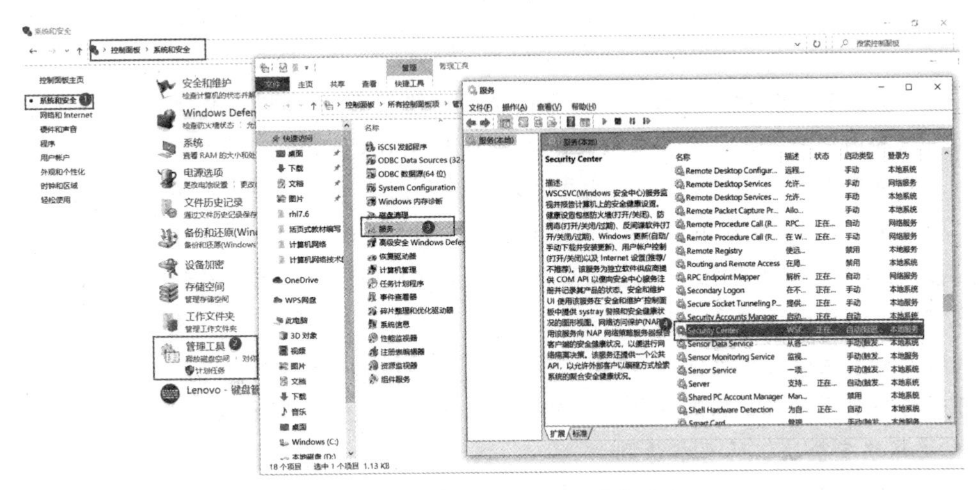

图 6-8　设置 Windows 10 安全中心

② 在“服务”界面中找到“Security Center”服务和“Security Accounts Manager”服务，右击，选择“属性”，可以设置其启动类型。默认情况下，“Security Center”选择“自动（延迟启动）”，“Security Accounts Manager”选择“自动”，如图 6-9 所示。

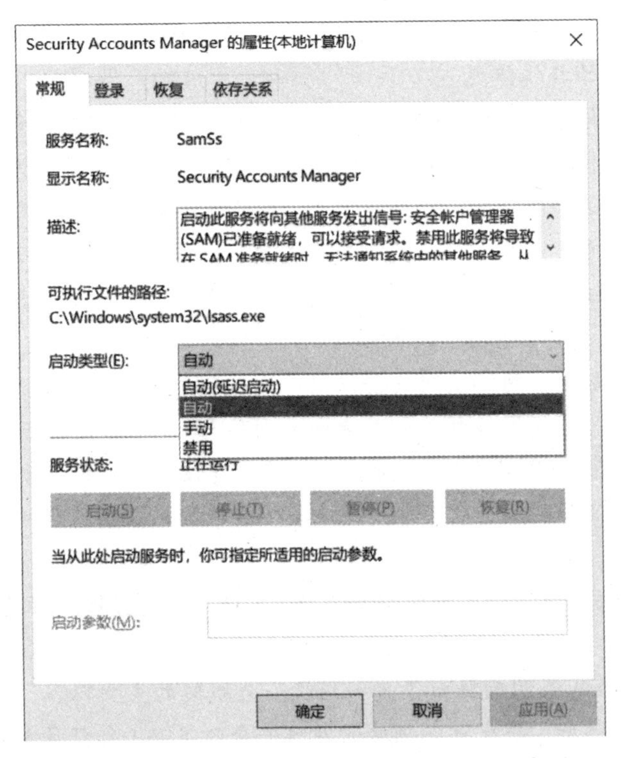

图 6-9　“Security Accounts Manager”启动类型

6.4 思政链接

《中华人民共和国网络安全法》解读

《中华人民共和国网络安全法》(以下简称《网络安全法》)是为保障网络安全，维护网络空间主权和国家安全、社会公共利益，保护公民、法人和其他组织的合法权益，促进经济社会信息化健康发展而制定的法律。由中华人民共和国第十二届全国人民代表大会常务委员会第二十四次会议于2016年11月7日通过，自2017年6月1日起施行。

《网络安全法》是我国第一部全面规范网络空间安全管理方面问题的基础性法律，是我国网络空间法治建设的重要里程碑，是依法治网、化解网络风险的法律重器，是让互联网在法治轨道上健康运行的重要保障。《网络安全法》将近年来一些成熟的好做法制度化，并为将来可能的制度创新做了原则性规定，为网络安全工作提供切实的法律保障。

一、《网络安全法》的基本原则

第一，网络空间主权原则。《网络安全法》第1条“立法目的”开宗明义，明确规定要维护我国网络空间主权。网络空间主权是一国国家主权在网络空间中的自然延伸和表现。习近平总书记指出，《联合国宪章》确立的主权平等原则是当代国际关系的基本准则，覆盖国与国交往的各个领域，其原则和精神也应该适用于网络空间。各国自主选择网络发展道路、网络管理模式、互联网公共政策和平等参与国际网络空间治理的权利应当得到尊重。第2条明确规定《网络安全法》适用于我国境内网络及网络安全的监督管理。这是我国网络空间主权对内最高管辖权的具体体现。

第二，网络安全与信息化发展并重原则。习近平总书记指出，安全是发展的前提，发展是安全的保障，安全和发展要同步推进。网络安全和信息化是一体之两翼、驱动之双轮，必须统一谋划、统一部署、统一推进、统一实施。《网络安全法》第3条明确规定，国家坚持网络安全与信息化并重，遵循积极利用、科学发展、依法管理、确保安全的方针；既要推进网络基础设施建设，鼓励网络技术创新和应用，又要建立健全网络安全保障体系，提高网络安全保护能力，做到“双轮驱动、两翼齐飞”。

第三，共同治理原则。网络空间安全仅仅依靠政府是无法实现的，需要政府、企业、社会组织、技术社群和公民等网络利益相关者的共同参与。《网络安全法》坚持共同治理原则，要求采取措施鼓励全社会共同参与，政府部门、网络建设者、网络运营者、网络服务提供者、网络行业相关组织、高等院校、职业学校、社会公众等都应根据各自的角色参与网络安全治理工作。

二、《网络安全法》提出制定网络安全战略，明确网络空间治理目标，提高了我国网络安全政策的透明度

《网络安全法》第4条明确提出了我国网络安全战略的主要内容，即，明确保障网络安全的基本要求和主要目标，提出重点领域的网络安全政策、工作任务和措施。第7条明确规定，我国致力于“推动构建和平、安全、开放、合作的网络空间，建立多边、民主、透明的

网络治理体系”。这是我国第一次通过国家法律的形式向世界宣示网络空间治理目标，明确表达了我国的网络空间治理诉求。上述规定提高了我国网络治理公共政策的透明度，与我国的网络大国地位相称，有利于提升我国对网络空间的国际话语权和规则制定权，促成网络空间国际规则的出台。

三、《网络安全法》进一步明确了政府各部门的职责权限，完善了网络安全监管体制

《网络安全法》将现行有效的网络安全监管体制法制化，明确了网信部门与其他相关网络监管部门的职责分工。第 8 条规定，国家网信部门负责统筹协调网络安全工作和相关监督管理工作，国务院电信主管部门、公安部门和其他有关机关依法在各自职责范围内负责网络安全保护和监督管理工作。这种“1+X”的监管体制，符合当前互联网与现实社会全面融合的特点和我国监管的需要。

四、《网络安全法》强化了网络运行安全，重点保护关键信息基础设施

《网络安全法》第三章用了近 1/3 的篇幅规范网络运行安全，特别强调要保障关键信息基础设施的运行安全。关键信息基础设施是指那些一旦遭到破坏、丧失功能或者数据泄露，可能严重危害国家安全、国计民生、公共利益的系统和设施。网络运行安全是网络安全的重心，关键信息基础设施安全则是重中之重，与国家安全和社会公共利益息息相关。为此，《网络安全法》强调在网络安全等级保护制度的基础上，对关键信息基础设施实行重点保护，明确关键信息基础设施的运营者负有更多的安全保护义务，并配以国家安全审查、重要数据强制本地存储等法律措施，确保关键信息基础设施的运行安全。

五、《网络安全法》完善了网络安全义务和责任，加大了违法惩处力度

《网络安全法》将原来散见于各种法规、规章中的规定上升到人大法律层面，对网络运营者等主体的法律义务和责任做了全面规定，包括守法义务，遵守社会公德、商业道德义务，诚实信用义务，网络安全保护义务，接受监督义务，承担社会责任等，并在“网络运行安全”“网络信息安全”“监测预警与应急处置”等章节中进一步明确、细化。在“法律责任”中则提高了违法行为的处罚标准，加大了处罚力度，有利于保障《网络安全法》的实施。

六、《网络安全法》将监测预警与应急处置措施制度化、法制化

《网络安全法》第五章将监测预警与应急处置工作制度化、法制化，明确国家建立网络安全监测预警和信息通报制度，建立网络安全风险评估和应急工作机制，制定网络安全事件应急预案并定期演练。这为建立统一高效的网络安全风险报告机制、情报共享机制、研判处置机制提供了法律依据，为深化网络安全防护体系，实现全天候全方位感知网络安全态势提供了法律保障。

网络安全法等各项法律法规行业规范均要求网络平台要建立起严格有效的不良信息甄别防范机制，平台确保资金与人力投入，保障相关机制在技术上适度先进、高效准确，以此保证平台传播内容的合法合规性，这既是平台的法律责任，同时也是其社会责任。对只算经济账、流量账而见利忘义的平台，应依法承担罚款、暂停相关业务、停业整顿、关闭网站、吊销执照等行政责任。

（摘自中国经济网，谢永江，北京邮电大学互联网治理与法律研究中心）

6.5 对接认证

一、单选题

1. 有效地对 Windows 管理员账号进行设定，可以在一定程度上提高系统的安全性，最好将（　　）重命名，并禁用 Guest 账号。

A. Administrators　　B. Administrator

C. admins　　D. admin

2. 在以下人为的恶意攻击行为中，属于主动攻击的是（　　）。

A. 数据篡改及破坏　　B. 数据窃听

C. 数据流分析　　D. 非法访问

3. 数据完整性指的是（　　）。

A. 保护网络中各系统之间交换的数据，防止因数据被截获而造成泄密

B. 提供连接实体身份的鉴别

C. 防止非法实体对用户的主动攻击，保证数据接收方收到的信息与发送方发送的信息完全一致

D. 确保数据是由合法实体发出的

4. 防止用户被冒名所欺骗的方法是（　　）。

A. 对信息源发方进行身份验证

B. 进行数据加密

C. 对访问网络的流量进行过滤和保护

D. 采用防火墙

5. 以下关于计算机病毒的特征，说法正确的是（　　）。

A. 计算机病毒只具有破坏性，没有其他特征

B. 计算机病毒具有破坏性，不具有传染性

C. 破坏性和传染性是计算机病毒的两大主要特征

D. 计算机病毒只具有传染性，不具有破坏性

6. 计算机网络按威胁对象，大体可分为两种：一是对网络中信息的威胁；二是（　　）。

A. 人为破坏　　B. 对网络中设备的威胁

C. 病毒威胁　　D. 对网络人员的威胁

二、填空题

1. 网络安全具有____________、____________和____________。

2. 网络安全机密性的主要防范措施是____________。

3. 网络安全完整性的主要防范措施是____________。

4. 网络安全机制包括____________、____________。

5.《中华人民共和国网络安全法》由中华人民共和国第十二届全国人民代表大会常务委员会____________会议于 2016 年 11 月 7 日通过，并已于____________起施行。

三、实践操作

1. 给自己的电脑上安装一个杀毒软件，并对自己的电脑进行全盘杀毒。

2. 查阅《中华人民共和国网络安全法》，做一个网络安全宣传 PPT，向你周围的同学和朋友宣传网络安全知识。

项目7 部署网络操作系统，助力网络服务

7.1 项目介绍

7.1.1 项目概述

网络工程在设计和施工完成之后，必须通过网络服务器向网络中的计算机提供服务，并借由网络达到相互传递数据和各种信息的目的。网络服务器的主要功能是管理网络上的各种资源，并加以统合控管。

7.1.2 项目背景

依据学校智慧校园的建设方案，网络中心需要搭建多台服务器来满足教学管理系统、学生管理系统等平台的运行，同时，还要部署自己的 DHCP 服务器，以满足所有用户的 IP 地址分配等。指导教师要求小志尽快掌握网络操作系统的相关知识，并能学会安装和部署相关的网络服务。

7.1.3 学习目标

【知识目标】

熟悉操作系统、网络操作系统的定义及区别。

了解网络操作系统的发展及分类。

熟悉 Windows Server 网络操作系统的发展、优点及版本。

熟悉 Linux 网络操作系统的发展及版本特点。

【能力目标】

学会安装和使用 VMware Workstation。

学会安装 Linux、Windows 操作系统。

学会部署 DHCP 服务。

【素养目标】

培养吃苦耐劳、持之以恒的探索学习精神。

培养共享意识和合作意识。

树立青年人“青春是用来奋斗的”的人生观。

7.1.4 核心技术

网络操作系统、DHCP 服务。

认识网络操作系统

7.2 相关知识

7.2.1 认识网络操作系统

一台没有安装操作系统和其他软件的电子计算机称为裸机，裸机只有硬件部分，没有安装任何软件系统，这样的计算机不能使用，需要为它安装操作系统，比如 Win7、Win10 等。操作系统是用户与计算机进行交互的平台。计算机与操作系统相互合作，才能实现更强大的功能。

1. 操作系统概述

（1）操作系统定义

操作系统（Operation System，OS）是管理计算机硬件与软件资源的计算机程序。操作系统需要处理如管理与配置内存、决定系统资源供需的优先次序、控制输入设备与输出设备、操作网络与管理文件系统等基本事务。它是计算机硬件系统和用户之间的接口。

操作系统对于计算机来说是十分重要的，它可以帮助对计算机的软、硬件资源进行管理，减少人工干预的程序，同时，以可视化的手段来向使用者展示操作系统功能，降低计算机的使用难度。

（2）操作系统分类

操作系统按应用领域来划分，有桌面操作系统、服务器操作系统和嵌入式操作系统 3 种。

◆ 桌面操作系统：它是应用最为广泛的系统。微软 Windows 系列基本上控制了整个市场，而在苹果计算机上安装的 MAC OS 系列的界面表现极为出色，MAC OS 是首个在商用领域成功的图形用户界面操作系统。

◆ 服务器操作系统：一般也称为网络操作系统，指的是安装在大型计算机上的操作系统，比如 Web 服务器、应用服务器和数据库服务器等，是企业 IT 系统的基础架构平台。同时，服务器操作系统也可以安装在个人电脑上。

◆ 嵌入式操作系统（Embedded Operating System，EOS）：是指用于嵌入式系统的操作系统。目前在嵌入式领域广泛使用的操作系统有嵌入式实时操作系统 μC/OS-II、嵌入式 Linux、Windows Embedded、VxWorks 等，以及应用在智能手机和平板电脑的 Android、iOS 等。

2. 网络操作系统概述

（1）网络操作系统定义

网络操作系统（Network Operating System，NOS）除了能实现单机操作系统的全部功能外，还具备管理网络中的共享资源，实现用户通信及方便用户使用网络等功能，是网络的心脏和灵魂。所以，网络操作系统可以理解为网络用户与计算机网络之间的接口，是计算机网络中管理一台或多台主机的软硬件资源、支持网络通信、提供网络服务的程序集合。

（2）网络操作系统功能

网络操作系统除了提供进程管理、存储管理、设备管理、文件管理、文件管理外，还提供网络环境下的通信、网络资源管理、网络服务应用等特定功能。如：

◆ 提供高效、可靠的网络通信能力。

◆ 提供多种网络服务功能，如远程作业录入并进行处理的服务功能、文件转输服务功能、电子邮件服务功能、远程打印服务功能。

◆ 提供可靠的网络管理。它能够协调网络中各种设备的动作，向客户提供尽量多的网络资源，包括文件和打印机、传真机等外围设备，并确保网络中数据和设备的安全性。

（3）网络操作系统分类

网络操作系统是用于网络管理的核心软件，目前主流的网络操作系统有 Windows、Netware、UNIX 和 Linux 等。各种操作系统在网络应用方面都有各自的优势，而实际应用却千差万别，这种局面促使各种操作系统都极力提供跨平台的应用支持。

Windows 类：由全球最大的软件开发商 Microsoft（微软）公司开发。微软公司的 Windows 系统不仅在个人操作系统中占有绝对优势，它在网络操作系统中也具有非常强劲的力量。这类操作系统配置在整个局域网配置中是最常见的，但由于它对服务器的硬件要求较高，并且稳定性能不是很高，所以微软的网络操作系统一般只是用在中低档服务器中，如 Windows Server 2012/2016/2019。

NetWare 类：NetWare 操作系统虽然远不如早几年那么风光，在局域网中早已失去了当年雄霸一方的气势，但是 NetWare 操作系统对网络硬件的要求较低（工作站只要是 286 机就可以了），因此受到一些设备比较落后的中小型企业，特别是学校的青睐。NetWare 服务器对无盘站和游戏的支持较好，常用于教学网和游戏厅。目前这种操作系统的市场占有率呈下降趋势，这部分的市场主要被 Windows 和 Linux 系统瓜分了。

UNIX 系统：具有良好的网络管理功能，支持网络文件系统服务，提供数据等应用，功能强大，并且稳定性和安全性能非常好。但由于它多数是以命令方式来进行操作的，因此不容易掌握，特别是初级用户。正因如此，小型局域网基本不使用 UNIX 作为网络操作系统，一般仅用于大型的网站或大型的企事业局域网中。

Linux：与 UNIX 有许多类似之处，它的最大的特点就是源代码开放，可以免费得到许多应用程序。目前也有中文版本的 Linux，如 REDHAT（红帽子）、红旗 Linux 等。目前这类操作系统主要应用于中高档服务器中。

网络操作系统对于网络的应用、性能有着至关重要的影响。选择一个合适的网络操作系统，既能实现建设网络的目标，又能省钱、省力，提高系统的效率。每一种网络操作系统都有适合自己的工作场合，如 Linux 较适用于小型的网络，而 Windows Server 和 UNIX 则适用于大型服务器应用程序。因此，对于不同的网络应用，需要我们有目的地选择合适的网络操作系统。

7.2.2 Windows Server 网络操作系统介绍

Windows Server
网络操作系统介绍

Windows Server 网络操作系统是由 Microsoft（微软）公司开发的。微软公司的 Windows 系统不仅在个人操作系统中占有绝对优势，它在网络操作系统中也具有非常强劲的力量。这类操作系统最常见的是配置在局域网中，但由于它对服务器的硬件要求较高，并且稳定性能不是很高，所以微软的网络操作系统一般只是用在中低档服务器中。

1. Windows 网络操作系统的发展史

要了解 Windows 的发展历史，首先要了解微软（Microsoft）公司。微软公司是全球最大的电脑软件提供商，总部设在华盛顿州的雷德蒙市（Redmond，大西雅图的市郊）。公司于 1975 年由比尔·盖茨和保罗·艾伦成立。公司最初以“Micro-soft”为名（意思为“微型软件”）。Microsoft Windows 是一个为个人电脑和服务器用户设计的操作系统，它有时也被称为“视窗操作系统”。它的第一个版本由微软公司发行于 1985 年，并最终获得了世界个人电脑操作系统软件的垄断地位。表 7－1 中显示的是 Windows Server 的各个版本。

表 7－1　Windows Server 的各个版本

版本	代号	内核版本号	发行日期
Windows 2000 Server	NT5.0 Server	NT 5.0	2000－02－17
Windows Server 2003	Whistler Server，.NET Server	NT 5.2	2003－04－24
Windows Server 2003 R2	Release 2	NT 5.2	2005－12－06
Windows Server 2008	Longhorn Server	NT 6.0	2008－02－27
Windows Server 2008 R2	Server 7	NT 6.1	2009－10－22
Windows Server 2012	Server 8	NT 6.2	2012－09－04
Windows Server 2012 R2	Server Blue	NT 6.3	2013－10－17
Windows Server 2016	Threshold Server，Redstone Server	NT 10.0	2016－10－13
Windows Server 2019	Redstone Server	NT 10.0	2018－11－13

◆ Windows NT 4.0：1996 年 8 月，Windows NT 4.0 发布，增加了许多对应管理方面的特性，稳定性也相当不错。这个版本是为各种嵌入式系统和产品设计的，一种压缩的、高效的、可升级的操作系统（OS）。其多线性、多任务、全优先的操作系统环境是专门针对资源有限而设计的。这种模块化设计使嵌入式系统开发者和应用开发者能够定做各种产品，例如家用电器、专门的工业控制器和嵌入式通信设备。从 Windows NT 4.0 开始，微软的战线从桌面系统到了服务器市场，又转攻到嵌入式行业。

◆ Windows 2000 Server：它的原名就是 Windows NT 5.0 Server。面向小型企业的服务器领域，支持每台机器上最多拥有 4 个处理器，最低支持 128 MB 内存，最高支持 4 GB 内存。微软通过 Windows 2000 Server 操作系统达到了软件业很少实现的一个目标：提供一种同时具有改进性和创新性的产品。Windows 2000 Server 设置了操作系统与 Web、应用程序、网络、通信和基础设施服务之间良好集成的一个新标准。

◆ Windows Server 2003：是微软于2003年3月28日发布的，基于Windows XP/NT5.1的服务器操作系统，对活动目录、组策略操作和管理、磁盘管理等面向服务器的功能做了较大改进，对.net技术的完善支持进一步扩展了服务器的应用范围。Windows Server 2003的官方支持已在2015年7月14日结束，Windows Server 2003的安全性不再获得保障。

◆ Windows Server 2008 R2：是一款服务器操作系统。与Windows Server 2008相比，Windows Server 2008 R2继续提升了虚拟化技术，强化PowerShell对各个服务器角色的管理指令。Windows Server 2008 R2是第一个只提供64位版本的服务器操作系统。

◆ Windows Server 2012：可以用于搭建功能强大的网站、应用程序服务器与高度虚拟化的云应用环境，无论是大、中或小型的企业网络，都可以使用Windows Server 2012的管理功能与安全措施，来简化网站与服务器的管理、改善资源的可用性、减少成本支出、保护企业应用程序与数据，可以更轻松、有效地管理网站、应用程序服务器与云应用环境。Windows Server 2012 R2是Windows Server 2012的升级版本。

◆ Windows Server 2016：引入了新的安全策略来保护用户数据、控制访问权限，增强了弹性计算能力，降低存储成本并简化网络，还提供新的方式进行打包、配置、部署、运行、测试和保护应用程序。

◆ Windows Server 2019：相较之前的Windows Server版本，Windows Server 2019在混合云、安全增强、容器改进、超融合基础设施（HCI）等方面实现了很多创新。

2. *Windows Server 2019 功能介绍*

Windows Server 2019进一步融合了更多云计算、大数据时代的新特性，包括更先进的安全性，广泛支持容器基础，原生支持混合云扩展，提供低成本的超融合架构，让用户在本地数据中心也可以连接未来趋势的创新平台。其界面图标如图7-1所示。

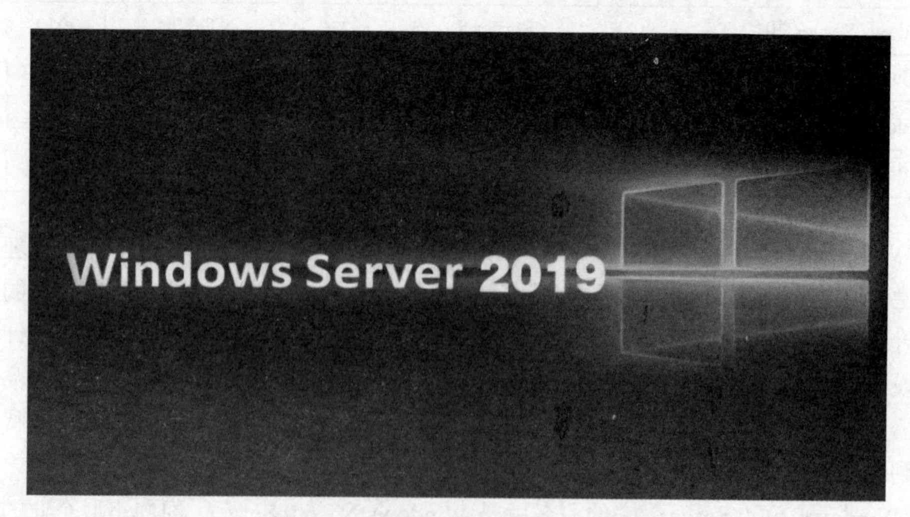

图7-1 Windows Server 2019界面

◆ 混合云：提供一致的混合服务，包括具有Active Directory的通用身份平台、基于SQL Server技术构建的通用数据平台及混合管理和安全服务。其混合管理功能适用于在任何位置

（包括物理环境、虚拟环境、本地环境、Azure 和托管环境）运行的 Windows Server。

◆ 安全增强：Windows Server 2019 中的安全性方法包括三个方面：保护、检测和响应。Windows Server 2019 集成的 Windows Defender 高级威胁检测可发现和解决安全漏洞。

◆ 容器改进：作为 DevOps 方案的一部分，Windows Server 2019 中的容器技术可帮助 IT 专业人员和开发人员进行协作，从而更快地交付应用程序。通过将应用从虚拟机迁移到容器，还可以将容器优势转移到现有应用，而只需最少量的代码更改。

◆ 超融合：Windows Server 2019 中的技术增强了超融合基础架构（HCI）的规模、性能和可靠性。它允许部署从小型两节点扩展到使用集群集技术的多达 100 台服务器，从而使其在任何情况下都能负担得起部署规模。Windows Server 2019 中的 Windows Admin Center 是一个基于轻量浏览器且本地部署的平台，可整合资源，以提高可见性和可操作性，进而简化 HCI 部署的日常管理。

3. Windows Server 2019 系统版本

◆ Datacenter Edition（数据中心版）：适用于高虚拟化数据中心和云环境。

◆ Standard Edition（标准版）：适用于物理或最低限度虚拟化环境。

◆ Essentials Edition（基本版）：适用于最多 25 个用户或最多 50 台设备的小型企业。

在不久的将来，微软可能会发布 Windows Server 2021 及其他的网络操作系统版本。微软发展的实践证明，软件的发展是一个马拉松式的长跑，只有以正确的姿势，才能走到最后。

7.2.3 Linux 操作系统

1. Linux 简介

Linux 网络操作系统介绍

Linux 是一套免费使用和自由传播的基于 POSIX 的多用户、多任务、支持多线程和多 CPU 的类 UNIX 操作系统。Linux 存在着许多不同的版本，但它们都使用了 Linux 内核。严格来说，Linux 本身只表示 Linux 内核，但实际上人们已经习惯了用 Linux 来表示所有基于 Linux 内核的操作系统。不同的 Linux 系统可以安装在不同的计算机硬件设备中，如手机、平板电脑、网络设备、智能化电器、台式计算机、大型机和超级计算机等。图 7－2 所示是 Linux 操作系统标志。

2. Linux 的诞生

图 7－2　Linux 操作系统标志

1969 年，贝尔实验室开发了 UNIX 操作系统，由于它良好而稳定的性能及方便、简单的操作，很快就在计算机领域得到了广泛的发展，但随着 UNIX 的商业化，如果想要继续使用，就需要购买授权且价格高昂，很多学者不得不终止对它的研究。1987 年，荷兰某大学教授安德鲁（Andrew S. Tanenbaum）编写了一个名为 Minix 的操作系统，来向学生讲述操作系统内部工作原理。Minix 是一个以教学为目的的简单操作系统，虽然不具备强有力的实用性，但它最大的优势就是公开源代码，可以使全世界学习计算机的学生都通过钻研 Minix 源代码来了解电脑里运行的操作系统的原理。

1991 年，芬兰赫尔辛基大学二年级的学生 Linus Torvalds（林纳斯·托瓦兹）在吸收了 Minix 精华的基础上，将 Minix 系统成功移植到自己的个人计算机上，他研究了 UNIX 的核心并去除其繁杂的核心程序，改写成了适用于一般计算机使用的操作系统，并放在网络上，希望更多的 UNIX 爱好者帮助其改进，这就是最早的 Linux 雏形。

1994 年，在众多 UNIX 爱好者的支持和努力下，Linux 发布了正式版本 Linux 1.0，从此 Linux 的用户迅速增长，其核心开发小组也日益强大。Linux 凭借着优秀的设计和稳定的性能，得到了来自全世界软件爱好者、组织、公司的支持，逐渐成为主流的操作系统之一。它除了在服务器操作系统方面保持着强劲的发展势头以外，在个人电脑、嵌入式系统上都有着长足的进步。使用者不仅可以直观地获取该操作系统的实现机制，而且可以根据自身的需求修改完善该操作系统，使其最大化地适应用户的需要。

3. Linux 的常见发行版本

从技术角度来看，Linus Torvalds（林纳斯·托瓦兹）开发的 Linux 只是一个内核。内核是一个提供设备驱动、文件系统、进程管理、网络通信等功能的系统软件，它并不是一套完整的操作系统，只是操作系统的核心。一些组织或厂商将 Linux 内核与各种软件和文档包装起来，并提供系统安装界面和系统配置、设定与管理工具，就构成了 Linux 的发行版本，这些版本也推动了 Linux 的应用。

Linux 的发行版本大体可以分为两类：

◆ 商业公司维护的发行版本。以著名的 Red Hat 为代表。

◆ 社区组织维护的发行版本。以 Debian 为代表。

Linux 加入 GNU 并遵循公共版权许可证（GPL），由于不排斥商家对自由软件做进一步开发，也不排斥在 Linux 上开发商业软件，出现了很多的 Linux 发行套件，如 Slackware、Redhat、TurboLinux、OpenLinux 等十多种。发行套件的版本是由各个商家自己决定的，相对于内核版本是独立的。目前市场上比较常见的 Linux 操作系统发行版本有：

Red Hat Linux 版本：Red Hat Linux 是目前最成功的一个商业 Linux 套件。Red Hat 创建于 1993 年，是目前世界上资深的 Linux 厂商。2019 年 5 月 7 日，Red Hat Enterprise Linux 8.0（RHEL8）正式发布，RHEL 8.0 在云/容器化工作负载方面提供了许多改进。

CentOS 版本：CentOS 是一个开源软件贡献者和用户社区。它对 RHEL 源代码重新进行了编译。CentOS 社区不断与其他同类社区合并，使 CentOS Linux 逐渐成为使用最广泛的 RHEL 兼容版本。

Suse 版本：欧洲最流行的 Linux 发行套件，SUSE Linux 以 Slackware Linux 为基础，是德国的 SUSE Linux AG 公司发布的 Linux 版本，2004 年被 Novell 公司收购后，成立了 OpenSUSE 社区，推出了自己的社区版本 OpenSUSE。

Ubuntu 版本：它基于知名的 Debian Linux 发展而来，界面友好，容易上手，对硬件的支持非常全面，是目前最适合做桌面系统的 Linux 发行版本。它是 Linux 的发行版本里面的后起之秀，现在很多的大数据平台底层操作系统选择了 Ubuntu。

红旗 Linux 版本：RED Flag Linux，是由北京中科红旗软件技术有限公司开发的一系列 Linux 发行版，包括桌面版、工作站版、数据中心服务器版、HA 集群版和红旗嵌入式 Linux

等产品。红旗 Linux 是中国较大、较成熟的 Linux 发行版之一，界面十分美观，操作简单。

4. Linux 特点

① 源代码是公开的。大家都可以对其进行修改。

② 安全、可靠的操作系统。Linux 采取了很多安全技术措施，如带保护的子系统、审计跟踪等。

③ 广泛的硬件支持。由于众多开发者在为 Linux 的扩充而贡献力量，所以它有着比较丰富的驱动程序。

④ 出色的速度性能。Linux 的运行通常以年为单位，可以数月、数年运行而无须重新启动。

⑤ 支持多种硬件平台。Linux 能在笔记本、工作站甚至大型机上运行，是目前支持的硬件平台最多的操作系统。

⑥ 友好的用户界面。Linux 向用户提供了 3 种界面：用户命令界面、系统调用界面和图形用户界面。

⑦ 强大的网络功能。Linux 是通过 Internet 产生和发展起来的，所以它支持各种标准的网络协议，很容易移植到嵌入式系统。同时，Linux 支持多种文件系统，是数据备份、同步和复制的良好平台。

⑧ 支持多任务、多用户。Linux 是一个多任务多用户的操作系统，可以支持多个用户同时使用，并且共享系统当中的磁盘、外设、处理器等。它的保护机制可以使每个用户和应用程序互不干扰，当一个任务崩溃时，其他的任务仍然能够正常进行。

7.3 项目实施

任务 1　VM 虚拟机使用及 Linux 网络操作系统安装

（一）任务要求

① 安装 VMware Workstation Pro 15.5，并进行基本设置。

② 在 VMware 中安装 Red Hat Enterprise Linux 7.6。

（二）实施步骤

1. 软件准备

① VMware Workstation Pro 15.5 软件。

② Red Hat Enterprise Linux 7.6。

2. 安装 VMware Workstation Pro 15.5

① 在“VMware Workstation”中选择“文件”→“新建”→“虚拟机”，在弹出的窗口中选择“自定义（高级）”，单击“下一步”按钮，如图 7-3 所示。

② 选择虚拟机的版本。VMware Workstation 所建立的虚拟机保证向下兼容。即在 VMware Workstation 早期版本中所建立的虚拟机可以在 VMware Workstation 15 中打开，反之，则不可以运行。如果不考虑版本的兼容性，可以直接单击“下一步”按钮，如图 7-4 所示。

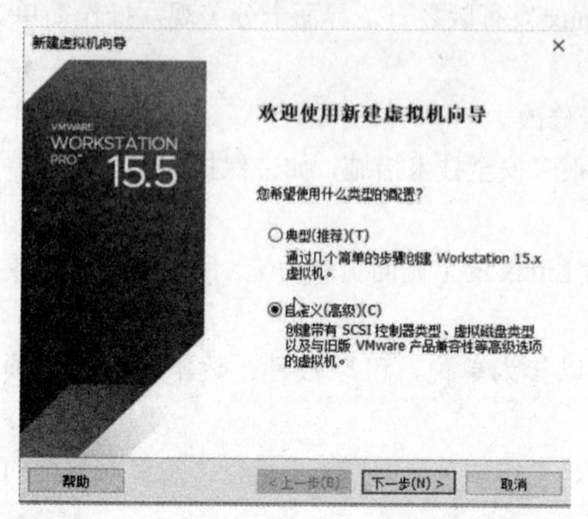

图 7-3　新建虚拟机

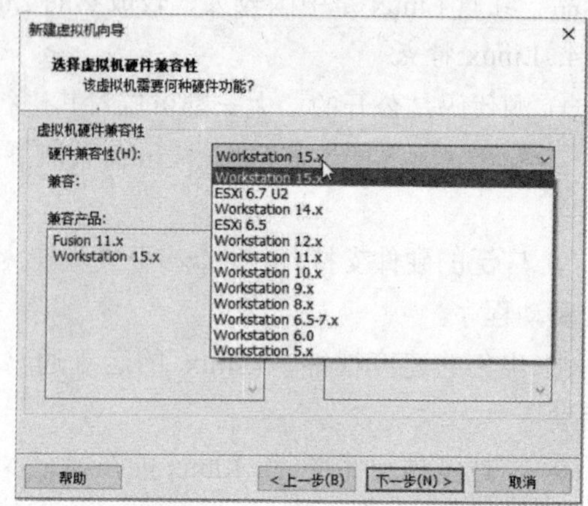

图 7-4　选择虚拟机版本

③ 在“安装客户机操作系统”界面，选择“稍后安装操作系统”，选择此项可以在虚拟机建立后再放入光盘。如果选择前两项，系统会进入自动安装状态。单击“下一步”按钮，如图 7-5 所示。

④ 选择安装的客户机操作系统。选择“Linux”→“Red Hat Enterprise Linux7 64 位”，完成后单击“下一步”按钮，如图 7-6 所示。

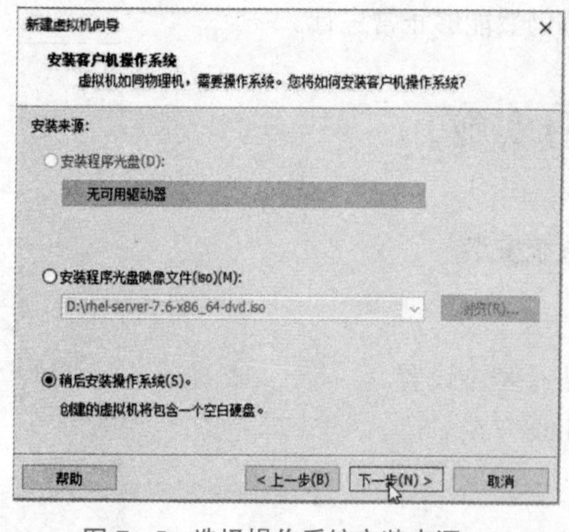

图 7-5　选择操作系统安装来源

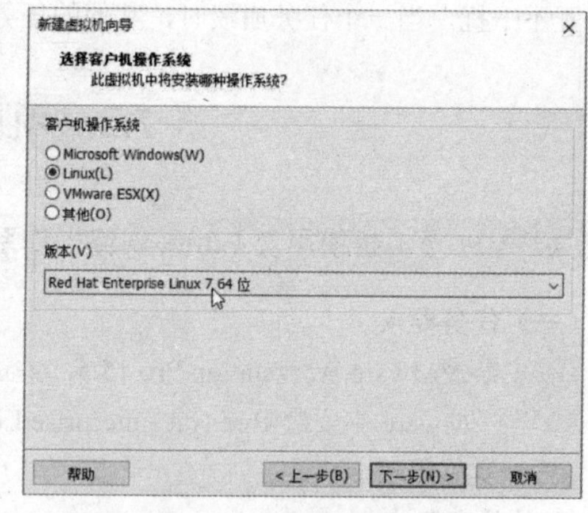

图 7-6　选择操作系统版本

⑤ 给虚拟机命名。在 VMware Workstation 中会显示每个打开的虚拟机的名称，此处就是虚拟机的标签名，标签名不是虚拟机的主机名。虚拟机的所有文件都存在于宿主机的硬盘中，可以选择恰当的位置来存放。完成后单击“下一步”按钮，如图 7-7 所示。

⑥ 处理器配置。处理器采用默认值，也可以调整处理器的数量，如图 7-8 所示。

⑦ 设置虚拟机所使用的内存大小。默认为 2 048 MB，如图 7-9 所示。

⑧ 选择网络类型。选择“使用桥接网络”，完成后单击“下一步”按钮，如图 7-10 所示。

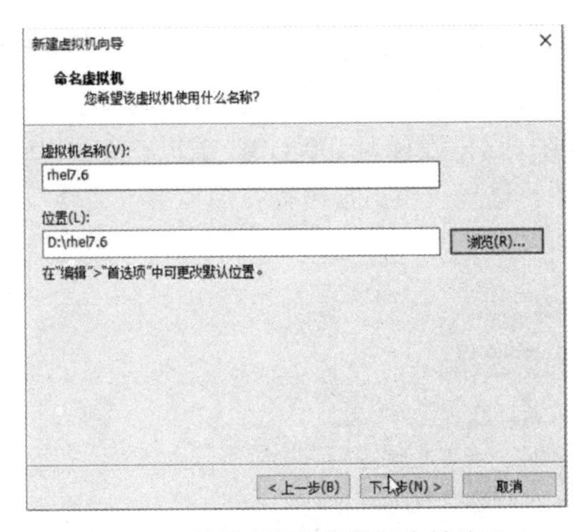

图 7-7　设置虚拟机标签及存储位置

图 7-8　配置处理器数量

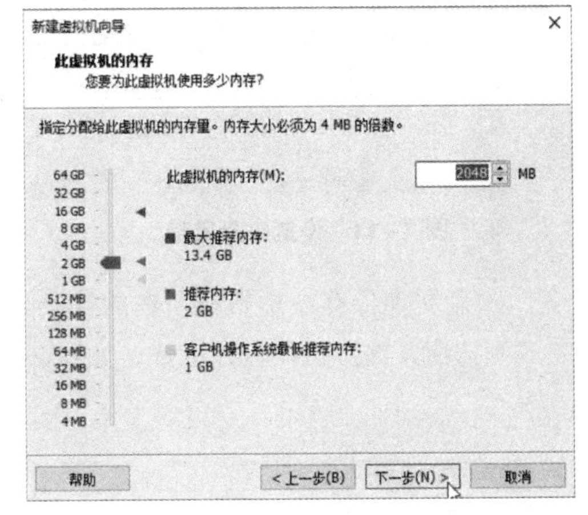

图 7-9　设置虚拟机内存

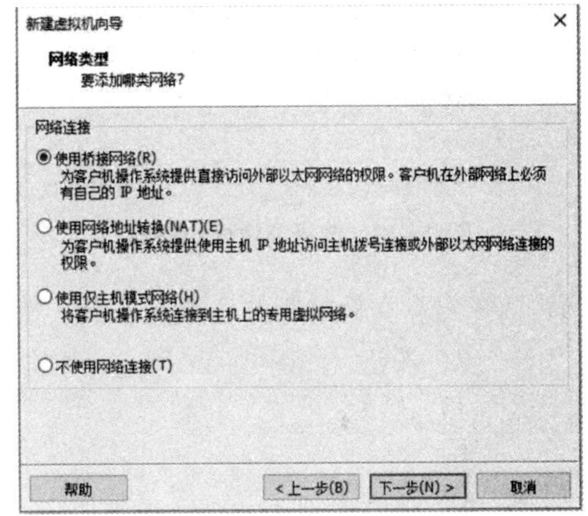

图 7-10　设置网络类型

⑨ 选择 I/O 控制器类型。这里采用推荐值，如图 7-11 所示。

⑩ 选择磁盘类型。采用推荐参数，完成后单击“下一步”按钮，如图 7-12 所示。

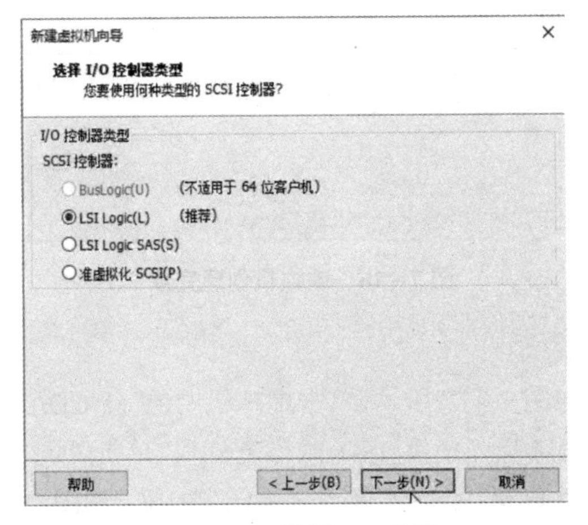

图 7-11　选择 I/O 类型

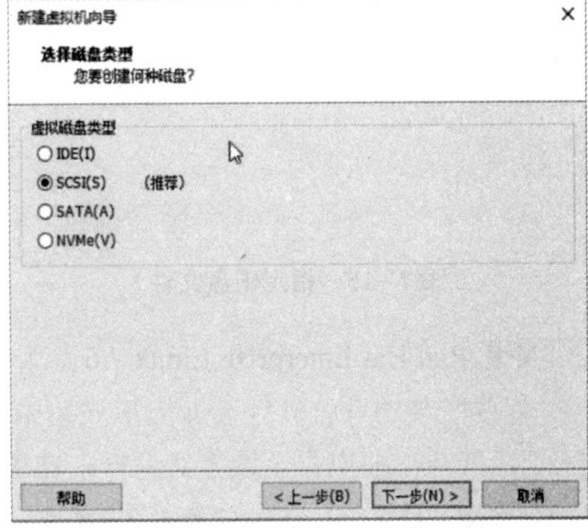

图 7-12　选择磁盘类型

⑪ 选择“创建新虚拟磁盘”，为虚拟机建立一个新的虚拟磁盘，完成后单击“下一步”按钮，如图 7-13 所示。

⑫ 设置虚拟机的磁盘容量。默认值为 20 GB，这里设置为 100 GB。虚拟磁盘占用磁盘的实际大小是以虚拟机中保存数据的大小为准的。选择“将虚拟磁盘存储为单个文件”，然后单击“下一步”按钮，如图 7-14 所示。

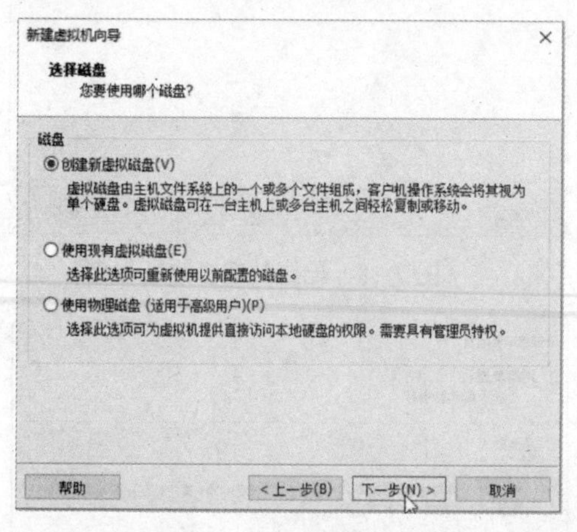

图 7-13　选择创建虚拟磁盘

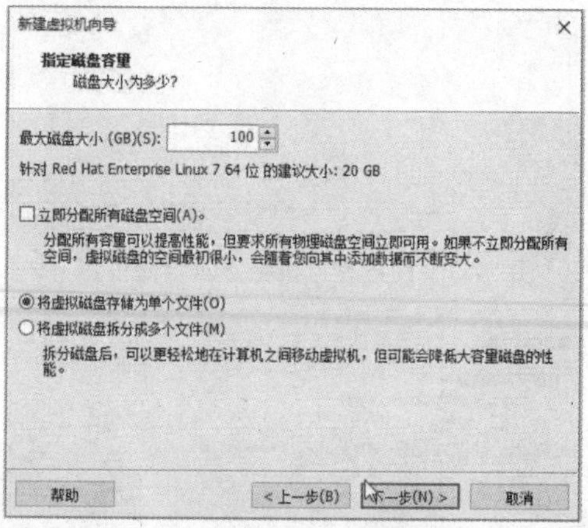

图 7-14　设置磁盘容量

⑬ 选择磁盘文件的存储位置。在默认情况下，磁盘文件保存在虚拟机所在的目录下，单击“下一步”按钮，如图 7-15 所示。单击“完成”按钮，虚拟机的创建完成，如图 7-16 所示。

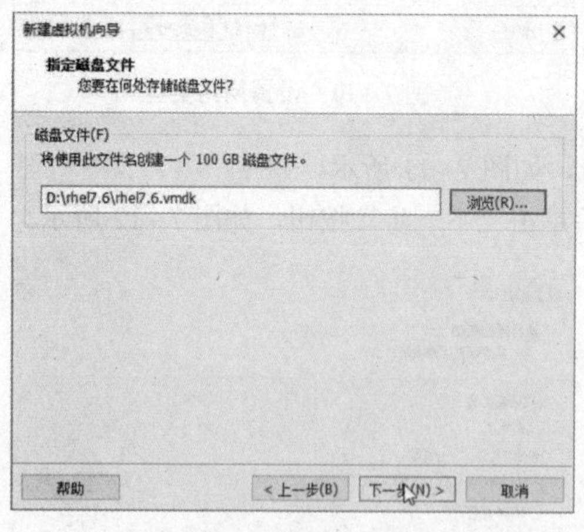

图 7-15　指定磁盘文件

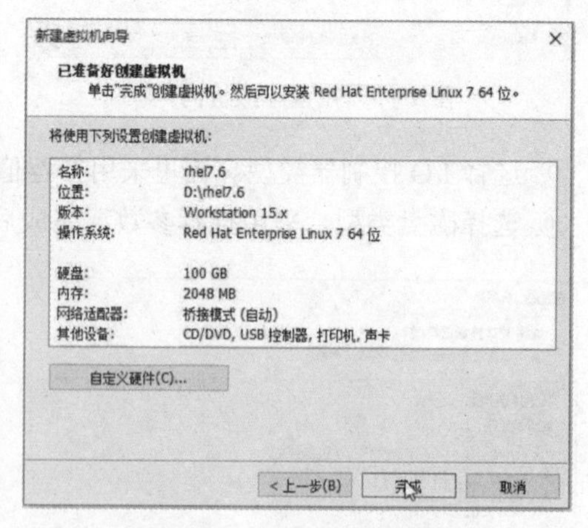

图 7-16　虚拟机创建完成

3. 安装 Red Hat Enterprise Linux 7.6

① 将要安装的系统软件装入虚拟光驱中。如图 7-17 所示，单击虚拟机中的“新 CD/DVD（SATA）”，打开“虚拟机设置”对话框，在右侧选择“使用 ISO 映像文件”，单击“浏览”按钮，选择 Red Hat Enterprise Linux 7.6 安装文件位置，完成后单击“关闭”按钮。如图 7-18 所示，单击“开启此虚拟机”选项来运行虚拟机。

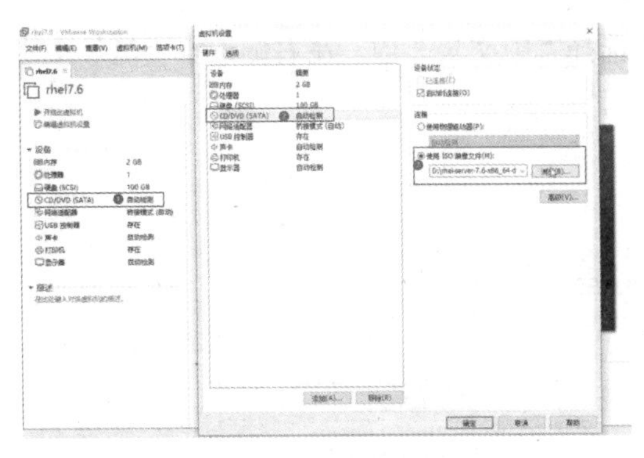

图 7－17　选择安装文件

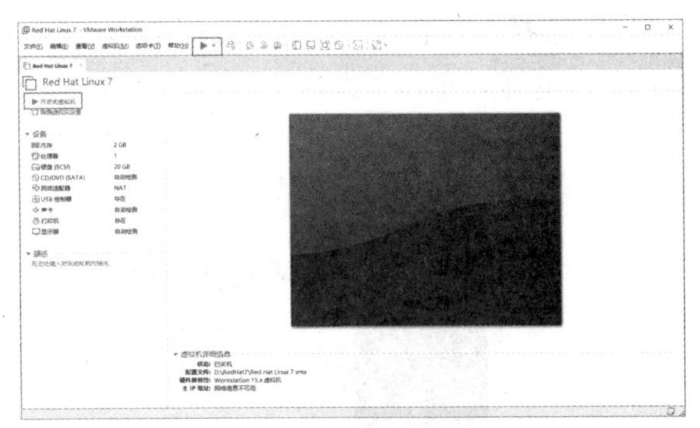

图 7－18　开启虚拟机

② 开启虚拟机之后，进入 Linux 的安装引导界面，如图 7－19 所示。Red Hat Enterprise Linux 7.6 有三个安装选项，选择“Test this media & install Red Hat Enterprise Linux 7.6”，按 Enter 键后检测正在使用的光盘的正确性，如图 7－20 所示。

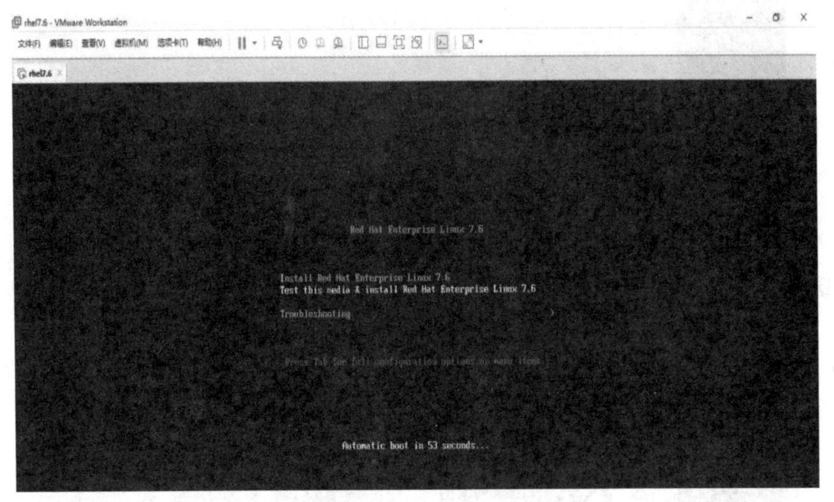

图 7－19　Linux 安装引导界面

图 7－20　检测光盘正确性

③ 选择安装语言，如图 7-21 所示，在左侧选择“中文”选项，在右侧选择“简体中文（中国）”选项，单击“继续”按钮。

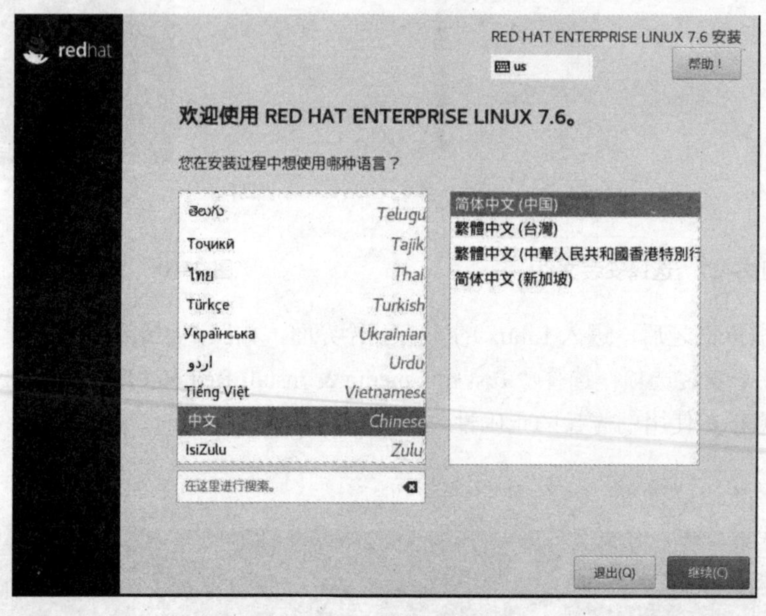

图 7-21 选择使用的语言

④ 进入“安装信息摘要”界面，如图 7-22 所示。在“本地化”中可以分别设置“日期和时间”“键盘”及“语言支持”。

图 7-22 安装信息摘要界面

⑤ 在“软件”部分，单击“软件选择”，弹出如图 7-23 所示界面。RHEL7.6 安装环境分为最小安装、基础设施服务器、文件及打印服务器、基本网页服务器、虚拟化主机和带

GUI 的服务器 6 种，不同的安装环境附加的选项不同。

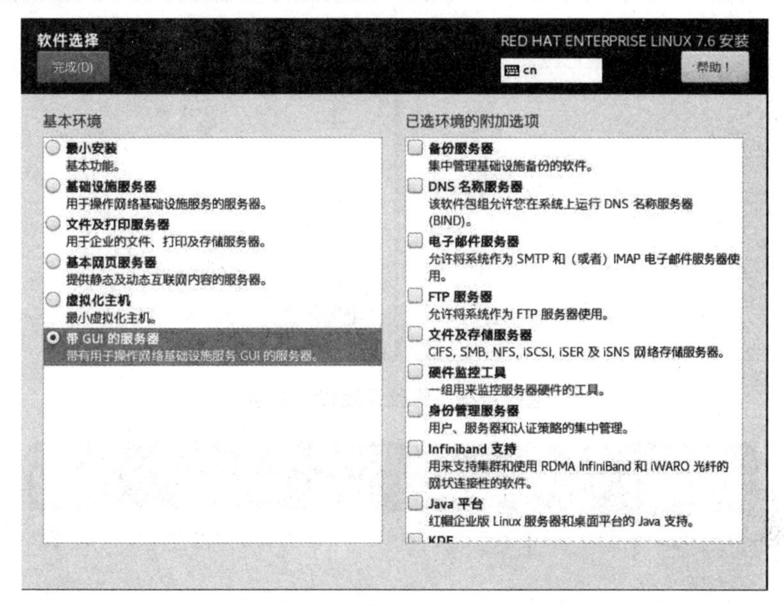

图 7－23　软件选择界面

⑥ 系统部分安装。选择“安装位置”，进入如图 7－24 所示界面，选择“我要配置分区”选项，进行自定义分区。在手动分区界面中选择“标准分区”，单击“单击这里自动创建它们”选项，如图 7－25 所示，打开系统设置分区，并根据自己的需求修改分区。

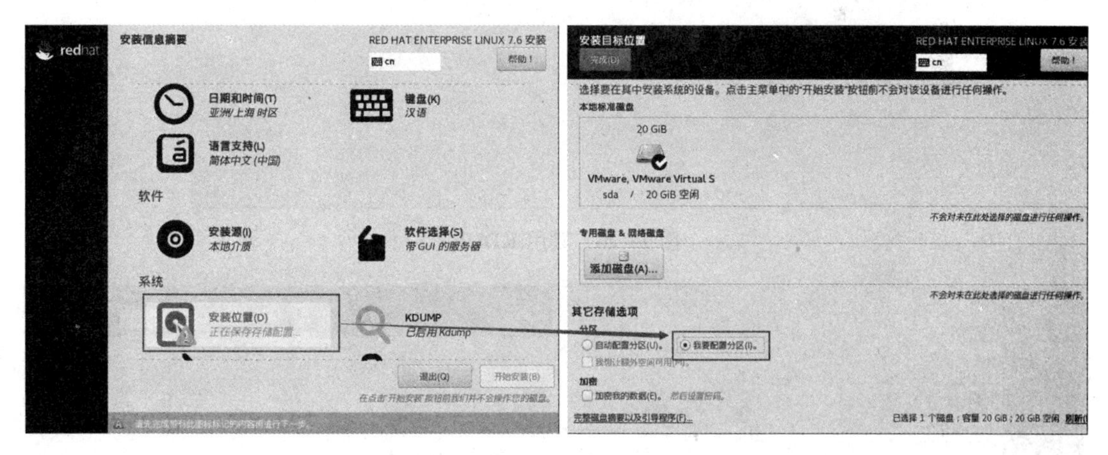

图 7－24　选择安装位置

⑦ 选择并禁用“kdump”。KDUMP 是在系统崩溃、死锁或者死机的时候用来转存内存运行参数的一个工具和服务，当系统内核崩溃时，它会捕获系统信息，默认该选项是启用状态，为了提高系统运行速度，这里不勾选此选项，如图 7－26 所示。

⑧ 设置完成后单击“开始安装”按钮，显示如图 7－27 所示界面。单击“ROOT 密码”选项，设置 ROOT 的密码。

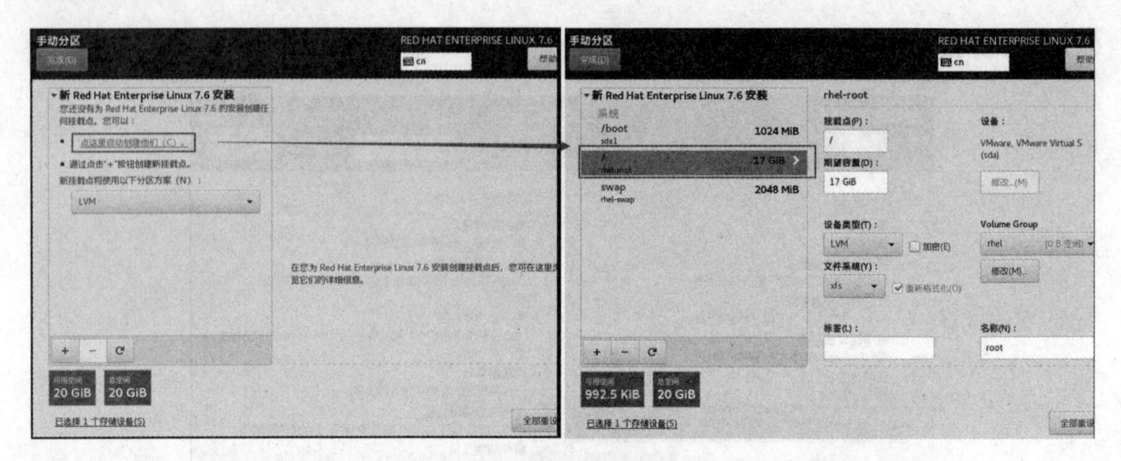

图 7－25 修改系统设置分区

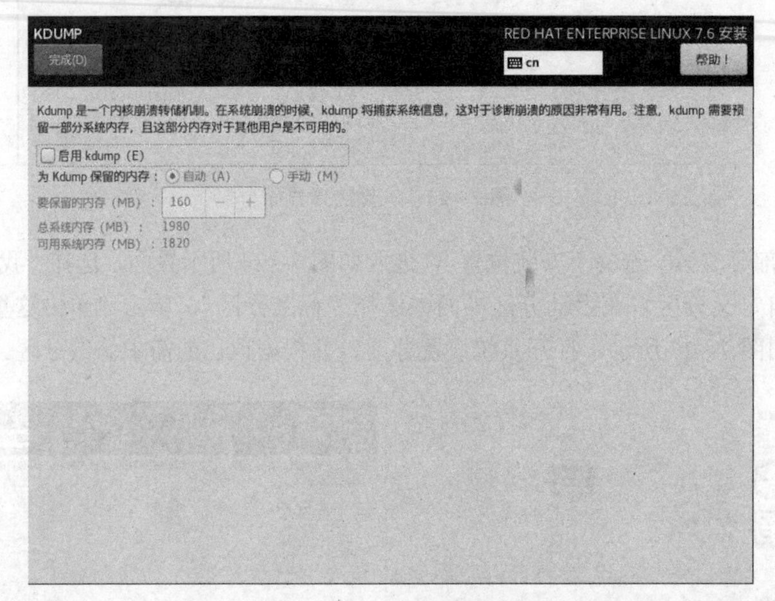

图 7－26 禁用 KDUMP

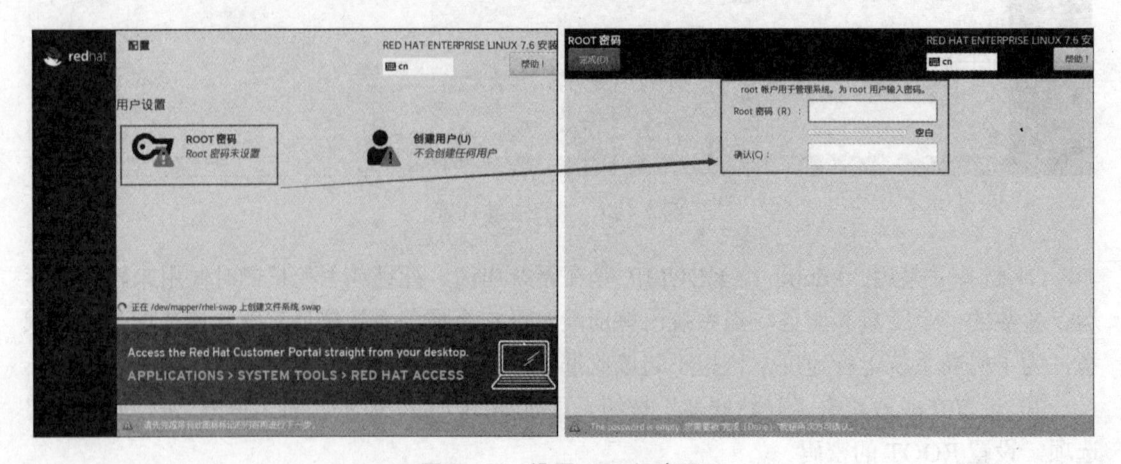

图 7－27 设置 ROOT 密码

⑨ 创建新用户。在实际应用中，为了保证系统安全，一般不会使用 ROOT 登录系统，而是创建普通账户登录系统进行日常维护。如图 7－28 所示，单击“创建用户”选项，设置普通用户。

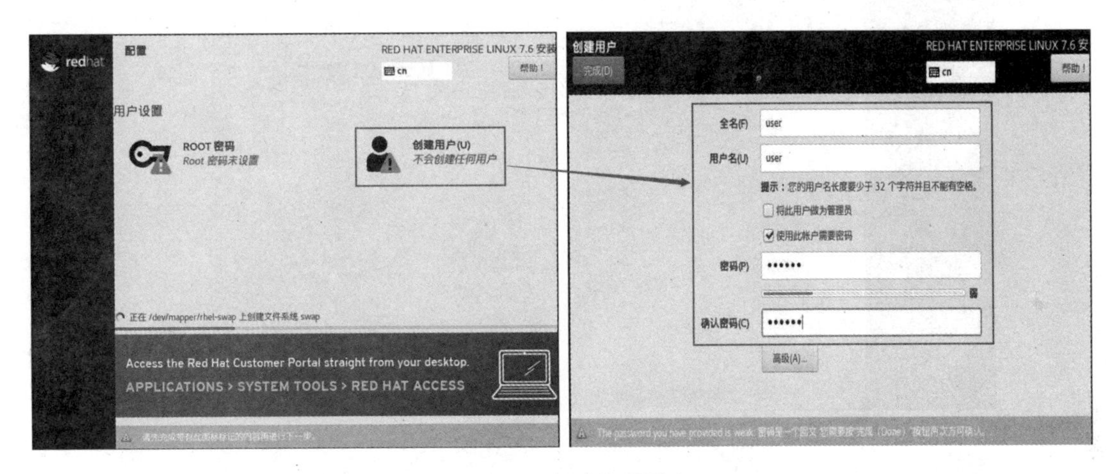

图 7－28　创建普通用户

⑩ 完成安装后重启。进入如图 7－29 所示的界面，单击“重启”按钮完成安装。

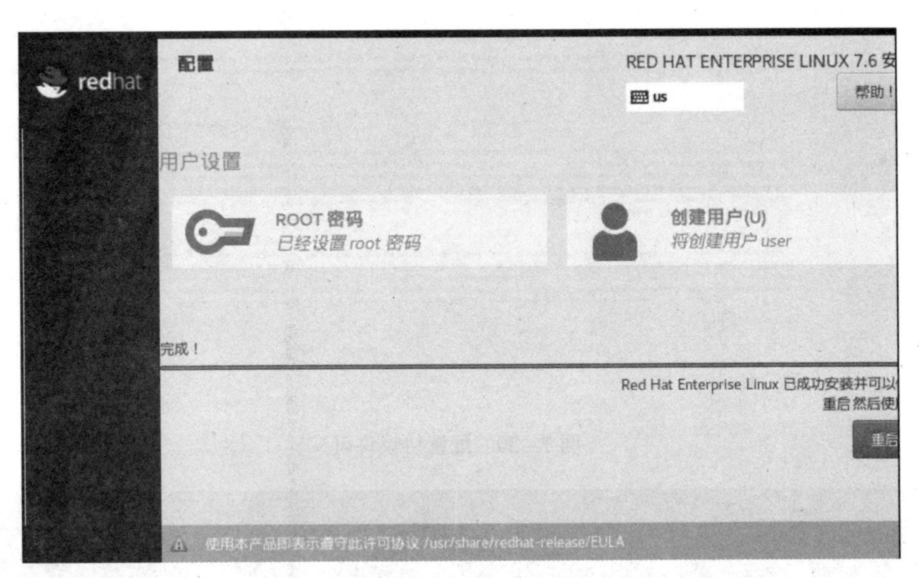

图 7－29　重启引导

⑪ Red Hat Enterprise Linux 7.6 初始配置。系统安装完成并重启后，Linux 还无法正常使用，需要进行初始配置。如图 7－30 所示，单击“LICENSE INFORMATION”，打开许可协议窗口，勾选“我同意许可协议”选项后，单击“完成”按钮返回初始配置界面。

⑫ 进入 Red Hat Enterprise Linux 7.6 系统。系统初始配置完成后的界面如图 7－31 所示，默认输入普通用户密码，或者单击“未列出”选项，选择 ROOT 用户登录，就可以进入 Linux 系统了。图 7－32 所示为 Linux 系统界面。

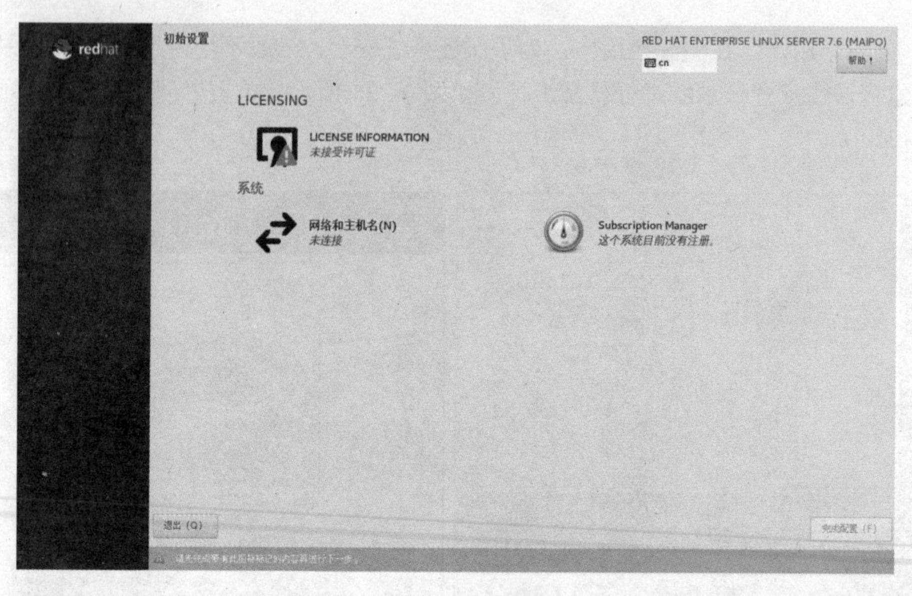

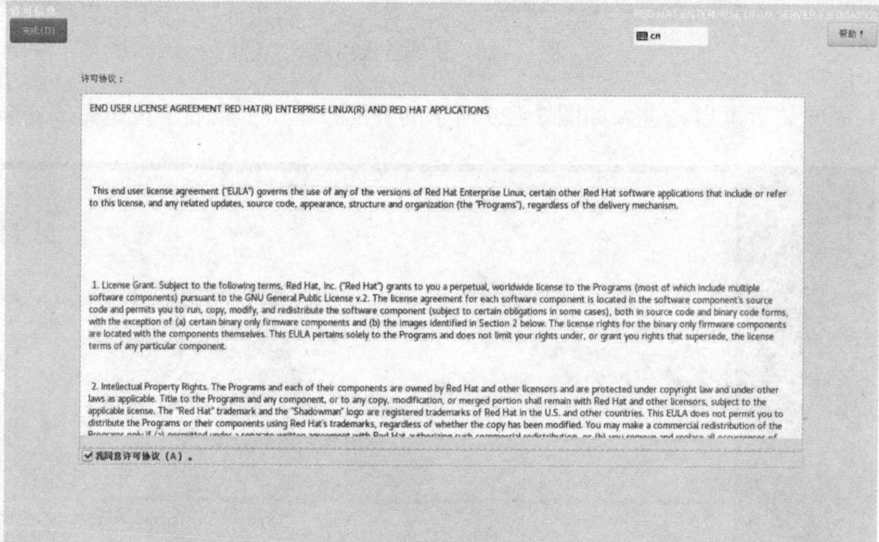

图 7-30　配置协议许可

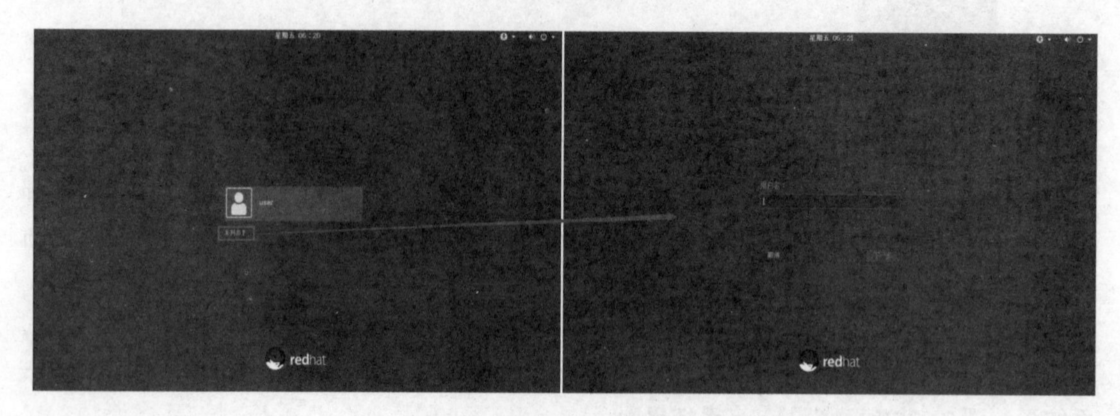

图 7-31　ROOT 用户登录界面

图 7-32　Linux 系统界面

任务 2　利用 Windows Server 2016 部署 DHCP 服务

（一）任务要求

① 在 Windows Server 2016 中完成 DHCP 服务的部署，实现给全院客户端自动分配 IP 地址，确保 IP 地址的合理分配和使用。DHCP 服务器的 IP 地址为 192.168.1.10，子网掩码为 255.255.255.0，默认网关为 192.168.1.254，要求 DHCP 服务器给客户端分配的 IP 地址在 192.168.1.1～192.168.1.254 之间，并且 DNS 服务器的地址为 192.168.1.1。

② 一台 Windows 的 DHCP 客户端，自动获取 IP 地址。

（二）实施步骤

1. 软件准备

① VMware Workstation Pro 15.5 中准备一台装有 Windows Server 2016 的虚拟机。

② VMware Workstation Pro 15.5 中准备一台装有 Windows 7 的虚拟机。

2. 部署 DHCP 服务

① 首先打开服务器管理台，单击“添加角色和功能”选项，进入“添加角色和功能向导”，如图 7-33 所示。

② 开始配置 DHCP 之前，会要求确认已完成的前需任务。如果已完成，保持默认就好，然后单击“下一步”按钮；如果未完成，需要先完成。界面如图 7-34 所示。

③ 选择要安装角色和功能的服务器或虚拟硬盘。这里选择“从服务器池中选择服务器”，如图 7-35 所示。

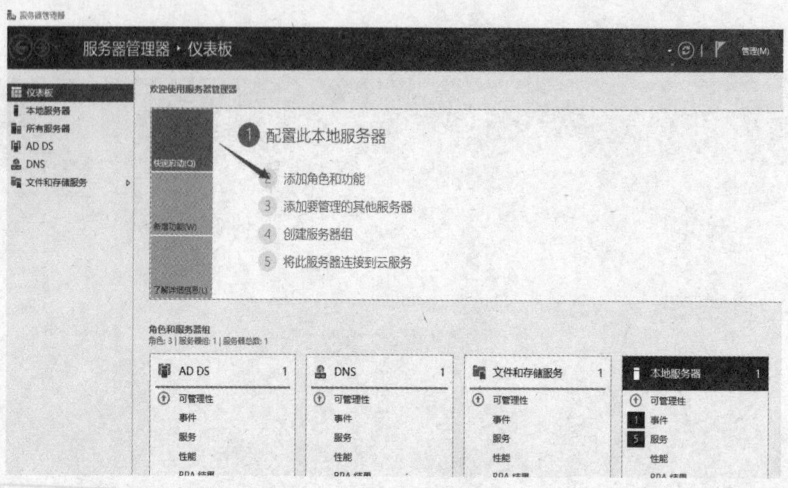

图 7-33 服务器管理台

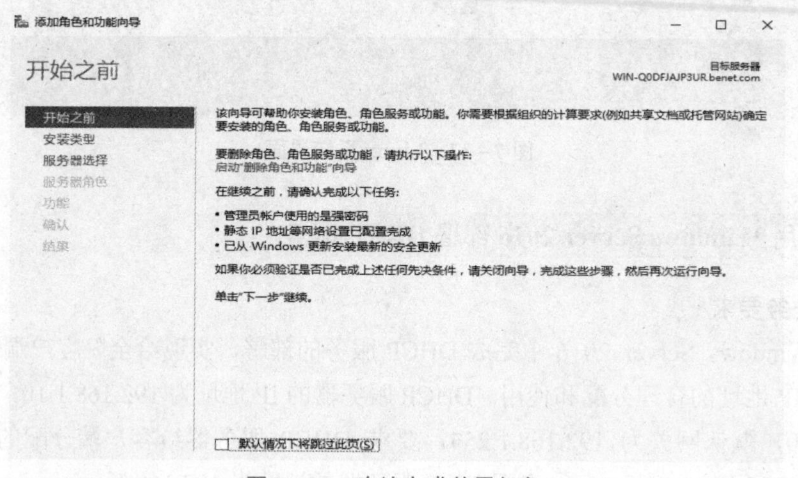

图 7-34 确认完成前需任务

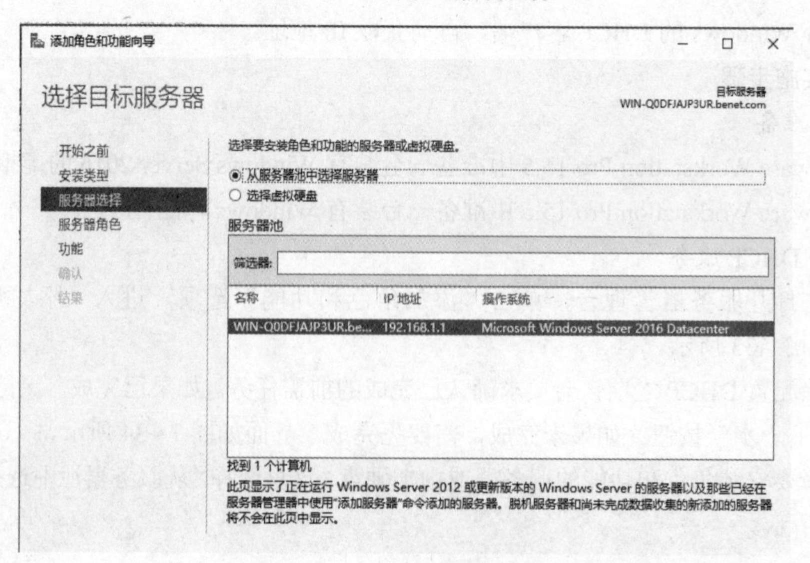

图 7-35 服务器选择

④ 选择要安装的服务，勾选“DHCP 服务器”，如图 7-36 所示。然后单击“下一步”按钮，开始安装 DHCP，如图 7-37 所示。

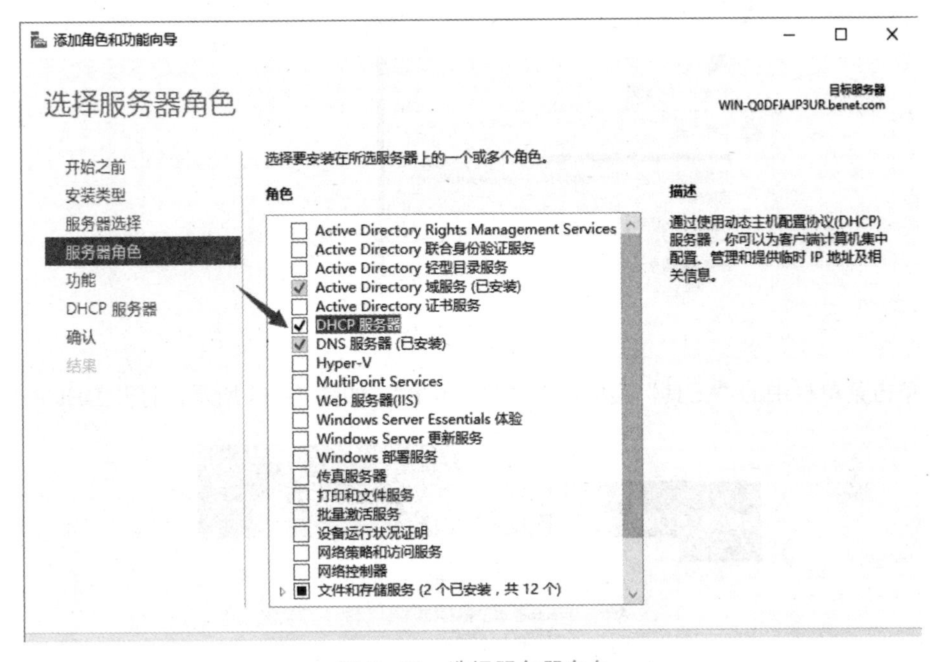

图 7-36　选择服务器角色

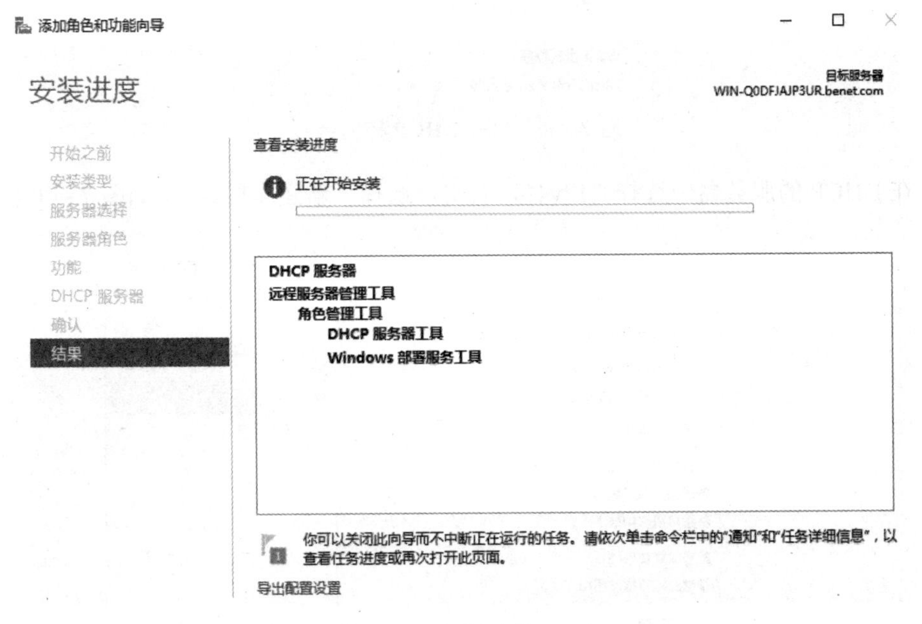

图 7-37　开始安装 DHCP

⑤ 由于是 Windows 域环境，所以要进行授权（授权是一种安全预防措施，它可以确保只有经过授权的 DHCP 服务器才能在网络中分配 IP 地址），如图 7-38 所示，然后单击服务器管理器的通知按钮，选择“完成 DHCP 配置”。

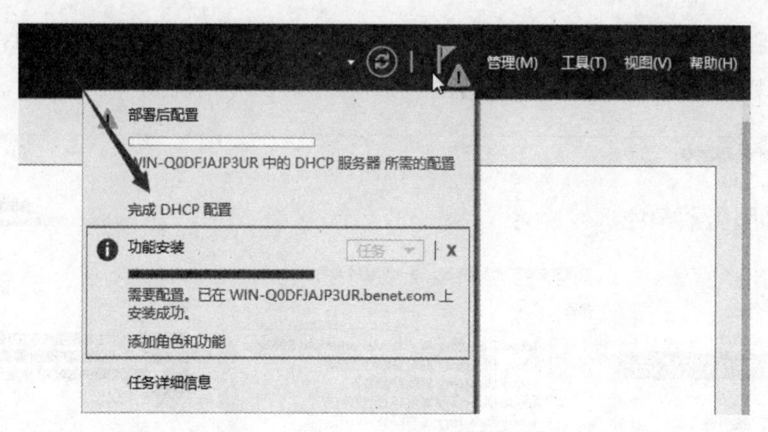

图 7－38　授权

⑥ 单击菜单栏中的“工具”菜单，选择“DHCP”，如图 7－39 所示，打开 DHCP 控制台。

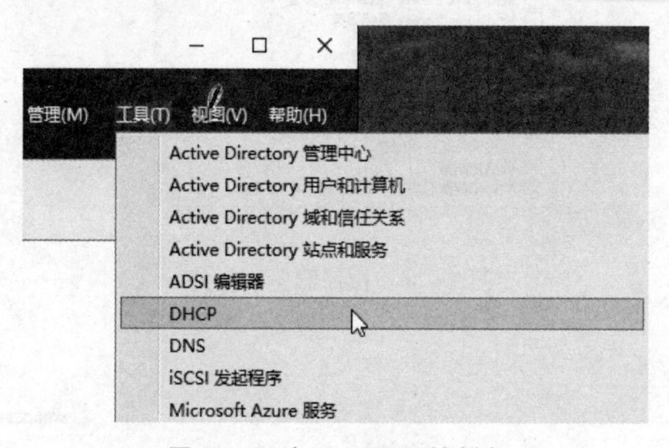

图 7－39　打开 DHCP 控制台

⑦ 在 DHCP 的服务器中选择“IPv4”，右击，选择“新建作用域”，如图 7－40 所示。

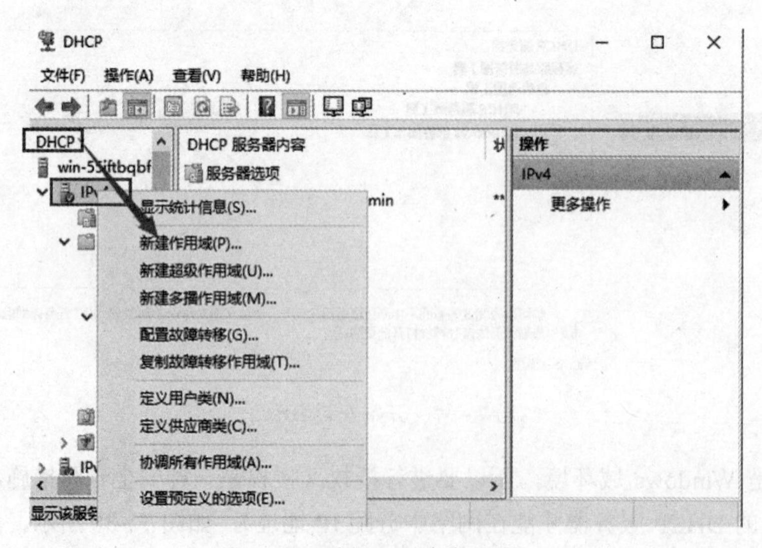

图 7－40　选择“新建作用域”

⑧ 在“新建作用域向导”中键入作用域的名称及描述信息，如图 7-41 所示。

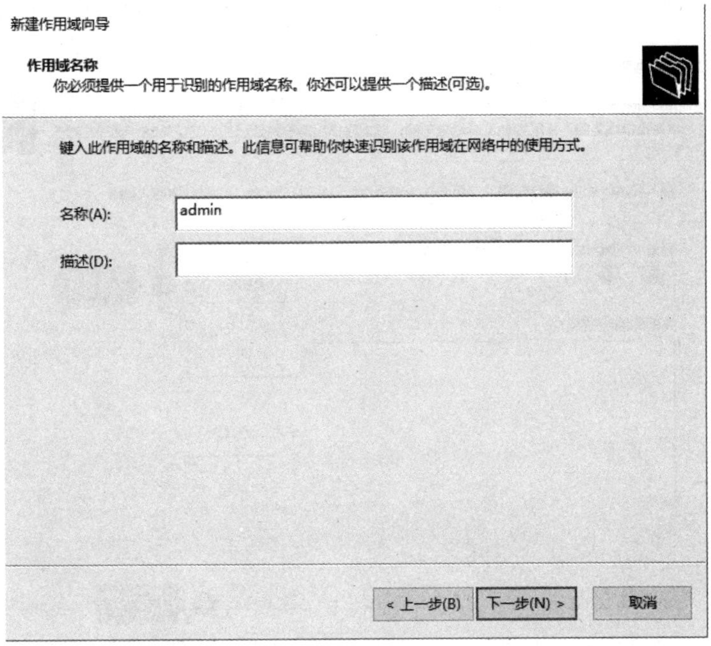

新建作用域向导

作用域名称

你必须提供一个用于识别的作用域名称。你还可以提供一个描述(可选)。

键入此作用域的名称和描述。此信息可帮助你快速识别该作用域在网络中的使用方式。

名称(A): admin

描述(D):

< 上一步(B)　下一步(N) >　取消

图 7-41　键入作用域的名称及描述信息

⑨ 定义 IP 地址范围。如图 7-42 所示，这里以 192.168.1.1～192.168.1.254 为例，填写完成后，单击“下一步”按钮。

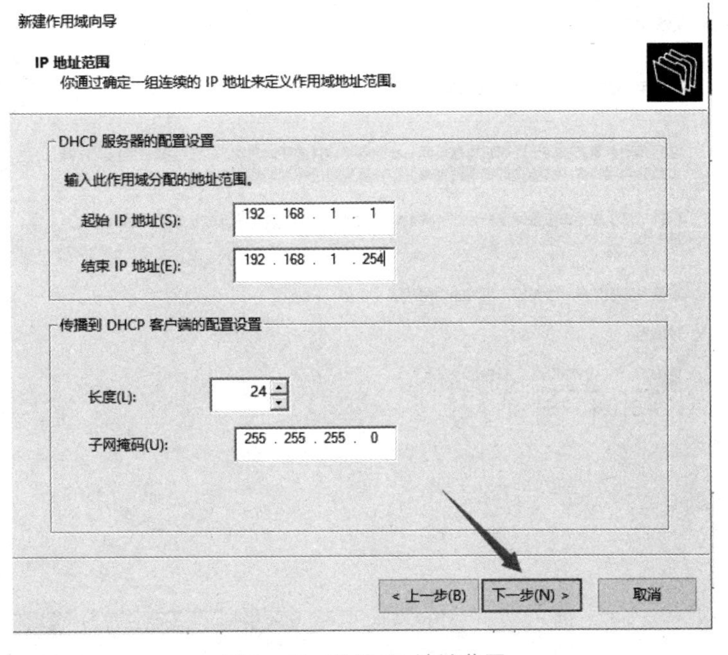

图 7-42　设置 IP 地址范围

⑩ 选择要排除的 IP 地址。这里以 192.168.1.1～192.168.1.10 为例，输入要排除的起始 IP 地址和结束 IP 地址，如图 7-43 所示，单击“添加”按钮，完成后单击“下一步”按钮。

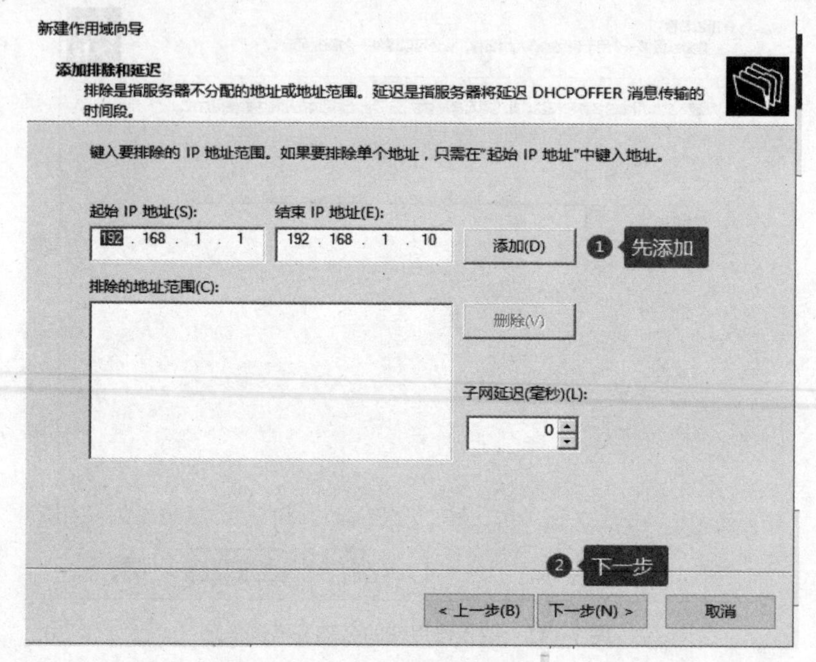

图 7-43　添加要排除的 IP 地址

⑪ 确定租期。根据要求设置租期，这里设置租期为 8 天，如图 7-44 所示。

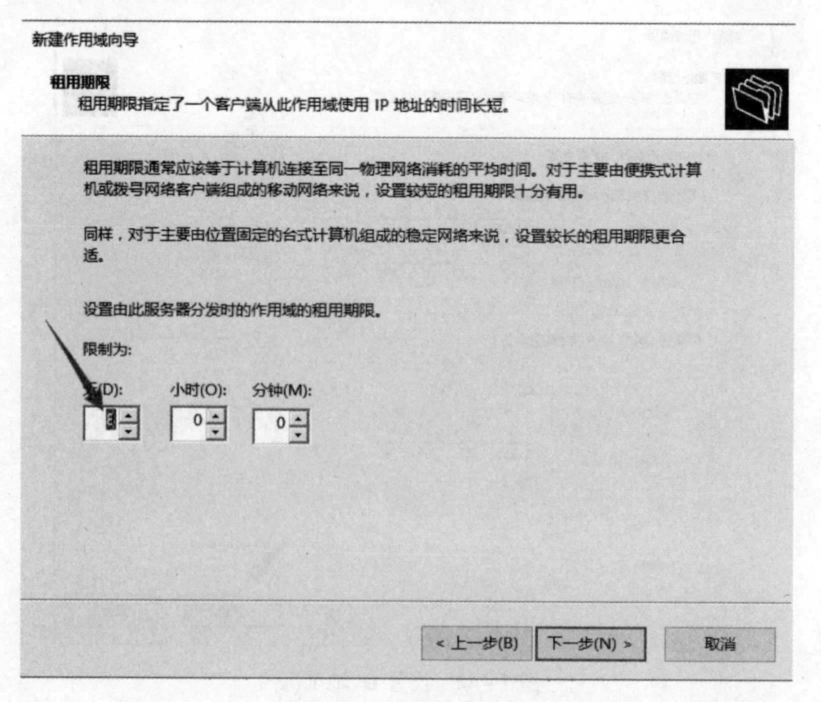

图 7-44　设置租用期限

⑫ 配置 DHCP 选项。选择“是，我想现在配置这些选项”，如图 7-45 所示，单击“下一步”按钮。

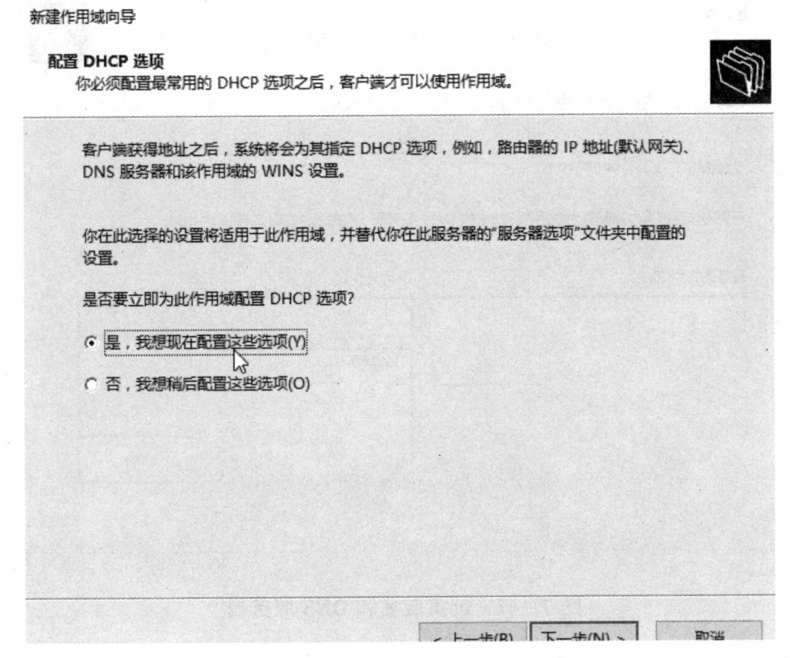

图 7-45　配置 DHCP 选项

⑬ 配置网关。输入网关 IP 后，单击“添加”按钮，如图 7-46 所示，然后单击“下一步”按钮。

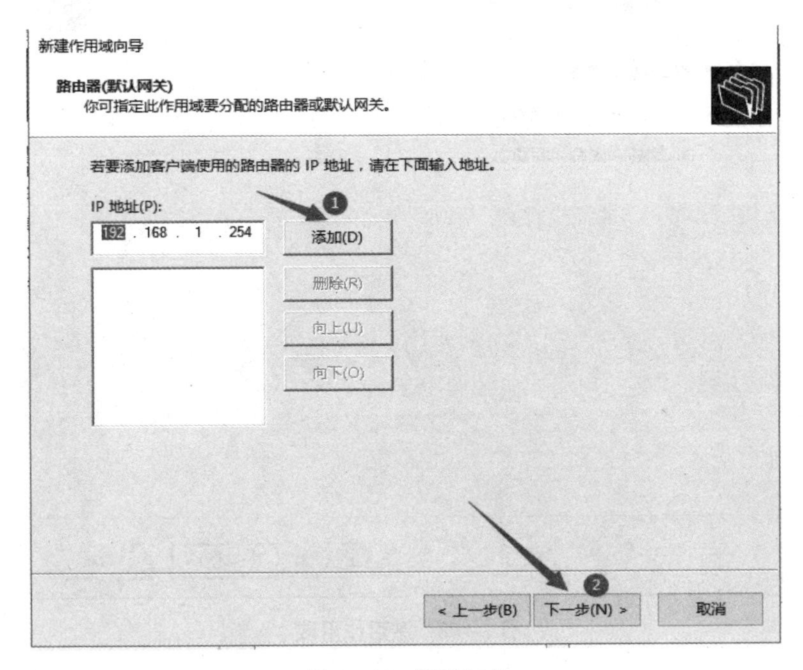

图 7-46　配置网关

⑭ 配置域名及 DNS 服务器。配置服务器名称或 IP 地址，如图 7-47 所示。

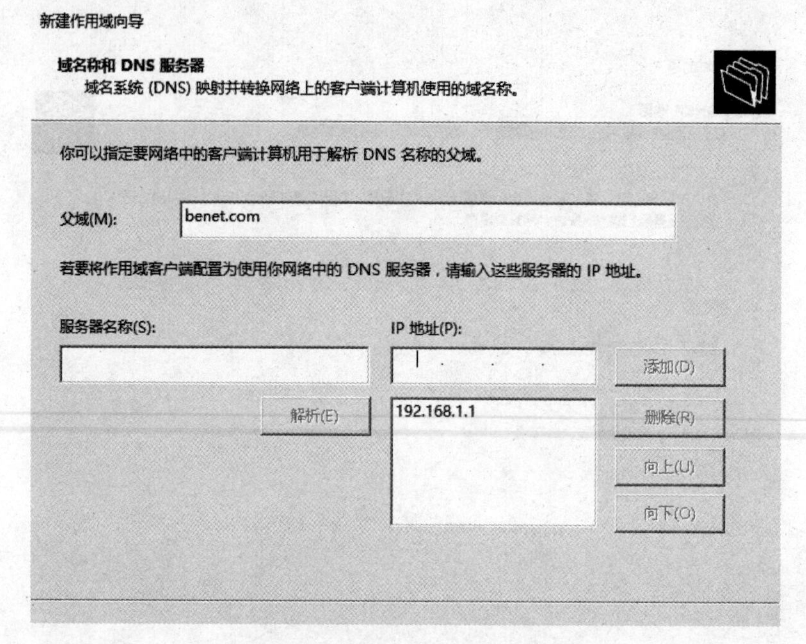

图 7-47　配置域名和 DNS 服务器

⑮ 激活作用域。如图 7-48 所示，选择“是，我想现在激活此作用域”，完成激活。

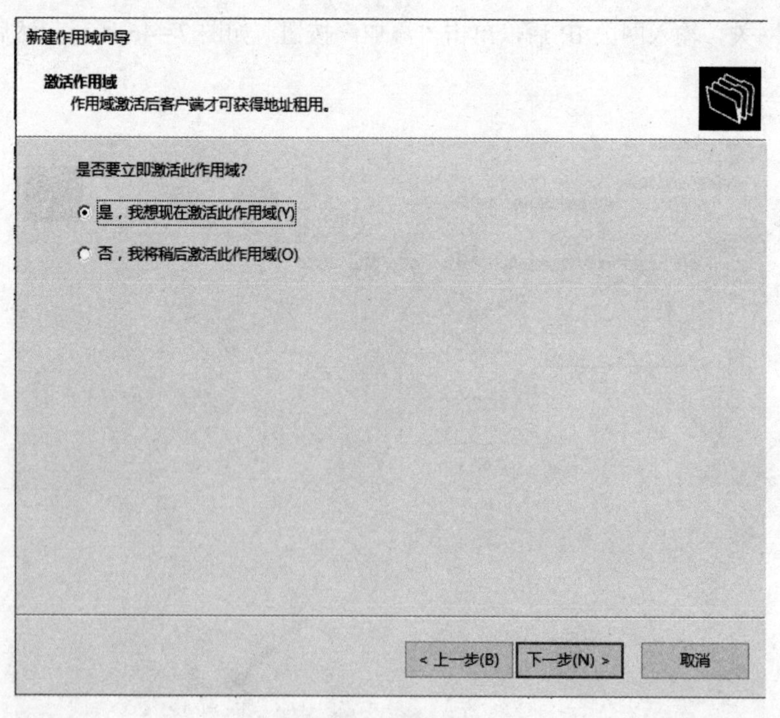

图 7-48　激活作用域

⑯ 查询要预留给某个服务器的 IP 地址。如图 7－49 所示，查询到的 IP 地址为 192.168.1.15（查询 max 地址 ipconfig/all）。查到后，在如图 7－50 所示的对话框内完成查询和保留 IP 地址。

图 7－49　查询要预留的 IP 地址

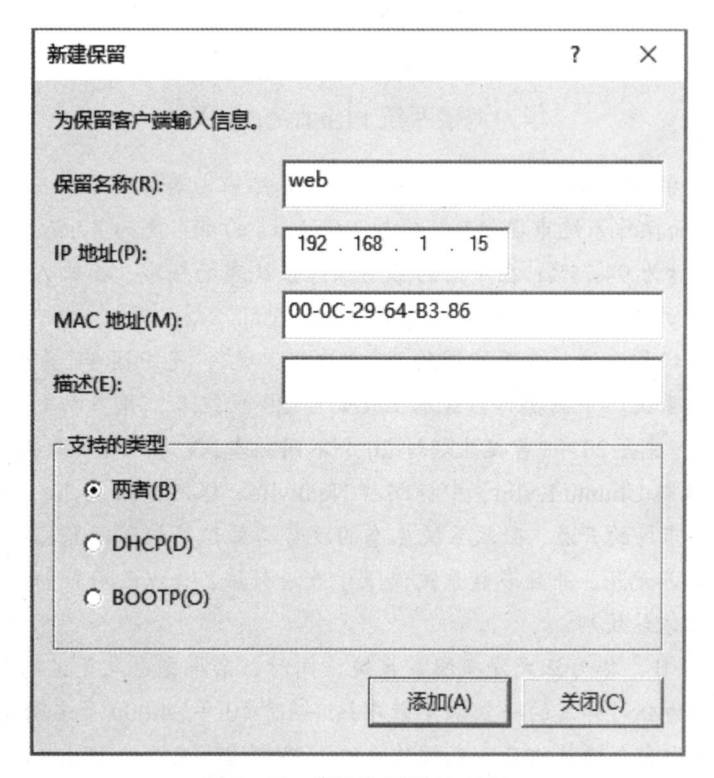

图 7－50　查询和保留 IP 地址

⑰ 在客户机上查看 DHCP 获取 IP 地址是否成功，如图 7－51 所示。

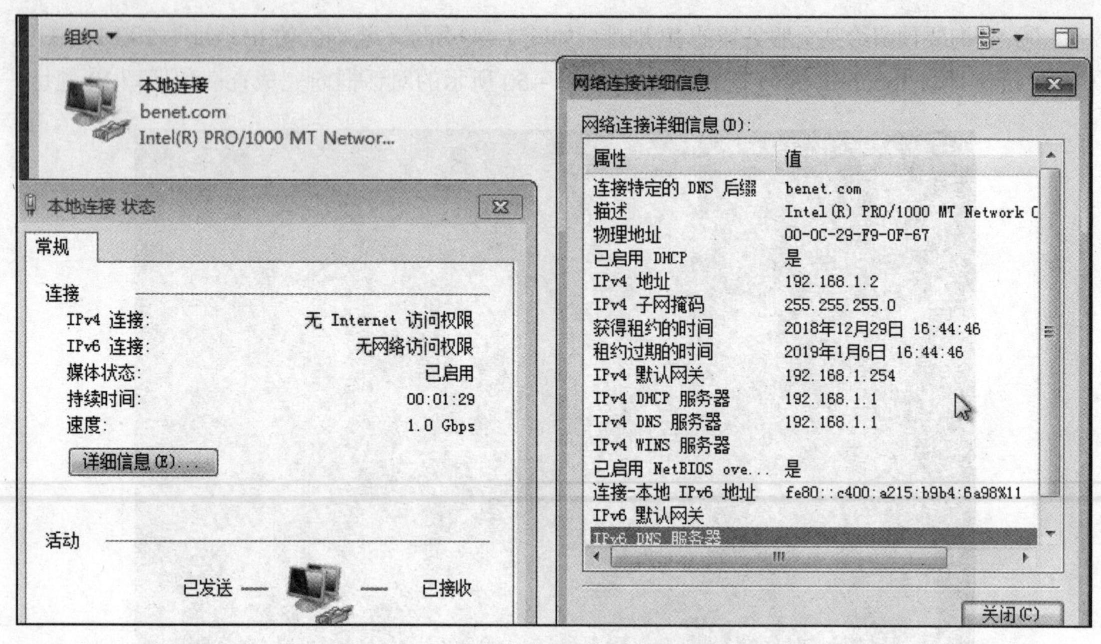

图 7-51 客户机上查看 DHCP 获取 IP 地址

7.4 思政链接

华为鸿蒙系统 HarmonyOS

在过去的几十年间，微软、谷歌、苹果等巨头始终霸占着操作系统王国。截至 2019 年 8 月，在中国的桌面操作系统市场领域，微软 Windows 的市占率为 87.66%，苹果 OSX 的市占率为 7.09%，合计为 94.75%；在中国的移动操作系统市场领域，谷歌 Android 的市占率为 75.98%，苹果 iOS 的市占率为 22.88%，合计为 98.86%。

于中国而言，操作系统一直是中国的殇。“缺芯少魂”，是中国 IT 界最悲伤的四个字，其中的魂就是操作系统。中国操作系统本土化始于 20 世纪末，并多以 UNIX/Linux 为基础进行二次开发为主。过去 20 年，曾诞生超过 20 个不同版本，较为市场熟知的有红旗 Red Flag、深度 Deepin、优麒麟 Ubuntu Kylin、中标麒麟 Neokylin、银河麒麟 Kylin 及中科方德等。但是，由于中国软件市场的开放、微软系统生态的攻势与知识产权等问题，本土化操作系统在市场幸存下来者寥寥无几，并且多数系统仅限于政府领域，并以政府补贴为主，支持研发与应用，国产化之路依然坎坷。

2019 年 8 月 9 日，华为正式发布鸿蒙系统。同时，余承东也表示，鸿蒙 OS 实行开源。

鸿蒙 OS 是华为公司开发的一款基于微内核、耗时 10 年、4 000 多名研发人员投入开发、面向 5G 物联网、面向全场景的分布式操作系统。鸿蒙的英文名是 HarmonyOS，意为和谐。不是安卓系统的分支或由其修改而来的，是与安卓、iOS 不一样的操作系统，性能上不弱于安卓系统，而且华为还为基于安卓生态开发的应用能够平稳迁移到鸿蒙 OS 上做好衔接——

将相关系统及应用迁移到鸿蒙 OS 上，差不多两天就可以完成迁移及部署。这个新的操作系统将手机、电脑、平板、电视、工业自动化控制、无人驾驶、车机设备、智能穿戴统一成一个操作系统，并且该系统是面向下一代技术而设计的，能兼容全部安卓应用的所有 Web 应用。若安卓应用重新编译，在鸿蒙 OS 上，运行性能提升超过 60%。鸿蒙 OS 架构中的内核会把之前的 Linux 内核、鸿蒙 OS 微内核与 LiteOS 合并为一个鸿蒙 OS 微内核，创造一个超级虚拟终端互连的世界，将人、设备、场景有机联系在一起。同时，由于鸿蒙系统微内核的代码量只有 Linux 宏内核的 0.1%，其受攻击概率也大幅降低。

如今，鸿蒙在万众瞩目下已经更迭到了第二代，2021 年，鸿蒙系统不仅会在手机上进行更新，而且还会在手表领域、汽车等领域全方位普及，总计有 3 亿～4 亿台设备升级鸿蒙系统。作为面向下一代技术而设计的操作系统的出现，鸿蒙承载众望。万物互连时代，鸿蒙的诞生，或许将会是中国操作系统的一场反击。

（摘自盒饭财经（ID：daxiongfan）《中国操作系统变迁史》，作者：谭丽平；百度百科——华为鸿蒙系统）

7.5 对接认证

一、单选题

1. 下列（　　）不是网络操作系统。

A. Windows Server 2019　　B. Windows 10

C. Linux　　D. UNIX

2. Linux 默认的系统管理员账号是（　　）。

A. admin　　B. administrator　　C. administrators　　D. root

3. Linux 操作系统是开源操作系统，意味着其（　　）自由可用的。

A. 封闭资源　　B. 开放资源

C. 用户注册文件　　D. 开放性二进制代码

二、填空题

1. 在安装 DHCP 服务器之前，必须保证这台计算机具有________的 IP 参数。

2. 1991 年，芬兰赫尔辛基大学的二年级学生________在吸收了 Minix 精华的基础上，将________的核心去除其繁杂的核心程序，改写成了适用于一般计算机使用的操作系统 Linux。

3. Windows Server 网络操作系统是由软件开发商——________公司开发的。

三、实践操作

在 VMware Workstation 中安装 Windows Server 2019 操作系统，并完成 DHCP 服务器的配置。

项目 8 了解网络新技术，展望未来的发展

8.1 项目介绍

8.1.1 项目概述

随着 IT 技术的飞速发展，网络中的新技术也以不可阻挡之势向我们走来，中国互连网络信息中心于 2021 年 2 月发布的第 47 次《中国互连网络发展状况统计报告》显示，我国互联网基础资源创新发展，数字经济发展全面繁荣。基础资源、5G、量子信息、人工智能、云计算、大数据、区块链、虚拟现实、物联网标识、超级计算等领域仍然向好的方向发展。

8.1.2 项目背景

学校在智慧校园建设中投入加大，要求网络中心搭建校园私有云平台，同时，在购置的网络设备中，小志还看到很多网络设备具有 SDN 功能，指导教师告诉小志，网络新兴技术的发展要求网络技术人员要不断地学习，建议小志熟悉云计算、SDN、物联网等新兴技术，跟上网络技术未来的发展。

8.1.3 学习目标

【知识目标】

了解云计算技术的产生、定义及服务类型。

熟悉 SDN 网络的起源、定义和体系结构。

了解物联网技术的概念及应用。

【能力目标】

能够感知新兴技术的发展。

【素养目标】

具备积极向上的生活态度和创新意识、危机意识。

理解创新可以带来改变，学会换个思维方式考虑问题。

具有好奇心、开放的心态、勇于挑战和冒险的特质。

8.1.4 核心技术

云计算技术、SDN 技术、物联网技术。

8.2 相关知识

8.2.1 云计算网络技术

云计算网络技术概述

从 1969 年 ARPAnet 网络运行算起，传统网络已经发展了半个世纪。所有的网络都遵循 OSI 开放系统互连模型或者 TCP/IP 模型。其中在每一层都工作着不同的设备，每一层实现的协议也各不同。网络模型是一个用于计算机或通信系统间互连的标准体系，它也为所有的网络、厂商都提供了统一的标准。

1. 计算模式的演变过程

（1）字符哑终端 – 主机

20 世纪 60—70 年代，计算环境主要是大型机环境，字符哑终端 – 主机成为主要的计算模式。这种计算环境主要由一台功能强大，允许多用户连接的主机组成，它不具备客户端。多个哑终端通过网络连接到主机，并可以与主机进行通信。

（2）客户 – 服务器

20 世纪 90 年代，随着个人计算机的兴起，客户端的处理能力不断增强，促进了客户 – 服务器计算模式的快速发展，在这一模式中，客户端负责应用的呈现，服务器处理应用的逻辑并承担资源管理的任务，这种计算模式的好处是可以利用客户机的处理能力，降低服务器的运算负担，同时，针对不同个性的用户，也可以呈现不同的界面内容。但是这种计算模式太依赖服务器，服务器往往成为处理瓶颈。

（3）集群计算

客户 – 服务器计算模式将在一台个人计算机上无法完成的计算任务交给服务器协同完成，这时人们就在想，能不能让计算机集群来协同处理任务呢，由此产生了集群计算。计算机集群通过高度紧密的协作完成大型计算工作。

（4）云计算

集群计算可以将计算资源整合在一起，人们希望将这样高效的计算资源以服务的形式对外共享，云计算便在这样的思想当中诞生了。2006 年 8 月 9 日，谷歌 CEO 埃里克 • 施密特在搜索引擎大会首次提出“云计算”的概念。

2. 云计算技术介绍

（1）云计算技术的定义

云计算（cloud computing）是分布式计算的一种，指的是通过网络“云”将巨大的数据计算处理程序分解成无数个小程序，然后通过多部服务器组成的系统处理和分析这些小程序，并将得到的结果返回给用户。通俗地讲，“云计算”是通过网络把所有的信息资源和计算应用（包括服务器、存储、网络、应用和服务）连接起来，供用户随取随用的一种 IT 资源的交付模式。其本质上是一种超级计算模式，提高计算能力的同时降低了运行成本。

（2）云计算的服务类型

云计算的服务通常分为三类，即基础设施即服务（IaaS）、平台即服务（PaaS）和软件即服务（SaaS）。

◆ 基础设施即服务（IaaS）：基础设施即服务是主要的服务类别之一，它向云计算提供商的个人或组织提供虚拟化计算资源，如虚拟机、存储、网络和操作系统。

◆ 平台即服务（PaaS）：平台即服务是一种服务类别，为开发人员提供通过全球互联网构建应用程序和服务的平台。Paas 为开发、测试和管理软件应用程序提供按需开发环境。

◆ 软件即服务（SaaS）：软件即服务也是其服务的一类，通过互联网提供按需软件付费应用程序，云计算提供商托管和管理软件应用程序，允许其用户连接到应用程序，并通过全球互联网访问应用程序。

（3）云平台的部署

在实际中，部署云计算的平台方式有以下三种：

◆ 公有云：这是云计算部署最常见的一种方式。计算资源由第三方云服务提供商拥有和运营。来自不同组织的企业或个人共享资源池中的资源。

◆ 私有云：计算资源由第三方或组织自己拥有和运营。所有的计算资源，只面向一个组织开放。这种方式资源独占，安全性更高。

◆ 混合云：公有云+私有云。例如，平时业务不多时，使用私有云资源，在业务高峰期时，临时租用公有云资源。这是一种成本和安全的折中方案。

（4）典型的云计算平台

Google 的云计算平台。Google 有强大的硬件条件优势，其大型的数据中心、搜索引擎，促进 Google 云计算迅速发展。Google 内部云计算基础平台的 3 个主要部分，分别为 MapReduce、Google 文件系统（GFS）、BigTable 组成。此外，Google 还构建了分布式锁服务机制等其他云计算组件。

◆ Amazon 的弹性计算云。亚马逊云服务是全球市场份额最大的云计算厂商，也是云计算的先驱。Amazon 的云计算平台——弹性计算云 EC2（elastic compute cloud），是第一家将基础设施作为服务出售的公司。Amazon 将自己的弹性计算云建立在公司内部的大规模集群计算的平台上，用户可以通过弹性计算云的网络界面去操作在云计算平台上运行的各个实例（instance）（由用户控制的完整的虚拟机运行实例）。通过这种租用实例的方式，用户不必自己去建立云计算平台，在使用时只需为自己所租用的计算平台实例付费即可，运行结束后，计费也随之结束，大大节省了设备与维护费用。

◆ IBM“蓝云”计算平台。“蓝云”基于 IBM Almaden 研究中心的云基础架构，采用了 Xen 和 PowerVM 虚拟化软件、Linux 操作系统映像及 Hadoop 软件，将 Internet 上使用的技术扩展到企业平台上，使得数据中心使用类似于互联网的计算环境。“蓝云”解决方案是由 IBM 云计算中心开发的企业级云计算解决方案。可以对企业现有的基础架构进行整合，通过

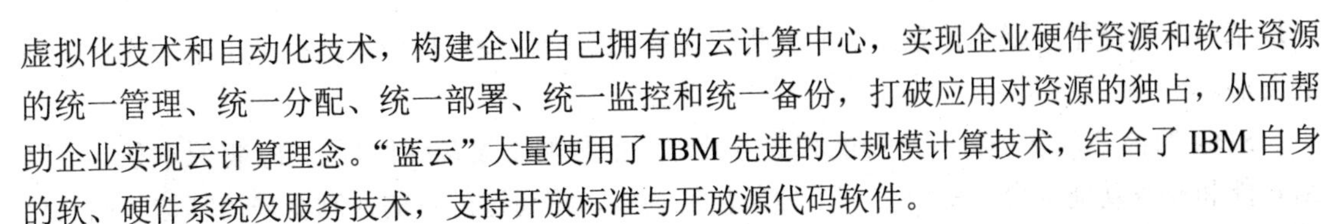

虚拟化技术和自动化技术，构建企业自己拥有的云计算中心，实现企业硬件资源和软件资源的统一管理、统一分配、统一部署、统一监控和统一备份，打破应用对资源的独占，从而帮助企业实现云计算理念。“蓝云”大量使用了 IBM 先进的大规模计算技术，结合了 IBM 自身的软、硬件系统及服务技术，支持开放标准与开放源代码软件。

◆ 阿里云。创立于 2009 年，主要以在线公共服务的方式，提供安全、可靠的计算和数据处理能力，让计算和人工智能成为普惠科技。其最为明显的优势在于其所提供的三大基础服务——云存储、云应用和云助手皆是基于成熟的云计算体系，为用户提供了稳定、可靠的服务。

◆ 腾讯云。从 1999 年的 QQ 开始起步的腾讯云有着深厚的基础架构，并且有着多年对海量互联网服务的经验，可以为开发者及企业提供云服务器、云存储、云数据库和弹性 Web 引擎等整体一站式服务方案。

◆ 百度 BAE 平台。百度 BAE（百度应用引擎）云平台以“框计算”创新技术和全开放机制为基础，为广大应用开发者及运营商提供开放式应用分享暨合作技术对接通道。针对大数据的规模大、类型多、价值密度低等特征，BAE 提供高并发的处理能力，满足处理速度快的要求。

◆ 华为云。华为云成立于 2005 年，隶属于华为公司，主要专注于云计算中公有云领域的技术研究与生态拓展，致力于为用户提供一站式云计算基础设施服务。提供包括云主机、云托管、云存储等基础云服务，以及超算、内容分发与加速、视频托管与发布、企业 IT、云电脑、云会议、游戏托管、应用托管等服务和解决方案，以可信、开放、全球服务三大核心优势服务全球用户。

8.2.2 SDN 技术

SDN 技术概述

计算机的网络拓扑结构有星形、总线形、环形、树形、混合型及网状，而实际组建网络的时候，是上面几种拓扑类型的综合应用。在这些网络中，网络功能是通过物理网络设备，比如交换机、路由器等来进行控制的。当业务需求发生变动时，就需要重新修改相应网络设备的配置。如果网络比较简单，这个工作量大家还可以接受，一旦网络功能比较复杂，修改网络配置将是一件非常烦琐的事情。尤其是在互联网瞬息万变的业务环境下，对于融合负载均衡、集群等云计算网络而言，传统网络的紧耦合架构必将成为业务上线的“瓶颈”。基于此，目前已经有了全新的解决方案——SDN 技术。它将网络设备上的控制权分离出来，由集中的控制器管理，使网络管理更容易、更廉价。

1. SDN 技术概述

2006 年，斯坦福大学的 Clean State 研究课题中首次提出了 SDN 的概念，随后该技术飞速发展，思科、IBM、微软、Google 等 IT 界巨头也发起了攻势。

SDN 即软件定义网络（Software Defined Network），是一种新型网络创新架构，是网络虚拟化的一种实现方式，其核心技术 OpenFlow 通过将网络设备控制面与数据面分离开来，从而实现了网络流量的灵活控制，使网络作为管道变得更加智能。SDN 被认为是网络领域的一场革命，为新型互联网体系结构研究提供了新的实验途径，也极大地推动了下一代互联网的发展。

SDN 的核心理念是将网络功能和业务处理功能与网络设备硬件解耦合，将原本独立的网络功能和业务功能结合，变成一个个抽象化的功能，再通过外置的控制器来控制这些抽象化的对象。SDN 使得网络不再成为制约业务上线和云业务效率的“瓶颈”，网络将和计算、存储等资源一样，成为可自由调度的资源。

2. SDN 的体系架构

SDN 的整体架构由下到上（由南到北）分为数据平面、控制平面和应用平面，是一个三层分离的架构，如图 8-1 所示。

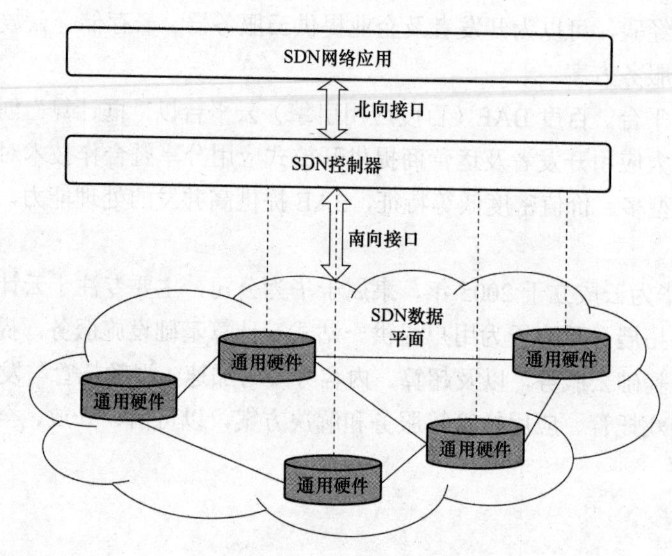

图 8-1　SDN 体系结构

其中，数据平面由交换机等网络通用硬件组成，各个网络设备之间通过不同规则形成的 SDN 数据通路连接；控制平面包含了逻辑上为中心的 SDN 控制器，它掌握着全局网络信息，负责各种转发规则的控制；应用平面包含着各种基于 SDN 的网络应用，用户无须关心底层细节，就可以编程、部署新应用。

在控制平面与数据平面之间，通过 SDN 控制数据平面接口（control-data-plane interface，CDPI）进行通信，它具有统一的通信标准，主要负责将控制器中的转发规则下发至转发设备，最主要应用的是 OpenFlow 协议。控制平面与应用平面之间通过 SDN 北向接口（northbound interface，NBI）进行通信，而 NBI 并非统一标准，它允许用户根据自身需求定制开发各种网络管理应用。

SDN 中的接口具有开放性，以控制器为逻辑中心，南向接口负责与数据平面进行通信，北向接口负责与应用平面进行通信，东西向接口负责多控制器之间的通信。最主流的南向接口 CDPI 采用的是 OpenFlow 协议。OpenFlow 最基本的特点是基于流（Flow）的概念来匹配转发规则，每一个交换机都维护一个流表（Flow Table），依据流表中的转发规则进行转发，而流表的建立、维护和下发都是由控制器完成的。针对北向接口，应用程序通过北向接口编

程来调用所需的各种网络资源，实现对网络的快速配置和部署。东西向接口使控制器具有可扩展性，为负载均衡和性能提升提供了技术保障。

3. SDN 与传统网络

SDN 具有传统网络无法比拟的优势：

首先，数据控制解耦合使得应用升级与设备更新换代相互独立，加快了新应用的快速部署。

其次，网络抽象简化了网络模型，将运营商从繁杂的网络管理中解放出来，能够更加灵活地控制网络。

最后，控制的逻辑中心化使用户和运营商等可以通过控制器获取全局网络信息，从而优化网络，提升网络性能。

随着越来越多的 SDN 网络出现，如何让 SDN 网络与传统网络协调工作，将是我们关注和思考的重要问题。

8.2.3 物联网技术

物联网技术概述

近些年来，智慧城市、智慧农业，智慧交通、智能家居等已悄然出现在我们的生活中，但是大家的关注度并不是很高。而新冠疫情爆发后，全国人民上下一心，共同防疫，最终我们取得了胜利。但是疫情并没有彻底消失，防疫工作也进入了常态化状态。目前，我们进入校园、进入商场都要进行测温，为了提高测温的效率，减少工作人员的工作量，很多地方都采用了红外线远程测温系统，那么，大家有没有想过其采用的是什么技术呢？其实不管是智慧城市还是指智慧农业或是红外线远程测温，都应用到了物联网技术。

1. 物联网技术概述

将任何时间，任何地方，任何人进行连接，实现人类同任何东西的互连，这就是人们常说的物联网，也就是将“物联网”与“互联网”整合起来，实现人类社会与物理系统的整合。

物联网这个概念最早出现在比尔·盖茨的《未来之路》一书中，在这本书中，比尔·盖茨已经提到了物联网概念，只是当时受限于无线网络、硬件及传感设备的发展，并没有引起世人的重视。

1999 年，美国 Auto-ID 首先提出“物联网”的概念，主要是建立在物品编码、射频识别技术和互联网的基础上。

在中国，物联网被称为传感网。1999 年，中科院启动了传感网的研究，并已取得了一些科研成果，建立了一些适用的传感网。同年，在美国召开的移动计算和网络国际会议提出“传感网是下一个世纪人类面临的又一个发展机遇”。

早期的物联网是依托射频识别技术的物流网络。随着技术和应用的不断发展，物联网的内涵已经发生了较大变化。

2005 年 11 月 17 日，在突尼斯举行的信息社会世界峰会上，国际电信联盟（ITU）发布了《ITU 互联网报告 2005：物联网》，正式提出了“物联网”的概念。报告指出，无所不在的“物联网”通信时代即将来临，世界上所有的物体从轮胎到牙刷、从房屋到纸巾，都可以通过因特网主动进行交换。射频识别技术（RFID）、传感器技术、纳米技术、智能嵌入技术将到更加广泛的应用。

至此，物联网获得跨越式的发展，美国、中国、日本及欧洲一些国家纷纷将发展物联网基础设施列为国家战略发展计划的重要内容。

目前，物联网比较公认的定义是：通过信息传感器、射频识别技术、全球定位系统、红外感应器、激光扫描器等各种装置与技术，实时采集任何需要监控、连接、互动的物体或过程，采集其声、光、热、电、力学、化学、生物、位置等各种需要的信息，通过各类可能的网络接入，实现物与物、物与人的泛在连接，实现对物品和过程的智能化感知、识别和管理的庞大网络系统。

2. 物联网的基本特征

从通信对象和过程来看，物与物、人与物之间的信息交互是物联网的核心。物联网的基本特征可概括为整体感知、可靠传输和智能处理。

（1）整体感知

整体感知就是利用射频识别、二维码、无线传感器等感知、捕获、测量技术随时随地对物体进行信息采集和获取。

（2）可靠传输

通过无线网络与互联网的融合，将物体的信息实时、准确地传递给用户。

（3）智能处理

利用云计算、数据挖掘及模糊识别等人工智能技术，对海量的数据和信息进行分析与处理，对物体实施智能化的控制。

3. 物联网涉及的关键技术

物联网是一种技术革新，代表未来计算机的运作与交流，它的发展需要创新科技的支持。物联网是多种技术的融合。

（1）射频识别技术（RFID）

一种利用射频通信实现的非接触式自动识别技术。RFID 标签具有体积小、容量大、寿命长、可重复使用等特点，可支持快速读写、非可视识别、移动识别、多目标识别、定位及长期跟踪管理。RFID 技术与互联网、通信等技术相结合，可实现全球范围内物品跟踪与信息共享。

（2）传感网络技术

它是利用传感器和多跳自组织传感器网络，协作感知、采集网络覆盖区域中被感知对象的信息，如感知热、力、光、电、声、位移等信号，特别是微型传感器、智能传感器、智能传感器和嵌入式 Web 传感器的发展与应用，为物联网系统的信息采集、处理、传输、分析和反馈提供最原始的数据信息。

（3）无线网络技术

物联网中物品要与人无障碍地交流，必然离不开高速、可进行大批量数据传输的无线网络。无线网络既包括允许用户建立远距离无线连接的全球语音和数据网络，也包括近距离的蓝牙技术、红外技术和 ZigBee 技术。

（4）嵌入式技术

嵌入式系统通常嵌入在更大的物理设备当中而不被人们所察觉，如手机、PDA，甚至是空调、微波炉、冰箱中的控制部件，都属于嵌入式系统。

（5）云计算技术

云计算技术是通过网络把多个成本相对较低的计算实体整合成一个具有强大计算能力的完美系统，并借助先进的商业模式让终端用户可以得到这些强大计算能力的服务。云计算平台可以作为物联网的大脑，以实现对海量数据的存储和计算。

（6）人工智能技术

主要研究计算机来模拟人的某些思维过程和智能行为（如学习、推理、思考和规划等）的技术。在物联网中，人工智能技术主要将物品“讲话”的内容进行分析，从而实现计算机自动处理。

物联网的应用领域涉及方方面面，在工业、农业、环境、交通、物流、安保等基础设施领域的应用，有效地推动了这些方面的智能化发展，使有限的资源得到更加合理的使用分配，从而提高了行业效率、效益。其在家居、医疗健康、教育、金融与服务业、旅游业等与生活息息相关的领域的应用，从服务范围、服务方式到服务的质量等方面，都有了极大的改进，大大提高了人们的生活质量。

8.3 项目实施

任务　体验云平台的使用

（一）任务要求

① 在华为公有云平台查看其提供的云服务。

② 尝试使用华为或其他厂商的公有云产品。

（二）实施步骤

① 搜索公有云平台（以华为公有云平台为例）并打开，如图 8-2 所示。

图 8-2　华为云首页

② 查看其提供的服务，如图 8-3 所示。

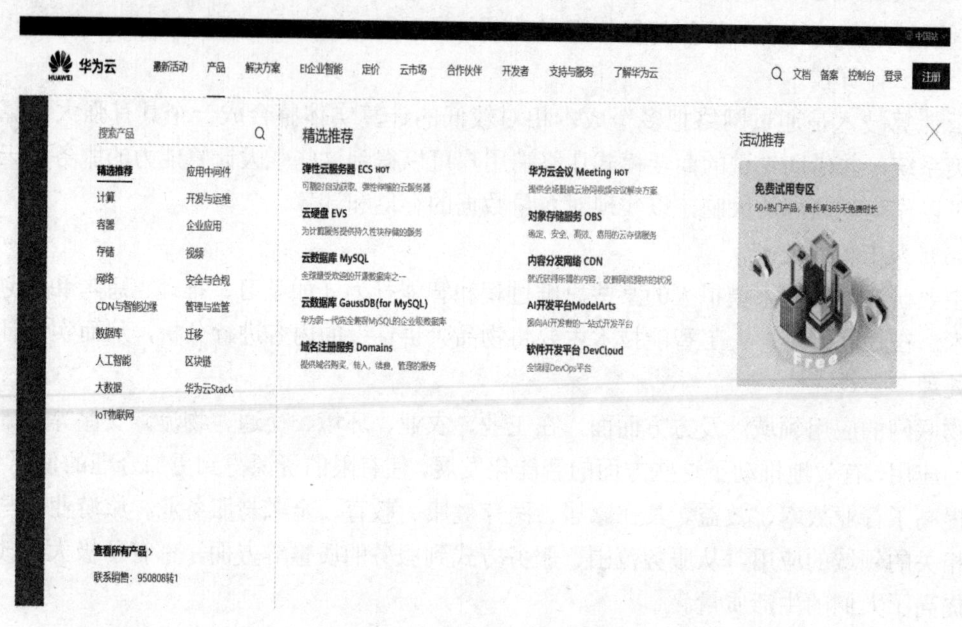

图 8-3　华为云提供的服务

③ 选择“计算”中的弹性云服务器 ECS，进入其界面，如图 8-4 所示。

图 8-4　华为弹性云服务器 ECS 详情

④ 了解华为云的定价方式与计费方式，如图 8-5 所示。

⑤ 针对某一云服务，计算购买价格，如图 8-6 所示。

图 8-5　了解华为云服务的计费方式

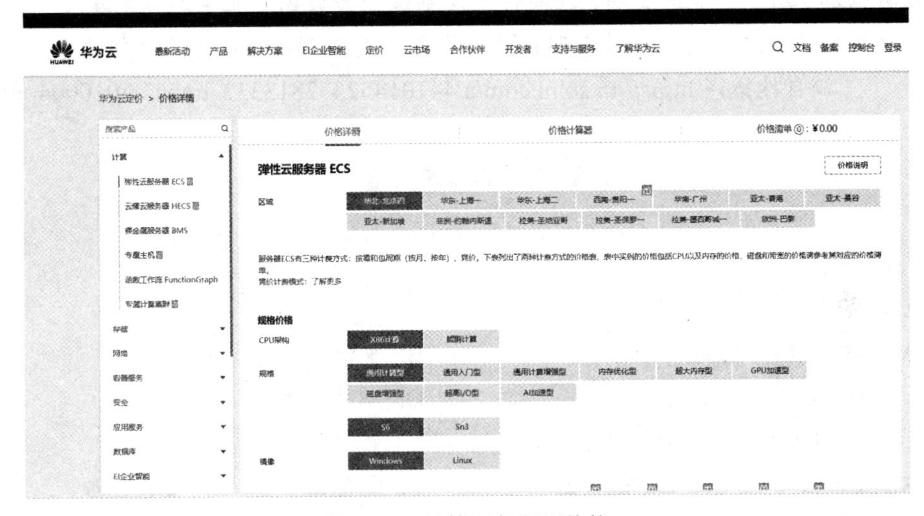

图 8-6　计算服务租用价格

8.4　思政链接

关于加快构建全国一体化大数据中心协同创新体系的指导意见

2020 年 12 月 28 日，国家发展和改革委员会高技术产业司在官网上公布了《关于加快构建全国一体化大数据中心协同创新体系的指导意见》（发改高技〔2020〕1922 号）（以下简称《指导意见》）通知，该《指导意见》由国家发展和改革委员会、中央网信办、工业和信息化部、国家能源局四大机构联合签发。

《指导意见》首次明确了加快构建全国一体化大数据中心协同创新体系行动的指导思想、

基本原则和总体思路。

制定了行动目标：到 2025 年，全国范围内数据中心形成布局合理、绿色集约的基础设施一体化格局。东西部数据中心实现结构性平衡，大型、超大型数据中心运行电能利用效率降到 1.3 以下。数据中心集约化、规模化、绿色化水平显著提高，使用率明显提升。公共云服务体系初步形成，全社会算力获取成本显著降低。政府部门间、政企间数据壁垒进一步打破，数据资源流通活力明显增强。大数据协同应用效果凸显，全国范围内形成一批行业数据大脑、城市数据大脑，全社会算力资源、数据资源向智力资源高效转化的态势基本形成，数据安全保障能力稳步提升。

《指导意见》同时提出要创新大数据中心体系构建任务目标，统筹围绕国家重大区域发展战略，根据能源结构、产业布局、市场发展、气候环境等，在京津冀、长三角、粤港澳大湾区、成渝等重点区域，以及部分能源丰富、气候适宜的地区布局大数据中心国家枢纽节点。节点内部优化网络、能源等配套资源，引导数据中心集群化发展；汇聚联通政府和社会化算力资源，构建一体化算力服务体系；完善数据流通共性支撑平台，优化数据要素流通环境；牵引带动数据加工分析、流通交易、软硬件研发制造等大数据产业生态集聚发展。节点之间建立高速数据传输网络，支持开展全国性算力资源调度，形成全国算力枢纽体系。

（摘自搜狐网 https://m.sohu.com/a/441014523_781333?_trans_=010004_pcwzy）

8.5 对接认证

一、单选题

1. 云计算的服务模式不包括（　　）。

A. 基础设施即服务（IaaS）　　B. 平台即服务（PaaS）

C. 软件即服务（SaaS）　　D. 网络服务

2. 云平台的部署的三种方式不包括（　　）。

A. 公有云　　B. 私有云　　C. 混合云　　D. 资源

二、填空题

1. SDN 的核心理念是将________和________与网络设备硬件解耦合，将原本独立的网络功能和业务功能结合，变成一个个抽象化的功能，再通过外置的控制器来控制这些抽象化的对象。

2. 物联网的基本特征包括________、________、________。